计算机技术入门丛书

Web前端设计基础入门

——HTML5、CSS3、JavaScript 微课视频版

谢从华 高蕴梅 ◎ 编著

清華大学出版社
北京

内 容 简 介

"互联网+"时代,各类 Web 应用大量涌现,业界对此有着广泛需求。"Web 前端设计基础入门"是 Web 应用程序设计基础,是一门工程性和实践性非常强的计算机专业基础课。

针对 Web 前端入门级课程的需求,本书循序渐进地介绍了 Web 前端的基本概念、基本原理和基本方法。主要内容包括 Web 系统概述、HTML 网页编程基础、HTML5 编程基础、CSS 样式设计基础、CSS 高级样式设计、JavaScript 编程技术和 DOM 对象编程等内容,同时给出了大量实例。同时,为了落实"立德树人"教育使命,教材每章都有"课程思政"元素,体现了 Web 应用和创新的家国情怀,培养学生符合社会主义价值观的 Web 信息系统的价值评判,遵守互联网法律法规和 Web 工程师职业道德,培养学生在 Web 领域的专注和创新的工匠精神。

本书可以作为计算机类和信息类专业的教材,也可以作为对 Web 前端的初学者和技术人员的参考书。

图书在版编目(CIP)数据

Web 前端设计基础入门:HTML5、CSS3、JavaScript:微课视频版/谢从华,高蕴梅编著.—北京:清华大学出版社,2023.7
(计算机技术入门丛书)
ISBN 978-7-302-64126-1

Ⅰ.①W… Ⅱ.①谢… ②高… Ⅲ.①超文本标记语言—程序设计 ②网页制作工具 ③JAVA 语言—程序设计 Ⅳ.①TP312.8 ②TP393.092.2

中国国家版本馆 CIP 数据核字(2023)第 131435 号

责任编辑: 郑寅堃 薛 阳
封面设计: 刘 键
责任校对: 焦丽丽
责任印制: 杨 艳

出版发行: 清华大学出版社
网 址: http://www.tup.com.cn,http://www.wqbook.com
地 址: 北京清华大学学研大厦 A 座 **邮 编:** 100084
社 总 机: 010-83470000 **邮 购:** 010-62786544
投稿与读者服务: 010-62776969,c-service@tup.tsinghua.edu.cn
质量反馈: 010-62772015,zhiliang@tup.tsinghua.edu.cn
课件下载: http://www.tup.com.cn,010-83470236
印 装 者: 北京嘉实印刷有限公司
经 销: 全国新华书店
开 本: 185mm×260mm **印 张:** 17.75 **字 数:** 456 千字
版 次: 2023 年 8 月第 1 版 **印 次:** 2023 年 8 月第1 次印刷
印 数: 1~1500
定 价: 59.90 元

产品编号:096388-01

前言

FOREWORD

新一轮科技革命和产业变革带动了传统产业的升级改造。党的二十大报告强调"必须坚持科技是第一生产力、人才是第一资源、创新是第一动力,深入实施科教兴国战略、人才强国战略、创新驱动发展战略,开辟发展新领域新赛道,不断塑造发展新动能新优势"。建设高质量高等教育体系是摆在高等教育面前的重大历史使命和政治责任。高等教育要坚持国家战略引领,聚焦重大需求布局,推进新工科、新医科、新农科、新文科建设,加快培养紧缺型人才。

目前,很多理工类专业教材以各种公理、定理和技术推导、应用为主,逐渐掩盖了知识本身所蕴含的价值追求,忽略人文情怀熏陶和思想政治教育,学生逐渐淡忘了学习知识的初衷、价值和意义。为了深入贯彻落实习近平总书记关于教育的重要论述和全国教育大会精神,落实立德树人根本任务,需要深入推动习近平新时代中国特色社会主义思想进教材。"Web 前端设计基础入门"是计算机类专业的必修课,选课学生量大面广,此门课程的思政版教材需求较大。本书希望实现教材知识传授与价值引导的有机统一,彰显 Web 前端课程的价值使命,发挥思想政治教育功能。

本书的知识、能力和素养目标如下。

知识目标:能够系统掌握和灵活应用 Web 系统设计、开发和维护所需要的 HTML5、CSS3、DOM、JavaScript 等技术和工具。

能力目标:针对用户特定需求,能设计和制作 Web 系统的页面内容、样式格式、页面布局和人机交互功能。能了解常用的 Web 系统设计与开发的工具和浏览器环境,针对实际需求合理选用工具。

素养目标:能理解 Web 系统与技术的知识价值、技术和市场应用、发展规律和中国贡献,能分析 Web 系统与技术在基于"互联网+"的供给侧结构性改革、数字经济和 Web 系统网络安全等国家重大需求方面的应用和创新以培养家国情怀,能形成符合社会主义价值观的 Web 信息系统的价值评判,能遵守互联网法律法规和 Web 工程师职业道德,培养学生在 Web 领域的专注和创新的工匠精神。

为了满足全国应用型本科人才培养的需要,本书定位为应用型计算机类和信息类专业的"Web 前端设计基础入门"课程的教材。每章安排了大量例题,每个例题都有详细的步骤,读者可以由浅入深地全面掌握 Web 前端编程的各个知识点,具有较强的应用型工程技术教材的特点。

教学实施过程中,教师一方面对 Web 前端技术知识进行传授,保证 Web 知识传授和理论阐释的规范性和严整性;另一方面将学习强国平台、人民网、电子商务和政务等平台、数字化经济中的智能制造平台中优秀 Web 的系统案例通过网页、代码、图片、视频等形式展现给学生,引导学生学习、感受 Web 系统与技术的知识价值、技术和市场应用、发展规律和中国贡献,注重课堂的生动性和感染力。并通过大量可以修改的源代码案例，让学生动手修改功能并体验效果，采用学生喜闻乐见的话语方式和教学方式，在可观、可学、可感的情境中现场感悟，在潜移默化中真切感受 Web 前端技术的作用、功能和应用价值。鼓励和指导学生用 Web 前端技术设计并实现家乡美景、美食、文化和旅游等相关 Web 系统，通过收集整理相关景点、人物、建筑、故事、戏曲等内容，并用 HTML 网页技术呈现、CSS 格式排版、JavaScript 交互，让学生在实践中提升对传统文化的认知和感受水平，产生认同感，以真正实现思想政治教育的内化，增强课程思政教育的效果，培育学生对优秀中国风文化自信、民族自信和自豪感。在教学中渗透思想政治教育，教师严格要求自己，注意一言一行，以良好的品行“润物无声”地感化学生。结合 Web 前端技术十年磨一剑的发展经历，及自己或周边同事研究工作的亲身经历，精心打造产品、精工制作理念，不断吸收最前沿的技术，创造出新成果的追求的工匠精神。结合指导学生参加 Web 类的学科竞赛获奖的经历，教师循循善诱，耐心示范，既要重言传，又要重身教，把思想政治教育通过 Web 知识的理论分析、实例讲解、操作示范等无形地传授给学生，让学生耳濡目染，对理论知识的条理性、实践操作的规范性内化在心里，应用在实际生活中，达到育人目标。

自 2019 年以来，作者开始酝酿和准备这本书，通过近三年对此课程教学内容的优化和实践，最终完成了书稿。在本书的编写过程中，得到了东南大学、江苏大学、常熟理工学院的多位教授的热情关心和支持。本书由谢从华和高蕴梅编著，谢从华对本书进行了统稿和编排。在此对参考文献的作者表示感谢，同时感谢清华大学出版社对本书的出版所给予的支持和帮助。另外，感谢家人对我出版本书的支持和付出，希望他们都身体健康、快乐幸福，希望儿子快乐成长。

为了方便教师授课和读者自学，本书既有符合国际工程教育认证要求的教学大纲，也有全部章节的 PPT、实例的源程序和习题的参考答案。

由于本人才疏学浅，书中不足和疏漏之处在所难免，欢迎广大教师和学生提出宝贵建议。

谢从华
2023 年 6 月于常熟理工学院

目录

CONTENTS

随书资源

第 1 章

Web系统概述

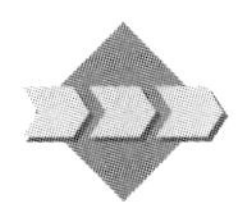

1.1 Internet 介绍

1-1 浏览器内核

1.1.1 Internet 的含义

互联网(Internet),又称因特网,于 1969 年诞生于美国,是由美国的 ARPA(Advanced Research Projects Agency)网发展演变而来的全球最大的电子计算机互联网。经过几十年的发展,因特网已经成为现实生活中不可缺少的一部分。它为用户提供了丰富的网络服务,包括万维网(World Wide Web,WWW)信息、即时通信、电子邮件、文件传输、远程登录、BBS、电子游戏等服务。人们可以通过 Web 客户端(常用浏览器)访问浏览 Web 服务器上的页面,查找资料、浏览新闻、欣赏音乐、观看视频,还可以进行网上购物、网上银行交易等。

随着因特网的快速发展,大量的局域网和个人计算机用户接入因特网,任何需要使用因特网的计算机都可以通过某种接入技术与因特网连接。因特网接入技术的发展非常迅速,带宽由最初的几十 kb/s 发展到目前的几百 Mb/s 甚至是 1Gb/s 以上。接入方式也由过去单一的电话拨号方式,发展成现在多样的有线和无线接入方式,常见的宽带接入方式有 ADSL(Asymmetric Digital Subscriber Line)接入、有线电视网接入、光纤接入、无线接入等。

同时,随着网络和硬件设施的更新换代,网络应用技术也朝着更多样、更复杂的方向发展,可以概括为:Web 技术、搜索技术、网络安全技术、数据库技术、传输技术、流媒体技术、电子商务应用相关技术等。Web 技术是最常用的网络应用技术,它是用户向服务器提交请求并获得网页页面的技术总称。这一技术可以分为 3 个发展阶段,即 Web 1.0、Web 2.0、Web 3.0。

Web 1.0 属于静态应用,例如,获取 HTML 页面,或用户登录、查询数据库、提交数据等与网络服务器进行简单的交互。

Web 2.0 更强调用户与网络服务器之间的交互性。事实上,Web 2.0 并不是一个技术标准,可能使用已有的成熟技术,也可能使用最新的技术,但必须彰显交互概念。

Web 3.0 只是由业内人员制造出来的概念词语,最常见的解释是,网站内的信息可以直接和其他网站相关信息交互,能通过第三方信息平台同时对多家网站的信息进行整合使用。用户在互联网上拥有自己的数据,并能在不同网站上使用。完全基于 Web,用浏览器即可实现复杂系统程序才能实现的系统功能。用户数据审计后,同步于网络数据。Web 3.0 不仅是一种技术上的革新,而是以统一的通信协议,通过更加简洁的方式为用户提供更为个性化的互联网信息定制的一种技术整合。Web 3.0 将会是互联网发展中由技术创新走向用户理念创新的关键一步。

1.1.2 TCP/IP

TCP/IP(Transmission Control Protocol/Internet Protocol)定义了电子设备如何连入因特网,以及数据如何在它们之间传输的标准。它是 Internet 最基本的协议,由很多协议组成。

TCP/IP 分成四个层次:网络接口层、网络互联层、传输层和应用层。每一层都包含若干协议,其中,传输层的 TCP 和网络互联层的 IP 是最基本、最重要的两个协议。IP 是为计算机网络相互连接进行通信而设计的,TCP 则是负责可靠地完成数据从发送计算机到接收计算机的传输。因此,通常用 TCP/IP 来代表整个协议系列。

在分层模型中,位于应用层的协议较多,包括 HTTP(Hypertext Transfer Protocol)、FTP(File Transfer Protocol)、SMTP(Simple Mail Transfer Protocol)等。HTTP 是超文本传输协议,用于实现因特网中的 WWW 服务,例如,用户之所以在浏览器中输入百度网址时能看见百度网页,就是因为用户浏览器和百度服务器之间使用了 HTTP 在交流。FTP 是文件传输协议,通过 FTP 可以实现共享文件、上传和下载等功能。SMTP 用于控制信件的发送和中转。

因特网上的每个主机都要有唯一的 IP 地址才能正常通信。IP 地址是 IP 协议提供的一种统一的地址格式,它为因特网上的每个网络和每台主机分配一个逻辑地址,以此来屏蔽物理地址的差异。常见的 IP 地址分为 IP 第 4 版(IPv4)和 IP 第 6 版(IPv6)两类。IPv4 规定,每个 IP 地址使用 4B(32 个二进制位)表示,通常用“点分十进制”表示成“a. b. c. d”的形式,其中,a、b、c、d 都是 0～255 的十进制整数。例如,点分十进制 IP 地址 101. 16. 8. 8,实际上是 32 位二进制数 01100101. 00010000. 00001000. 00001000。

1.1.3 域名和域名解析

1. 域名

IP 地址不容易记忆,可以使用域名这种字符型标识。域名(Domain Name)是由一串用点分隔的名字组成的因特网上某一台计算机或计算机组的名称,用于在数据传输时标识计算机的电子方位。

域名可分为不同级别,包括顶级域名、二级域名、三级域名等。在域名中大小写是没有区分的。域名一般不能超过 5 级,从左到右,域名的级别递增,高级别的域名包含低级别的域名。域名在整个因特网中是唯一的,当高级子域名相同时,低级子域名不允许重复。一台服务器只能有一个 IP 地址,但是却可以有多个域名。

顶级域名可分为通用顶级域名(如. com、. net、. org)、国家地区代码顶级域名(如. cn、. hk)。. cn 代表中国,以. cn 结尾即中国国内域名,适用于国内各机构、企业等。

二级域名是指顶级域名之下的域名。在国际顶级域名下,它是指注册者的网上名称;在国家顶级域名下,它是表示注册者类别的符号,例如 com、edu、gov 等。

三级域名是最靠近二级域名左侧的字段,从右向左便可依次有四级域名、五级域名等。例如,常熟理工学院的网站域名为 www. cslg. edu. cn,其中,. cn 为国家地区代码顶级域名,代表中国;edu 为二级域名,代表教育机构;cslg 为三级域名,代表常熟理工学院。

2. 域名解析

将域名和IP地址对应以后，当用户访问网络中的某台主机时，只需按域名访问，而无须关心它的IP地址，这就需要DNS服务器来完成域名解析。域名解析，就是将域名转换为IP地址的过程。DNS(Domain Name System，域名系统)是因特网上作为域名和IP地址相互映射的一个分布式数据库，能够使用户更方便地访问因特网，而不用去记住能够被机器直接读取的IP数串。

例如，www.yourdomain.com作为一个域名，和IP地址210.155.32.101相对应。用户访问www.yourdomain.com，通过DNS服务器完成域名解析将域名转换为IP，用户实际访问的是IP地址210.155.32.101。域名不仅便于记忆，而且即使在IP地址发生变化的情况下，通过改变解析对应关系，域名仍可保持不变。DNS的工作过程：计算机设置了本地DNS服务器(LDNS)，需要解析域名时，就向LDNS发出请求，LDNS在网上问权威域名服务器(权威DNS)。权威DNS负责对请求做出权威的回答。权威DNS中存储的内容有A记录(记录某域名和其IP的对应)、NS记录(记录某域名和负责解析该域的权威DNS)、Cname记录(负责记录某域名及其别名)。权威DNS能直接回答的，就回A记录；需要其他权威DNS回答的，就回NS记录，然后LDNS再去找其他权威DNS询问；如果该记录是别名类型，就返回Cname，LDNS会解析别名。递归DNS通常就是LDNS，它接收终端的域名查询请求，负责在网上询问一圈后，将答案返回终端。

例如，终端请求www.baidu.com这个域名的IP的过程。在没有缓存时，LDNS会从根DNS开始查询：

(1) LDNS从根DNS查询www.baidu.com的IP。

(2) 如果根DNS只管顶级域，则以NS记录回应，让LDNS去查询com顶级域DNS。

(3) LDNS查询com的权威DNS，com的权威DNS回应，这是三级域名，需要查询baidu.com的权威DNS。

(4) LDNS继续查询baidu.com的权威DNS，直接给出A记录，也可能给出Cname记录。如果是前者，就直接得到IP；如果是后者，就需要对别名再做查询。

(5) 最终，LDNS得到www.baidu.com的IP，并将其返回给终端。

1.1.4 中国域名服务器的安全问题

关于域名服务器，互联网上有这种担忧：如果美国把根域名服务器封了，中国会从网络上消失吗？历史上出现过类似的事件：伊拉克战争期间，在美国政府授意下，伊拉克顶级域名“.iq”的申请和解析工作被终止，所有网址以“.iq”为后缀的网站从互联网中蒸发。2004年，由于与利比亚在顶级域名管理权问题上发生争执，美国终止了利比亚的顶级域名.ly的解析服务，导致利比亚从网络中消失3天。

由于IPv4中DNS使用UDP数据报传送报文，DNS报文要求被控制在512B之内，而每个根DNS在DNS报文中都要占用一定的字节数，只能容下13台根域名服务器的DNS，剩余的字节还要用于包装DNS报头及其他协议参数。由于这个原因，全球互联网只有13台域名根服务器，目前美国有10台，英国、瑞典和日本各有1台。A开头的那个简称A根，是主根，其他12个(B、C、D、E、F、G、H、I、J、K、L、M)是辅根。美国具有全球独一无二的制网权，有能力威慑他国的网络边疆和网络主权。

13台根域名服务器，并不是只有13台物理服务器。每个根DNS背后都有多台真正的物理服务器在工作，截至 2020 年 8 月 12 日，全球一共有 1097 台根服务器。每个根都有若干个镜像，分布在全球不同的地方，且这个数目在不断上涨。我国一共有 28 个根镜像：北京有 5 台根镜像服务器，上海 1 台，杭州 2 台，武汉 1 台，郑州 1 台，西宁 1 台，贵阳 1 台，广州 1 台，香港 9 台，台北 6 台。

根镜像承担起和根一样的功能，都有着同样的根区文件，有着同样的 IP。全球有一千多个根镜像，通过任播（Anycast）技术，它们共享 13 个 IP。一方面，用户可以就近访问；另一方面，即便部分根出现故障也没事。对于中国用户来说，对根的请求，一般不会跑到美国去，而是通过任播技术路由到中国境内的根镜像上。

根 DNS 目前由 12 家机构管理。A 根是主根，由美国 VeriSign 公司管理。根 DNS 中最重要的文件——根区文件，由美国的非营利性组织 ICANN（The Internet Corporation for Assigned Names and Numbers，互联网名称与数字地址分配机构）管理。

对于顶级域名的管理，ICANN 的政策是，每个顶级域名（像 com、cn、org 这种顶级域名，目前有 1000 多个）都找一个托管商，该域名的所有事项都由托管商负责。. cn 域名的托管商是中国互联网络信息中心（CNNIC），它决定. cn 域名的各种政策。. com、. net、. name、. gov 这四个顶级域名都由 VeriSign 公司托管。

2003 年，中国电信引入了国内第一个根镜像节点（F 根）。

2005 年，I 根服务器运行机构在 CNNIC 设立了中国第二个根镜像。

2006 年，中国联通（原中国网通）与美国 VeriSign 公司合作，在国内正式开通 J 根镜像服务器，同时引入了全球最大的两个顶级域名“. com”和“. net”镜像节点。

2014 年，世纪互联与 ICANN 合作在中国增设 L 根域名服务器镜像。

2019 年 6 月 24 日，工业与信息化部批准 CNNIC 设立域名根镜像服务器。

2019 年 11 月 6 日，工业与信息化部批复同意中国信息通信研究院设立 L 根镜像服务器。

2019 年 12 月 5 日，工业与信息化部批复同意中国信息通信研究院设立域名根服务器（K 根镜像服务器）。

2019 年 12 月 9 日，工业与信息化部批复同意 CNNIC 设立域名根服务器（J、K 根镜像服务器）。

相关单位负责根镜像的运行、维护和管理工作，维护国家利益和用户权益，并接受工业与信息化部的管理和监督检查。

虽然 ICANN 是一个独立的非营利性机构，但如果美国政府动用强制力量，A 根（主根）的内容仍然存在被篡改的可能。从 ICANN 官网上可以下载根区文件：https://www.iana.org/domains/root/files。如果删除和 cn 相关的那些行，很快就会同步到所有的根中。在所有的缓存都过期之后，全球所有人都将访问不了. cn 后缀的网站。但是，因为中国有维护的根镜像，控制着镜像内容，所以中国境内对根的访问，可通过我国的运营商在我国的根镜像上访问。只要我们不同步关于 cn 的修改，每次同步完立刻加上 cn 记录，就能访问这些网站。如果其他国家不加上关于 cn 的记录，则会同步删除，不能访问这些网站。凡是想访问. cn 网站的国家，都会把 cn 记录加回去，并拒绝同步美国删去的这几行。如果美国这么做，则会失去今后在互联网领域的任何话语权，ICANN 也将失去公信力，整个互联网世界，会推选使用新的机构和新的主根。

因此，境内可以通过根区数据备份并搭建应急根服务器来解决此威胁。在全球层面，可以用根镜像、IPv6 环境下的根服务器数量扩展、根服务器运行机构备选机制等方法来解决。

1.1.5 URL

统一资源定位符(Uniform Resource Locator,URL),也被称为网页地址或网址。如同在网络上的门牌,是因特网上标准资源的地址。它最初是由 Tim Berners-Lee 发明用来作为万维网的地址,现在已经被万维网联盟编制为因特网标准 RFC 1738。

在因特网的历史上,统一资源定位符的发明是一个非常基础的步骤。统一资源定位符的语法是可扩展的,使用 ASCII(American Standard Code for Information Interchange)代码的一部分来表示因特网的地址。统一资源定位符的开始,一般会标志着一个计算机网络所使用的网络协议。统一资源定位符是对可以从因特网上得到的资源的位置和访问方法的一种简洁的表示。因特网上的每个文件都有一个唯一的 URL,它包含的信息指出文件的位置以及浏览器应该怎么处理它。统一资源定位符的标准格式如下。

```
协议类型://服务器地址(必要时需加上端口号)/路径/文件名
```

典型的统一资源定位符的实例如 http://cn. bing. com:80/readnews. aspx?newsid=123,其中,http 是协议,cn. bing. com 是服务器,80 是服务器上的网络端口号,/readnews. aspx 是路径,? newsid=123 是查询变量和数值。

大多数网页浏览器不要求用户输入网页中“http://”的部分,因为绝大多数网页内容是超文本传输协议文件。同样,“80”是超文本传输协议文件的常用端口号,因此一般也不必写明。一般来说,用户只要输入统一资源定位符的一部分就可以了。

由于超文本传输协议允许服务器将浏览器重定向到另一个网页地址,因此许多服务器允许用户省略网页地址中的部分,例如 www。从技术上来说,这样省略后的网页地址实际上是一个不同的网页地址,浏览器本身无法决定这个新地址是否可访问,服务器必须完成重定向的任务。

1.1.6 MIME

多用途因特网邮件扩展类型(Multipurpose Internet Mail Extensions,MIME)是一个因特网标准,最早应用于电子邮件系统,但后来也应用到浏览器中。在万维网中使用的 HTTP 中也使用了 MIME 的框架,标准被扩展为互联网媒体类型。MIME 规定了用于表示各种各样的数据类型的符号化方法,MIME 消息能包含文本、图像、音频、视频及其他应用程序专用的数据。

MIME 设定某种文件扩展名,用于指定一些客户端自定义的文件名,以及一些媒体文件打开方式。当该扩展名文件被访问的时候,浏览器会自动使用指定应用程序来打开,常见的 MIME 类型及其对应的文件扩展名如表 1-1 所示。

表 1-1 常见的 MIME 类型及其对应的文件扩展名

类型/子类型	扩 展 名	类型/子类型	扩 展 名
application/msword	doc	application/rtf	rtf
application/msword	dot	application/vnd. ms-excel	xls
application/octet-stream	exe	application/vnd. ms-powerpoint	pps
application/pdf	pdf	application/vnd. ms-powerpoint	ppt
application/postscript	ps	application/winhlp	hlp

续表

类型/子类型	扩 展 名	类型/子类型	扩 展 名
application/x-gzip	gz	text/htm	htm
application/x-JavaScript	js	text/html	html
application/x-latex	latex	text/plain	txt
text/css	css		

1.1.7 HTTP

HTTP是Internet上应用最为广泛的一种网络协议。设计HTTP的最初目的是为了提供一种发布和接收HTML页面的方法。通过HTTP或者HTTPS请求的资源由统一资源标识符(Uniform Resource Identifiers,URI)标识。

HTTP定义了浏览器怎样向服务器请求文档,以及服务器怎样把文档传送给浏览器。HTTP是面向应用层的协议,是因特网上能够可靠地交换文件(包括文本、声音、图像等各种多媒体文件)的重要基础。

超文本传输安全协议(Hyper Text Transfer Protocol Secure,HTTPS)是超文本传输协议和SSL/TLS(Secure Sockets Layer/Transport Layer Security)的组合,用以提供加密通信及对网络服务器身份的鉴定。HTTPS连接经常被用于网上交易支付和企业信息系统中敏感信息的传输。

HTTPS和HTTP的区别如下。

(1) HTTPS需要申请证书,一般免费证书很少,需要交费;而HTTP不需要证书。

(2) HTTP是超文本传输协议,信息是明文传输;HTTPS则是具有安全性的SSL加密传输协议。

(3) HTTP和HTTPS使用的是完全不同的连接方式,用的端口也不一样,前者是80,后者是443。

(4) HTTP的连接很简单,是无状态的;HTTPS是由SSL+HTTP构建的可进行加密传输、身份认证的网络协议,比HTTP安全。

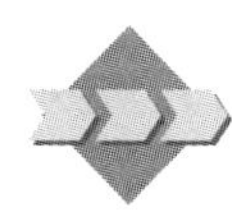

1.2 Web浏览器

浏览器是用于显示网站上的文字、图像及其他信息,并让用户与这些文件交互的一种应用软件。这些文字或图像,可以是连接其他网址的超链接,用户可方便迅速地浏览各种信息。浏览器是专门用来访问和浏览万维网页面的客户端软件,也是现代计算机系统中应用最为广泛的软件之一,其重要性不言而喻。前端工程师作为负责程序页面显示的工程师,需要直接与浏览器打交道。

1.2.1 浏览器的主要组件

浏览器包括用户界面、浏览器引擎、渲染引擎、网络、后端、JavaScript解释器、数据存储。

用户界面包括地址栏、后退/前进按钮、书签目录等,也就是所看到的除了用来显示所请求页面的主窗口之外的其他部分。

浏览器引擎是用来查询及操作渲染引擎的接口。

渲染引擎用来显示请求的内容，例如，如果请求内容为HTML，它负责解析HTML及CSS，并将解析后的结果显示出来。

网络完成调用，例如HTTP请求，它具有平台无关的接口，可以在不同平台上工作。

后端用来绘制类似组合选择框及对话框等基本组件，具有不特定于某个平台的通用接口，底层使用操作系统的用户接口。

JavaScript 解释器用来解释执行JavaScript代码。

数据存储属于持久层，浏览器需要在硬盘中保存类似Cookie的各种数据，HTML5定义了Web数据库技术，这是一种轻量级完整的客户端存储技术。

1.2.2 浏览器的内核

浏览器内核分成两部分：渲染引擎和JavaScript引擎。由于JavaScript引擎越来越独立，内核就倾向于只指浏览器最重要的核心部分“Rendering Engine”，即渲染引擎，一般称为“浏览器内核”。渲染引擎决定了浏览器如何显示网页的内容和页面格式，即负责请求网络页面资源加以解析排版并呈现给用户，不同浏览器内核对网页编写语法的解释不同，因此同一网页在不同内核浏览器中的效果不同。默认情况下，渲染引擎可以显示HTML、XML文档及图片，它也可以借助插件显示其他类型数据。常见浏览器及其内核如表1-2所示。

表1-2 浏览器及其内核

序号	浏览器名称	内核
1	Firefox	Gecko
2	Google Chrome	WebKit Blink(2013)
3	Safari	WebKit
4	Opera	WebKit Blink(2013)
5	IE	Trident
6	Edge(2015)	Edge
7	Opera	Presto
8	UC	U3
9	QQ浏览器	X5，Blink(2016)
10	微信	X5，Blink(2016)

IE使用Trident引擎，2015年微软推出自己新的浏览器，原名叫斯巴达，后改名Edge，使用Edge引擎。Opera最早使用Presto引擎，后来弃用。UC使用U3引擎，QQ浏览器和微信内核使用X5引擎，2016年开始使用Blink引擎。Google Chrome从创始至今一直使用WebKit作为HTML/CSS渲染引擎，Safari和Opera也使用WebKit引擎，2013年Chrome和Opera开始使用Blink引擎，Chrome 28开发版的说明中还在使用WebKit，而Chrome 28.0.1469.0中已经替换为Blink，同时Opera也跟进了Google Chrome的步伐。查看浏览器的版本步骤如图1-1所示，查询结果如图1-2所示。

当前四大渲染引擎WebKit、Blink、Trident和Gecko相关内容介绍如表1-3所示。对于用户来说，渲染引擎的差异化意味着它们在使用不同浏览器打开同一网页时将得到不同的结果——在移动设备上尤其如此。

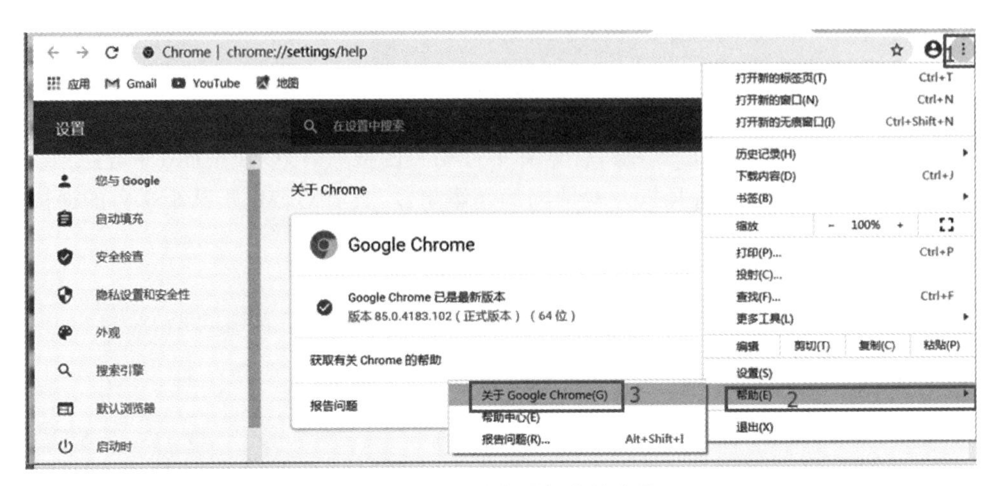

图 1-1　查看浏览器版本的步骤

关于 Chrome

Google Chrome

Chrome 已是最新版本
版本 95.0.4638.54（正式版本）（64 位）

获取有关 Chrome 的帮助

报告问题

Google Chrome
版权所有 2021 Google LLC. 保留所有权利。

Chrome 的诞生离不开 Chromium 开源项目以及其他开源软件。

服务条款

图 1-2　Google Chrome 的版本号

表 1-3　四大渲染引擎

引擎名	情况简介
WebKit	开源，苹果公司的 Safari 内核，也是苹果 macOS X 系统引擎框架版本的名称，安全性要比 IE、Firefox 高。Google Chrome、360 极速浏览器以及搜狗高速浏览器的高速模式也都在使用 WebKit 作为内核
Blink	非开源，1997 年的 IE4～IE11，微软 Mosaic，开放的内核，许多采用 IE 内核（壳浏览器），缺少更新，Trident 几乎与 W3C 标准脱节(2005 年)，不安全
Trident	开源，是 IE 的内核，也是全世界使用率最高的浏览器。采用 Trident 内核的浏览器有：IE，遨游、世界之窗浏览器、腾讯 TT、Netscape 6 等。跨平台内核，可以在 Windows、BSD、Linux 和 macOS X 中使用。IE 是一个开放内核，但仅限于 Windows 系统使用
Gecko	开源，由 KDE 的 KHTML 项目派生而来，也被称为 Firefox 内核，最出名的浏览器就是火狐浏览器，Apple 的 Safari 以及 GoogleChrome 也于 2008 年使用

1.2.3 浏览器的工作原理

使用浏览器上网时，首先在地址栏中输入一个网址，浏览器会依据网址向服务器发送资源请求，服务器解析请求，并将相关数据资源传送回浏览器，这些数据资源包括 Page 的描述文档、图片、JavaScript 脚本、CSS 等。此后，浏览器引擎会对数据进行解码、解析、排版、绘制等操作，最终呈现出完整的页面。从资源的下载到最终的页面展现，渲染流程可简单地理解成一个线性串联的变换过程的组合，原始输入为 URL 地址，最终输出为页面 Bitmap，中间依次经过了 Loader、Parser、Layout 和 Paint 模块。渲染的主要流程如下。

步骤 1：解析 HTML 构建文档对象模型(Document Object Model，DOM)树，是 W3C 组织推荐的处理可扩展置标语言的标准编程接口。

步骤 2：构建渲染树，渲染树并不等同于 DOM 树，如 head 标签或 display：none 这样的元素就不需要放到渲染树中了，但它们在 DOM 树中。

步骤 3：对渲染树进行布局，定位坐标和大小，确定是否换行，确定 position、overflow、z-index 等，这个过程叫"layout"或页面重排("reflow")。

步骤 4：绘制渲染树，调用操作系统底层 API 进行绘图。

渲染引擎的核心流程如图 1-3 所示。

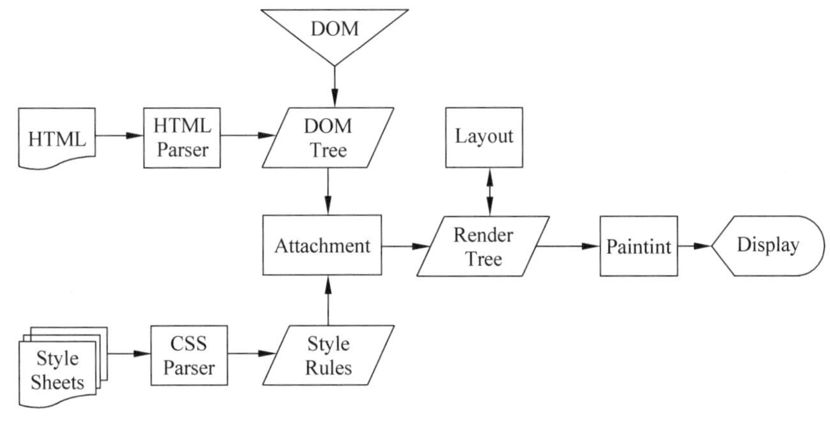

图 1-3 渲染引擎的核心流程

1. Loader 模块

Loader 模块负责处理所有的 HTTP 请求及网络资源的缓存，相当于从 URL 输入到 Page Resource 输出的变换过程。HTML 页面中通常有外链的 JavaScript、CSS 和图像资源，为了不阻塞后续解析过程，一般会有两个 I/O 管道同时存在，一个负责主页面下载，一个负责各种外链资源的下载。虽然大部分情况下不同资源可以并发下载异步解析(如图片资源可以在主页面解析显示完成后再被显示)，但 JavaScript 脚本可能会要求改变页面，因此有时保持执行顺序和下载管道后续处理的阻塞是不可避免的。

2. Parser 模块

Parser 模块的主要功能有解析 HTML、解析 CSS 和解析 JavaScript。浏览器的解析过程就是将字节流形式的网页内容构建成 DOM 树、Render 树及 RenderLayer 树的过程。HTML 文档决定了 DOM 树及 Render 树的结构。CSS 样式表决定了 Render 树上节点的排版布局方式。JavaScript代码可以操作DOM树,改变DOM树的结构,也可以用来给页面添加更丰富的动态功能。HTML文档被解析生成DOM树,由DOM节点创建Render树节点时,会触发CSS匹配过程,CSS匹配的结果是RenderStyle实例,这个实例由Render节点持有,保存了Render节点的排版布局信息。CSS的解析过程即是CSS语法在浏览器的内部表示过程,解析的结果是得到一系列的CSS规则。CSS的匹配过程主要依据CSS选择器的不同优先级进行,高优先级选择器优先使用。根据网页上定义的JavaScript脚本的不同属性,JavaScript脚本的下载和执行时机会有所不同。JavaScript脚本执行由渲染引擎转交给JavaScript引擎执行。

Parser模块主要负责解析HTML页面,完成从HTML文本到HTML语法树再到DOM树的映射过程。HTML语法树生成是一个典型的语法解析过程,可以分成两个子过程:词法解析和语法解析。词法解析按照词法规则(如正则表达式)将HTML文本分割成大量的标记,并去除其中无关的字符如空格。语法解析按照语法规则(如上下文无关文法)匹配Token序列生成语法树,通常有自上而下和自下而上两种匹配方式。浏览器内核中对HTML页面真正的内部表示并不是语法树,而是W3C组织规范的DOM。DOM是树状结构,DOM节点基本和HTML语法树节点一一对应,因此在语法解析过程中,通常直接生成最终的DOM树。

Parser模块解析CSS:页面中所有的CSS由样式表集合构成,而CSS样式表是一系列CSS规则的集合,每条CSS规则由选择器部分和声明部分构成,而CSS样式声明是CSS属性和值的Key-Value集合。CSS解析完毕后会进行CSS规则匹配过程,即寻找满足每条CSS规则Selector部分的HTML元素,然后将其Declaration部分应用于该元素。实际的规则匹配过程会考虑到默认和继承的CSS属性、匹配的效率及规则的优先级等因素。CSS解析过程即是将原始的CSS文件中包含的一系列CSS规则表示成渲染引擎中相应规则类的实例的过程。

Parser模块解析JavaScript:JavaScript一般由单独的脚本引擎解析执行,它的作用通常是动态地改变DOM树(比如为DOM节点添加事件响应处理函数),即根据时间或事件映射一棵DOM树到另一棵DOM树。简单来说,经过了Parser模块的处理,内核把页面文本转换成了一棵节点带CSS样式、会响应自定义事件的Styled DOM树。JavaScript是一种解释型的动态脚本语言,需要由专门的JavaScript引擎执行。Android 4.2版本的WebKit采用的JavaScript执行引擎为V8,V8是由Google支持的开源项目。它的设计目的就是追求更高的性能,最大限度地提高JavaScript的执行效率。与JavaScriptCore等传统引擎不同,V8把JavaScript代码直接编译成机器码运行,比起传统"中间代码+解释器"的引擎,性能优势非常明显。JavaScript代码通常保存在独立的文件中,通过Script标签引用到HTML文档中。

3. Layout模块

Layout就是排版,包含创建渲染树和计算布局两大过程。布局树(渲染树、Render Tree)和DOM树基本能一一对应,如图1-4所示,两者在内核中同时存在但作用不同。DOM树是HTML文档的对象表示,同时也作为JavaScript操纵HTML的对象接口。Render树是DOM树的排版表示,用以计算可视DOM节点的布局信息(如宽、高、坐标)和后续阶段的绘制显示。并非所有DOM节点都可视,也就是并非所有DOM树节点都会对应生成一个Render树节点。例如,head标签不表示任何排版区域,因而没有对应的Render节点。同时,DOM树可视节点的CSS Style就是其对应Render树节点的Style。

4. Paint模块

Paint模块负责显示工作,将Render树映射成可视的图形,它会遍历Render树调用每个

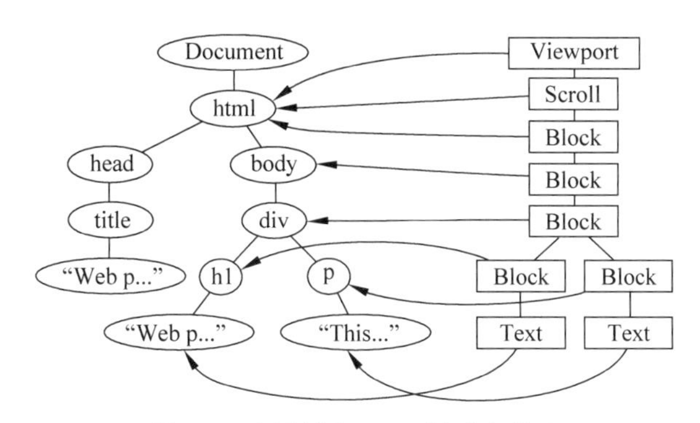

图 1-4 布局树和 DOM 树对应关系

Render 节点的绘制方法将其内容显示在一块画布或者位图上,并最终呈现在浏览器应用窗口中成为用户看到的实际页面。每个节点对应的大小、位置等信息都已经由 Layout 阶段计算好了,节点的内容取决于对应的 HTML 元素,或是文本,或是图片,或是用户界面控件。

5. 缓存模块

缓存在浏览器中也得到了广泛的应用,对提高用户体验起到了重要作用。在浏览器中,主要存在三种类型的缓存:Page Cache、Memory Cache、Disk Cache。这三类 Cache 的容量都是可以配置的,比如限制 Memory Cache 最大不超过 30MB,Page Cache 缓存的页面数量不超过 5 个等。

内存缓存(Memory Cache):浏览器内部的缓存机制,对于相同 URL 的资源直接从缓存中获取,不需要重新下载。内存缓存的主要作用为缓存页面使用各种派生资源。在使用浏览器浏览网页时,尤其是浏览一个大型网站的不同页面时,经常会遇到网页中包含相同资源的情况,应用内存缓存可以显著提高浏览器的用户体验,减少无谓的内存、时间及网络带宽开销

页面缓存(Page Cache):即将浏览的页面状态临时保存在缓存中,以加速页面返回等操作。页面缓存用来缓存用户访问过的网页 DOM 树、Render 树等数据。设计页面缓存的意图在于提供流畅的页面前进、后退浏览体验。几乎所有的现代浏览器都支持页面缓存功能。

磁盘缓存(Disk Cache):资源加载缓存和服务器进行交互,服务器端可以通过 HTTP 头信息设置网页要不要缓存。现代的浏览器基本都有磁盘缓存机制,为了提升用户的使用体验,浏览器将下载的资源保存到本地磁盘,当浏览器下次请求相同的资源时,可以省去网络下载资源的时间,直接从本地磁盘中取出资源即可。磁盘缓存即人们常说的 Web 缓存,分为强缓存和协商缓存,它们的区别在于强缓存不发请求到服务器,协商缓存会发请求到服务器。

6. 硬件加速模块

渲染引擎的渲染方式分为软件渲染和硬件渲染,这两种渲染方式都可以分成两个过程:一是得到网页的绘制信息;二是将网页绘制信息转换成像素并上屏。得到网页绘制信息的过程需要遍历 RenderLayer 树,将 RenderLayer 树包含的网页绘制信息先记录下来,等到渲染时使用。记录网页绘制信息这一步对渲染引擎而言,就是绘制的过程,渲染引擎本身并不知道绘制命令是否有被真正执行。

7. 重绘回流

重绘和回流是在页面渲染过程中非常重要的两个概念。页面生成以后,脚本操作、样式表变更,以及用户操作都可能触发重绘和回流。回流(reflow)是 Firefox 里的术语,在 Chrome

中称为重排(relayout)。回流是指窗口尺寸被修改、发生滚动操作,或者元素位置相关属性被更新时会触发布局过程,在布局过程中要计算所有元素的位置信息。由于HTML使用的是流式布局,如果页面中的一个元素的尺寸发生了变化,则其后续的元素位置都要跟着发生变化,也就是重新进行流式布局的过程,所以被称为回流。重绘是指当与视觉相关的样式属性值被更新时会触发绘制过程,在绘制过程中要重新计算元素的视觉信息,使元素呈现新的外观。

1.2.4 国产浏览器及内核之路

1. 360安全浏览器

360安全浏览器是国内用户量最大的浏览器,也是最注重安全的浏览器。360安全浏览器采用先进的恶意网址拦截技术,可自动拦截挂马、欺诈、网银仿冒等恶意网址。

2. QQ浏览器

QQ浏览器是腾讯研发的网页浏览器,采用双核引擎设计,可满足用户在不同网页环境下的使用需求。也能和QQ账号绑定,用户随时随地都能漫游网页并收藏。

3. 搜狗浏览器

搜狗浏览器拥有国内首款“真双核”引擎,采用多级加速机制,能大幅提高用户的上网速度。搜狗浏览器是目前互联网上最快速最流畅的新型浏览器,与拼音输入法、五笔输入法等产品一同成为高速上网的必备工具。

4. 2345王牌浏览器

2345王牌浏览器(现已改名为2345加速浏览器)是一款基于Chrome和IE双内核的浏览器,主打极速与安全特性。2345王牌浏览器目前实现的功能主要是智能广告拦截、网页多标签浏览、超级拖曳、鼠标手势、上网痕迹清除等多项网页浏览实用功能,是新一代王牌浏览器,更新更安全。

5. 百度浏览器

百度浏览器是百度推出的以IE为核心的浏览器,整体界面简洁大气,看起来有点儿像谷歌浏览器。百度浏览器支持导入HTML网页文件作为收藏夹内容,而主流网络浏览器都支持导出HTML收藏,所以用户也可以把以往浏览器中的收藏/书签全部导入百度浏览器。

6. UC浏览器

UC浏览器是优视科技基于手机等移动终端平台而研发的一款WWW/WAP网页浏览软件,支持手机、计算机、平板电脑、电视极速上网。

7. 猎豹浏览器

金山公司的猎豹浏览器进行了一百多项优化,并设计了十多个视觉特效,其中最突出的一点是解决网民反映最多的上网卡、慢问题。猎豹浏览器是首款双核安全浏览器,采用Chrome和IE双内核智能自动切换,并在Chrome内核的基础上进行技术优化,使得启动、加载更快,金山公司宣称比Chrome快40%。

8. 傲游浏览器

傲游1.x/2.x为IE内核,3.x为IE与WebKit双核。傲游是全球首家基于云技术覆盖主流操作平台的浏览器厂商,是一款多功能、个性化多标签浏览器,实现了微软、谷歌、苹果三大平台体系从桌面终端到移动终端的全面覆盖，主打自由特性。

目前国产浏览器都是采用国外的经典内核，缺乏我们自己的浏览器内核。2018 年 8 月，红芯浏览器高调宣布完成 2.5 亿元融资，并宣称"国产、自主、打破美国垄断"，是第五大浏览器内核，但很快被揭露所谓的国产自主浏览器不过是将谷歌浏览器内核改了下文件名而已。红芯浏览器事件折射出国产自主可控软件在研发上的无奈，我国计算机产业在基础研究领域长期以来都属于薄弱甚至空白的状态。互联网核心技术是我们最大的"命门"，核心技术受制于人是我们最大的隐患。希望越来越多的企业和工程师加入 Web 浏览器的基础软件和系统软件行列，只要我们有决心、恒心、重心，树立顽强拼搏、刻苦攻关的志气，终有一天会有属于中国人的浏览器内核。

1.3 Web 服务器和应用服务器

1.3.1 Web 服务器

Web 服务器一般指网站服务器，是指驻留于因特网上某种类型计算机的程序，可以处理浏览器等 Web 客户端的请求并返回相应响应，也可以放置网站文件，让全世界浏览；可以放置数据文件，让全世界下载。Web 服务器也称为 WWW 服务器，主要功能是提供网上信息浏览服务。WWW 是 Internet 的多媒体信息查询工具，是 Internet 上近几年才发展起来的服务，也是发展最快和目前使用最广泛的服务。正是因为有了 WWW 工具，才使得近几年来 Internet 迅速发展，用户数量飞速增长。

虽然每个 Web 服务器程序有很多不同，但都有一些共同的特点：每个 Web 服务器程序都从网络接受 HTTP 请求，然后提供 HTTP 回复给请求者。HTTP 回复一般包含一个 HTML 文件，有时也可以包含纯文本文件、图像或其他类型的文件。

Web 服务器程序是一种被动程序：只有当 Internet 上运行在其他计算机中的浏览器发出请求时，服务器才会响应。最常用的 Web 服务器程序是 Internet 信息服务器（Internet Information Services，IIS）、Nginx 和 Apache。

1.3.2 Apache 服务器

Apache HTTP Server 是 Apache 软件基金会的一个开放源代码的 Web 服务器，可以在大多数计算机操作系统中运行，由于其跨平台和安全性，被广泛使用，是最流行的 Web 服务器软件之一。

世界上很多著名的网站如 Amazon 等采用 Apache 服务器。它的成功之处主要在于它的源代码开放、有一支开放的开发队伍、支持跨平台的应用（可以运行在几乎所有的 Windows、UNIX、Linux 系统平台上）以及它的可移植性等方面。

因为 Apache 是自由软件，所以不断有人为它开发新的功能、新的特性、修改原来的缺陷。Apache 的特点是简单、速度快、性能稳定，并可作代理服务器。

使用 Apache 作为 Web 服务器，只要对 Apache 进行适当的优化配置，就能让 Apache 发挥出更好的性能；反过来说，如果 Apache 的配置非常糟糕，Apache 可能无法正常服务。需要注意的是，要想让 Apache 发挥出更好的性能，首先必须保证硬件和操作系统能够满足 Apache 的负载需要。如果由于硬件和操作系统原因导致 Apache 的运行性能受到较大的影响，即使对 Apache 本身优化配置得再好也无济于事。

1.3.3 IIS 服务器

互联网信息服务(Internet Information Services,IIS)是由微软公司提供的基于 Microsoft Windows 的互联网基本服务。IIS 提供了一个图形界面的管理工具,称为 Internet 服务管理器,可用于监视配置和控制 Internet 服务。

IIS 的 Web 服务组件包括 Web 服务器、FTP 服务器、NNTP 服务器和 SMTP 服务器,分别用于网页浏览、文件传输、新闻服务和邮件发送等功能。它使得在网络(包括互联网和局域网)上发布信息成了一件很容易的事。

IIS 网站由应用程序组成,应用程序则包括虚拟目录。IIS 组织架构上呈现出一种层次关系:一个网站中可以有一个或者多个应用程序,一个应用程序中可以有一个或者多个虚拟目录,而虚拟目录对应一个物理路径。一个网站默认至少有一个应用程序,称为根应用程序(Root Application)或者默认应用程序,而一个应用程序至少有一个虚拟目录,称为根虚拟目录(Root Virtual Directory)。

Web 网站驻留在 Web 服务器中。Web 服务器可以接收从 Web 浏览器发来的 HTTP 请求,并且可以根据 Web 网站所需的格式将数据返回 Web 网站。Web 网站是由一系列页面、图像、视频,以及其他数字化内容所组成的集合,这些内容可以通过 HTTP 进行访问。页面一般是 HTML、ASP、ASPX 或 PHP 格式,既可以是简单的静态页面,也可以是能够相互协作、能够访问后端数据库并且能够通过 Web 浏览器传送数据的动态页面,还可以是静态内容和动态内容的组合。如果 Web 网站能够从一个数据库提取数据并且为外界提供数据服务,那么这类网站一般被称为 Web 应用程序。

网站是应用程序和虚拟目录的容器,提供了与应用程序的唯一绑定,网站可以通过这个绑定访问应用程序。一个绑定包括两个属性:绑定协议和绑定信息。绑定协议确定了服务器和客户交换数据时使用的协议,如 HTTP 和 HTTPS。绑定信息确定了客户如何访问服务器,包括 IP 地址、端口编号,以及主机头等信息。针对同一个网站,可以使用多个绑定协议。例如,网站可以使用 HTTP 提供标准内容的服务,同时可以使用 HTTPS 来处理登录页面。

IIS 的应用程序是由一些文件和文件夹组成的集合,这些文件和文件夹可以通过诸如 HTTP 或 HTTPS 等协议为外界提供服务。IIS 的每个网站至少包括一个应用程序,即根应用程序,但是在必要情况下,一个网站可以包括多个应用程序。IIS 的应用程序不仅支持 HTTP 和 HTTPS,而且还可以支持其他协议。

虚拟目录是这样的一个目录或路径,该目录或路径可以映射为本地或远程服务器中文件的物理位置。与网站一样,应用程序也至少拥有一个根虚拟目录,当然,还可以拥有多个虚拟目录。如果应用程序需要访问某些文件,但是又不希望将这些文件添加到保存应用程序的物理文件夹结构中,那么就可以使用虚拟目录。

利用虚拟目录,可以令客户通过 FTP 将图像上传到网站,而不需要为客户指派访问 Web 网站代码库的权限。客户上传图像时,保存图像的物理目录是与 Web 网站文件的保存目录隔离开来的,单独保存在一个目录结构中。同时,利用虚拟目录,Web 网站又可以访问这些图像文件。

应用程序池是将一个或多个应用程序链接到一个或多个工作进程集合的配置。因为应用程序池中的应用程序与其他应用程序被工作进程边界分隔,所以某个应用程序池中的应用程序不会受到其他应用程序池中应用程序所产生的问题的影响。

1.3.4 Nginx 服务器

Nginx 是俄罗斯人编写的十分轻量级的 HTTP 服务器，发音为“engine X”，是一个高性能的 HTTP 和反向代理服务器，同时也是一个 IMAP/POP3/SMTP 代理服务器。其特点是占有内存少，并发能力强，易于开发，部署方便。Nginx 支持多语言通用服务器。

缺点：Nginx 只适合静态和反向代理。

优点：负载均衡、反向代理、处理静态文件优势。Nginx 处理静态请求的速度高于 Apache。

1.3.5 Tomcat 应用服务器

Tomcat 最初是由 Sun 的软件架构师詹姆斯·邓肯·戴维森开发的，后来他帮助将其变为开源项目，并由 Sun 贡献给 Apache 软件基金会。现在 Tomcat 是 Apache 软件基金会（Apache Software Foundation）的 Jakarta 项目中的一个核心项目。Tomcat 服务器是一个免费的开放源代码的 Web 应用服务器，属于轻量级应用服务器。Tomcat 是应用（Java）服务器，它只是一个 Servlet（JSP 也翻译成 Servlet）容器，可以认为是 Apache 的扩展，但是可以独立于 Apache 运行。Tomcat 5 支持最新的 Servlet 2.4 和 JSP 2.0 规范。因为 Tomcat 技术先进、性能稳定，而且免费，因而深受 Java 爱好者的喜爱并得到了部分软件开发商的认可，成为比较流行的 Web 应用服务器。

缺点：Tomcat 只能用作 Java 服务器。

优点：动态解析容器，处理动态请求，是编译 JSP/Servlet 的容器。

此外，值得关注的是，Tomcat 虽然是一个 Servlet 和 JSP 容器，但是它也是一个轻量级的 Web 服务器。它既可以处理动态内容，也可以处理静态内容。不过，Tomcat 的最大优势在于处理动态请求，处理静态内容的能力不如 Apache 和 Nginx，并且经过测试发现，Tomcat 在高并发的场景下，其接受的最大并发连接数是有限制的，连接数过多会导致 Tomcat 处于“僵死”状态，因此在这种情况下，可以利用 Nginx 的高并发、低消耗的特点与 Tomcat 一起使用。

1.3.6 WebSphere 应用程序服务器

WebSphere 应用程序服务器是一种功能完善、开放的 Web 应用程序服务器，是 IBM 电子商务计划的核心部分，它是基于 Java 的应用环境，用于建立、部署和管理 Internet 和 Intranet Web 应用程序。这一整套产品进行了扩展，以适应 Web 应用程序服务器的需要，范围从简单到高级直到企业级。

WebSphere 针对以 Web 为中心的开发人员，他们都是在基本 HTTP 服务器和 CGI 编程技术上成长起来的。IBM 将提供 WebSphere 产品系列，通过提供综合资源、可重复使用的组件、功能强大并易于使用的工具，以及支持 HTTP 和 IIOP 通信的可伸缩运行时环境，来帮助这些用户从简单的 Web 应用程序转移到电子商务世界。

1.3.7 WebLogic 应用服务器

BEA 的 WebLogic 应用服务器是一种多功能、基于标准的 Web 应用服务器，为企业构建自己的应用提供了坚实的基础。各种应用开发、部署所有关键性的任务，无论是集成各种系统和数据库，还是提交服务、跨 Internet 协作，起始点都是 BEA 的 WebLogic 应用服务器。由于它具有全面的功能、对开放标准的遵从性、多层架构、支持基于组件的开发，基于 Internet 的企业都选择它来开发、部署最佳的应用。

BEA 的 WebLogic 应用服务器在使应用服务器成为企业应用架构的基础方面继续处于领先地位。BEA 的 WebLogic 应用服务器为构建集成化的企业级应用提供了稳固的基础，它们以 Internet 的容量和速度，在联网的企业之间共享信息、提交服务，实现协作自动化。

1.3.8 国产 Web 应用服务器

东方通用公司的应用服务器产品名为 TongWeb Application Server（以下称其为 TongWeb），该公司是国内最早研究 J2EE 技术和开发应用服务器产品的厂商。应用服务器 TongWeb 的开发目标，是利用东方通用公司在中间件领域的技术优势，实现符合 J2EE 规范的企业应用支撑平台。自 2000 年投放市场以来，TongWeb 取得了良好的业绩，现已广泛应用于电信、银行、交通、公安、电子政务等业务领域。TongWeb 总体架构中含有内核及底层服务、构件容器、J2EE 服务、界面/工具四大部分。内核及底层服务部分位于最底层，J2EE 服务居中，构件容器建立在 J2EE 服务之上。产品基于 JMX 提供最基础的架构，其他部件以 Mbean 的形式加载进来。J2EE 服务包括 J2EE 1.4 所规定的各项服务，包括 JNDI、JDBC、JCA、JTS/JTA、JMS 等，也包括 Web Service 服务。构件容器包括 EJB 容器、Web 容器和 Application 客户容器。界面/工具包括管理控制台和部署工具。

金蝶公司的应用服务器产品名为 Apusic Application Server（以下称其为 Apusic），是国内第一个通过 J2EE 测试认证的应用服务器，也是全球第四家获得 JavaEE 5.0 认证授权的产品，完全实现了 J2EE 等企业计算相关的工业规范及标准，代码简洁优化，具备了数据持久性、事务完整性、消息传输的可靠性、集群功能的高可用性，以及跨平台的支持等特点。同时，拥有多项原创技术亮点，如微内核体系，集群服务中的客户端会话缓存技术，原生 Ajax 技术，与 ESB、MQ 的无缝集成、特有的 Apusic Launcher 技术等。

对比国外的经典 Web 服务器和我国的 Web 应用程序服务器，我们还处于跟踪地位，距离掌握 Web 服务器的核心技术自主可控还有较长的路，希望我们有越来越多的企业、研究人员和工程师投入 Web 服务器基础研究工作中，为国家的网络空间安全奋斗。

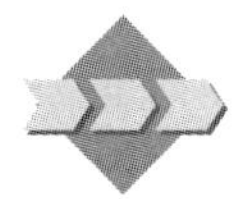

1.4 Web 前端的主要技术概述

前端工程师是互联网时代软件产品研发中不可缺少的一种专业研发角色。从狭义上讲，前端工程师使用 HTML、CSS、JavaScript 等专业技术和工具将 UI 设计稿实现成网站产品，涵盖用户 PC 端、移动端网页，处理视觉和交互问题。从广义上来讲，用户终端产品与视觉和交互有关的部分，都是前端工程师的专业领域。实际上，前端工程师核心的技能一直都是 HTML、CSS 和 JavaScript，下面简要分析这三部分需要掌握的主要技术。

1.4.1 HTML 概述

超文本标记语言（Hypertext Markup Language，HTML）是为网页创建和其他可在网页浏览器中看到的信息设计的一种标记语言。HTML 被用来结构化信息——例如标题、段落和列表等，也可用来在一定程度上描述文档的外观和语义。由简化的 SGML（标准通用标记语言)语法进一步发展而来的 HTML,后来成为国际标准,由万维网联盟(World Wide Web Consortium,W3C)维护。

W3C 目前建议使用 XHTML1.1、XHTML1.0 或者 HTML4.01、HTML5 标准编写网页。HTML 文件最常用的扩展名为.HTML,网页制作者可以使用任何基本的文本编辑器(如 Notepad 等)或所见即所得的 HTML 编辑器来编辑 HTML 文件。

HTML 文档制作不是很复杂,但功能强大,支持不同数据格式的文件嵌入,这也是 Web 盛行的原因之一,其主要特点如下。

(1) 简易性:HTML 版本升级采用超集方式,从而更加灵活方便。

(2) 可扩展性:HTML 具有较好的可扩展性。

(3) 平台无关性:HTML 可以使用在广泛的平台上。

(4) 通用性:HTML 是一种简单通用的标记语言。它允许网页制作者建立文本与图片相结合的复杂页面,这些页面可以被网上任何其他人浏览到,无论使用的是什么类型的计算机或浏览器。

可扩展超文本标记语言(eXtensible HyperText Markup Language,XHTML)是一种标记语言,表现方式与 HTML 类似,不过语法上更加严格。从继承关系上讲,HTML 是一种基于标准通用标记语言(Standard Generalized Markup Language,SGML)的应用,而 XHTML 则基于可扩展标记语言(Extensible Markup Language, XML),XML 是 SGML 的一个子集。

HTML5 是 HTML 下一个主要的修订版本,现在仍处于发展阶段。其目标是取代早前制定的 HTML4.01 和 XHTML1.0 标准,以期能在互联网应用迅速发展的时候,使网络标准达到符合当代的网络需求。HTML5 实际指的是包括 HTML、CSS 和 JavaScript 在内的一套技术组合。

1.4.2　CSS 概述

层叠样式表(Cascading Style Sheets,CSS)是一种用来表现 HTML(标准通用标记语言的一个应用)或 XML(标准通用标记语言的一个子集)等文件样式的计算机语言。CSS 不仅可以静态地修饰网页,还可以配合各种脚本语言动态地对网页各元素进行格式化,如字体、颜色、位置等的语言,被用于描述网页上的信息格式化和显示的方式。CSS 能够对网页中元素位置的排版进行像素级精确控制,支持几乎所有的字体、字号样式,拥有对网页对象和模型样式编辑的能力。

CSS 的工作原理:CSS 样式可以直接存储于 HTML 网页或者单独的样式单文件。无论哪种方式,样式单包含将样式应用到指定类型的元素的规则。外部使用时,样式单规则被放置在一个带有文件扩展名.css 的外部样式单文档中。样式规则是可应用于网页中元素(如文本段落或链接)的格式化指令。样式规则由一个或多个样式属性及其值组成。内部样式单直接放在网页中,外部样式单保存在独立的文档中,网页通过一个特殊标签链接外部样式单。

CSS 中的“层叠”表示样式单规则应用于 HTML 文档元素的方式。具体地说,CSS 样式单中的样式形成一个层次结构,更具体的样式覆盖通用样式。样式规则的优先级由 CSS 根据这个层次结构决定,从而实现级联效果。

CSS 简化了网页的格式代码,外部的样式表还会被浏览器保存在缓存里,加快了下载显示的速度,也减少了需要上传的代码数量(因为重复设置的格式将被只保存一次)。只要修改保存着网站格式的 CSS 样式表文件,就可以改变整个站点的风格特色,在修改页面数量庞大的站点时,显得格外有用。这就避免了一个一个网页的修改,大大减少了工作量。

1.4.3 JavaScript 概述

JavaScript 是一种直译式脚本语言,其源代码在发往客户端运行之前不需要经过编译,而是将文本格式的字符代码发送给浏览器由浏览器解释运行。JavaScript 的解释器被称为 JavaScript 引擎,为浏览器的一部分。JavaScript 是广泛用于客户端的脚本语言,最早在 HTML 网页上使用,用来给 HTML 网页增加动态功能。它可以直接嵌入 HTML 网页中,但写成单独的 JS 文件有利于结构和行为的分离。

JavaScript 的常见用途包括:嵌入动态文本于 HTML 网页,对浏览器事件做出响应,读写 HTML 元素,在数据被提交到服务器之前验证数据,检测访客的浏览器信息,控制 Cookies,包括创建和修改等。

不同于服务器端脚本语言,如 PHP、ASP,JavaScript 主要被作为客户端脚本语言在用户的浏览器上运行,不需要服务器的支持。因此,早期程序员比较青睐于 JavaScript 以减少对服务器的负担,而与此同时也带来了安全性问题。

随着服务器的性能提升,虽然现在的程序员更喜欢运行于服务端的脚本以保证安全,但 JavaScript 仍然以其跨平台、容易上手等优势大行其道。同时,有些特殊功能(如 Ajax)必须依赖 JavaScript 在客户端进行支持。

1.4.4 jQuery

jQuery 是一个快速、简洁的 JavaScript 框架,是继 Prototype 之后又一个优秀的 JavaScript 代码库(框架),于 2006 年 1 月由 John Resig 发布。jQuery 设计的宗旨是"Write Less,Do More",即倡导写更少的代码,做更多的事情。它封装 JavaScript 常用的功能代码,提供一种简便的 JavaScript 设计模式,优化 HTML 文档操作、事件处理、动画设计和 Ajax 交互。

jQuery 的核心特性可以总结为:具有独特的链式语法和短小清晰的多功能接口;具有高效灵活的 CSS 选择器,并且可对 CSS 选择器进行扩展;拥有便捷的插件扩展机制和丰富的插件。jQuery 最有特色的语法特点就是与 CSS 语法相似的选择器,并且它支持 CSS1 到 CSS3 的几乎所有选择器,并兼容所有主流浏览器,这为快速访问 DOM 提供了方便。

jQuery 的模块可以分为 3 部分:入口模块、底层支持模块和功能模块。

在构造 jQuery 对象模块中,如果在调用构造函数 jQuery()创建 jQuery 对象时传入了选择器表达式,则会调用选择器 Sizzle(一款纯 JavaScript 实现的 CSS 选择器引擎,用于查找与选择器表达式匹配的元素集合)遍历文档,查找与之匹配的 DOM 元素,并创建一个包含这些 DOM 元素引用的 jQuery 对象。

浏览器功能测试模块提供了针对不同浏览器功能和 bug 的测试结果,其他模块则基于这些测试结果来解决浏览器之间的兼容性问题。或异步回调函数的成功或失败状态;数据缓存模块用于为 DOM 元素和 JavaScript 对象附加任意类型的数据;队列模块用于管理一组函数,支持函数的入队和出队操作,并确保函数按顺序执行,它基于数据缓存模块实现。

在功能模块中,事件系统提供了统一的事件绑定、响应、手动触发和移除机制,它并没有将事件直接绑定到 DOM 元素上,而是基于数据缓存模块来管理事件;Ajax 模块允许从服务器上加载数据,而不用刷新页面,它基于异步队列模块来管理和触发回调函数;动画模块用于向网页中添加动画效果,它基于队列模块来管理和执行动画函数;属性操作模块用于对 HTML 属性和 DOM 属性进行读取、设置和移除操作;DOM 遍历模块用于在 DOM 树中遍历父元素、子元素和兄弟元素；DOM 操作模块用于插入、移除、复制和替换 DOM 元素；样式操作模块用于获取计算样式或设置内联样式；坐标模块用于读取或设置 DOM 元素的文档坐标；尺寸模块用于获取 DOM 元素的高度和宽度。

jQuery 还可以运行在手机和平板设备上，jQuery Mobile 1.2 给主流移动平台提供了 jQuery 的核心库，发布了一个完整统一的 jQuery 移动用户界面设计框架，在智能手机和桌面计算机的 Web 浏览器上形成统一的用户界面。

1.4.5 Bootstrap

Bootstrap 是美国 Twitter 公司的设计师 Mark Otto 和 Jacob Thornton 合作基于 HTML、CSS、JavaScript 开发的简洁、直观、强悍的前端开发框架，使得 Web 开发更加快捷。Bootstrap 提供了优雅的 HTML 和 CSS 规范，由动态 CSS 语言 Less 写成。网站和应用能在 Bootstrap 的帮助下通过同一份源码快速、有效地适配手机、平板电脑和 PC 设备，这一切都是 CSS 媒体查询（Media Query）的功劳。

Bootstrap 提供了一个带有网格系统、链接样式、背景的基本结构。

Bootstrap 自带以下特性：全局的 CSS 设置、定义基本的 HTML 元素样式、可扩展的 class，以及一个先进的网格系统。

Bootstrap 包含十几个可重用的组件，用于创建图像、下拉菜单、导航、警告框、弹出框等。Bootstrap 中包含丰富的 Web 组件，根据这些组件，可以快速搭建一个漂亮、功能完备的网站，其中包括以下组件：下拉菜单、按钮组、按钮下拉菜单、导航、导航条、路径导航、分页、排版、缩略图、警告对话框、进度条、媒体对象等。

Bootstrap 包含 13 个自定义的 jQuery 插件，包括模式对话框、标签页、滚动条、弹出框等，这些插件为 Bootstrap 中的组件赋予了“生命”。可以直接包含所有的插件，也可以逐个包含这些插件。

用户可以定制 Bootstrap 的组件、Less 变量和 jQuery 插件来得到自己的版本。

1.4.6 ECMAScript

一个常见的问题是，ECMAScript 和 JavaScript 到底是什么关系？要讲清楚这个问题，需要回顾历史。

1996 年 11 月，JavaScript 的创造者 Netscape 公司将 JavaScript 提交给标准化组织 ECMA（European Computer Manufacturers Association，欧洲计算机制造商协会），希望这种语言能够成为国际标准。1997 年，ECMA 发布标准文件 ECMA-262 的第一版，规定了浏览器脚本语言的标准，并将这种语言称为 ECMAScript，这个版本就是 1.0 版。

该标准从一开始就是针对 JavaScript 语言制定的，但是之所以不叫 JavaScript，有两个原因。一是商标，Java 是 Sun 公司的商标，根据授权协议，只有 Netscape 公司可以合法地使用 JavaScript 这个名字，且 JavaScript 本身也已经被 Netscape 公司注册为商标。二是体现这门语言的制定者是 ECMA，不是 Netscape，以有利于保证这门语言的开放性和中立性。因此，ECMAScript 和 JavaScript 的关系：前者是后者的规格，后者是前者的一种实现。

标准的制定者想让标准的升级成为常规流程：任何人在任何时候，都可以向标准委员会提交新语法的提案，然后标准委员会每个月开一次会，评估这些提案是否可以接受，需要哪些改进。如果经过多次会议以后，一个提案足够成熟了，就可以正式进入标准了。这就是说，标准的版本升级成为了一个不断滚动的流程,每个月都会有变动。

1998 年 6 月,ECMAScript 2.0 版发布。

1999 年 12 月,发布 ECMAScript 3.0 成为 JavaScript 的通行标准,得到了广泛支持。

2008 年 7 月,由于对于下一个版本应该包括哪些功能,各方分歧太大,争论过于激进,ECMA 开会决定中止 ECMAScript 4.0 的开发。

2009 年 12 月,ECMAScript 5.0 版正式发布。

2015 年 6 月 17 日,ECMAScript 6(简称 ES6)发布正式版本,即 ECMAScript 2015。

ES2015 与 ES6 是什么关系呢?

标准委员会在每年的 6 月份正式发布一次,作为当年的正式版本。接下来的时间,就在这个版本的基础上做改动,直到下一年的 6 月,草案就自然变成了新一年的版本。这样一来,就不需要以前的版本号了,只要用年份标记就可以了。

ES6 是指 JavaScript 语言的下一个版本,但是因为这个版本引入的语法功能太多,而且制定过程还有很多组织和个人不断提交新功能,不可能在一个版本里面包括所有将要引入的功能。常规的做法是先发布 6.0 版,过一段时间再发布 6.1 版、6.2 版、6.3 版等。目标是使得 JavaScript 语言可以用来编写复杂的大型应用程序,成为企业级开发语言。ES6 的第一个版本就这样在 2015 年 6 月发布了,正式名称就是《ECMAScript 2015 标准》(简称 ES2015)。

2016 年 6 月,小幅修订的《ECMAScript 2016 标准》(简称 ES2016)发布。

2017 年 6 月发布 ES2017 标准。

2020 年 6 月,发布了 ES2020,是 ECMAScript 的第 11 版本,也称为 ES11。ES11 引入了动态 imports、新的数据类型 BigInt、字符串 matchAll()函数、"??"操作符、"?."可选链操作符等功能。

2021 年 6 月,ECMAScript 2021(ES12)成为事实的 ECMAScript 标准,并被写入 ECMA-262 第 12 版。新增了 API 函数 String. prototype. replaceAll()替换字符不用写正则了,新增逻辑赋值操作符"??=""&&=""||="等。

2022 年 6 月,第 123 届 ECMA 大会批准了 ECMAScript 2022(ES13)语言规范。新增了顶级 Await()函数,检查一个属性是否属于对象函数 Object. hasOwn(),数组函数 at()用于通过给定索引来获取数组元素,正则表达式匹配索引,类的实例成员等。

提高我国 Web 浏览器和服务器的核心技术,以及基于"互联网+"的供给侧结构性改革、数字经济和网络空间安全等国家重大需求方面的应用创新,都需要大家用好 HTML5、CSS3、JavaScript、DOM、jQuery、Bootstrap 和 ECMAScript 等 Web 相关技术,希望更多中国人能为实现我国信息技术自主可控的使命感而奋斗。

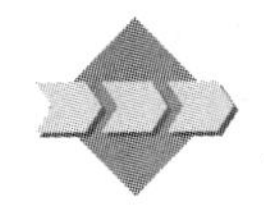

习题

1. 简单分析 Web 1.0、Web 2.0、Web 3.0 的特点。
2. 分析 URL 为 http://localhost:8080/readnews.aspx?newsid=123 的含义。
3. 请说明 Web 系统的 HTTPS 和 HTTP 的区别。
4. 简述 Apache 和 IIS 两个 Web 服务器的共同点和区别。
5. 解释虚拟目录和 Web 应用程序的关系。
6. 配置一个 Web 服务器。
7. 配置一个国产 Web 应用服务器,并提出改进的建议。
8. 简述浏览器的工作原理。

第 2 章

HTML网页编程基础

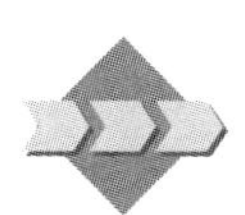

2.1 HTML 网页

2-1 VSCode 开发环境

用 HTML 编写的网页文件,也称 HTML 页面文件,或称 HTML 文档,是由标记组成的描述性文本。HTML 不是一种编程语言,而是一种标记语言。HTML 文件是由各种元素和标签组成的,这些标记可以为说明文字、图形动画、声音、表格、链接等形式的内容。

2.1.1 HTML 的诞生

HTML 作为定义万维网的基本规则之一,最初由 Tim Berners-Lee 于 1989 年在 CERN (Conseil Europeen pour la Recherche Nucleaire)研制出来。HTML 的设计初衷是 HTML 格式将允许科学家们透明地共享网络上的信息,即使这些科学家使用的计算机差别很大。因此,这种格式必须具备如下几个特点。

(1) 独立于平台:即独立于计算机硬件和操作系统。这个特性对各种受众是至关重要的,因为在这个特性中,文档可以在具有不同性能(即字体、图形和颜色差异)的计算机上以相似的形式显示文档内容。

(2) 超文本:允许文档中的任何文字或词组参照另一文档,这个特性将允许用户在不同计算机中的文档之间及文档内部漫游。

(3) 结构化文档:该特性将允许某些高级应用,如 HTML 文档和其他格式文档间互相转换以及搜索文本数据库。

2.1.2 HTML 的发展历史

1994 年年末,Tim Berners-Lee 开发了最初的 HTML 版本,并创建了万维网联盟(W3C)开发和推广 Web 技术标准。1995 年年末,发布了第一个 HTML 标准 HTML2.0,目前在市场上可以找到的浏览器都依赖于更新版本的 HTML。

1997 年 1 月,W3C 标准发布了 HTML3.2,在 HTML2.0 标准上添加了被广泛运用的特性,如字体、表格、applets、围绕图像的文本流、上标和下标。1997 年 12 月,W3C 发布了 HTML4.0 的规范。HTML4.0 最重要的特性是引入了 CSS。

1999 年 12 月,W3C 发布了 HTML4.01,仅对 HTML4.0 进行了一次较小的更新,修正和修复了漏洞。HTML4.01 存在两个根本性的问题：语法规则不严谨；当遇到错误时，每个浏览器都有自己的错误恢复机制。2000 年 1 月，W3C 发布了 XHTML 1.0，解决了 HTML4.01 的两个问题。

HTML5 草案的前身名为 Web Applications 1.0，2004 年由 WHATWG 提出，2007 年被 W3C 接纳，并成立了新的 HTML 工作团队。

2008 年 1 月，W3C 发布了 HTML5，放弃了 XHTML2.0，采取了 HTML 的发展道路，符合现代网络的发展要求。HTML5 由不同的技术构成，其在互联网中得到了非常广泛的应用，提供更多增强网络应用的标准机制。与传统的技术相比，HTML5 的语法特征更加明显，并且结合了 SVG 内容。这些内容在网页中可以更加便捷地处理多媒体内容，而且 HTML5 中还结合了其他元素，对原有的功能进行调整和修改，进行标准化工作。

2012 年中期，W3C 推出了一个新的编辑团队，负责创建 HTML5 推荐标准，并为下一个 HTML 版本准备工作草案，已形成了稳定的版本。

2014 年 10 月 29 日，由万维网联盟正式宣布 HTML5 规范。HTML5 中的新特性包括嵌入音频、视频和图形的功能，客户端数据存储，以及交互式文档。HTML5 还包含新的元素，如 <nav>、<header>、<footer>及<figure>等。HTML5 工作组包括：AOL、Apple、Google、IBM、Microsoft、Mozilla、Nokia、Opera 及数百个其他的供应商。

HTML5 新版本特性：淘汰过时的或冗余的属性，本地存储功能，脱离 Flash 和 Silverlight 直接在浏览器中显示图形或动画，一个 HTML5 文档到另一个文档间的拖放功能，提供外部应用和浏览器内部数据之间的开放接口等。

HTML 从 1989 年至今，不断升级新技术和新产品。特别是 HTML5 更是十年磨一剑，从 2004 年到 2014 年的长期努力结果，体现了对产品精心打造、精工制作的理念，更体现了不断吸收最前沿的技术，创造出新成果的工匠精神。

2.1.3 HTML 文件结构

HTML 标签是由尖括号包围的关键词，通常是成对出现，标签对中的第一个标签是开始标签，第二个标签是结束标签。开始和结束标签也被称为开放标签和闭合标签。在任何一个 HTML 文件中，最先出现的 HTML 标签是<html>，它用于表示该文件是以超文本标记语言编写的，对应的结束标签</html>位于文件末尾。在 HTML 标签中，还可以设置一些属性，控制标签所建立的元素。

HTML 元素是指从开始标签到结束标签的所有代码。大多数的 HTML 元素可以嵌套（包含其他 HTML 元素）。没有内容的 HTML 元素被称为空元素，例如换行符
。一个完整的 HTML 文件包括标题、段落、列表、表格及各种嵌入对象，统称为 HTML 元素。

<html>元素定义了整个 HTML 文件，包含两个主要的子元素，这两个子元素是由<head>标签和<body>标签建立的。<head>标签所建立的元素内容为文件头部，<body>标签所建立的元素内容为文件主体。一个 HTML 文件的基本结构实例如下。

【例 2-1】 一个 HTML 文件实例。

```
<! DOCTYPE HTML >
< html >
< head >
    < meta charset = "utf - 8">
```

```
    <meta name="keywords" content="HarmonyOS,操作系统"/>
    <meta http-equiv="expires" content="0" />
    <meta http-equiv="refresh" content="2" />
    <meta http-equiv="pragma" content="no-cache"/>
    <meta http-equiv="X-UA-Compatible" content="IE=edge,chrome=1"/>
    <title>HarmonyOS - 操作系统</title>
</head>
<body>
    <h1>HarmonyOS 软件简介</h1>
    <p>OpenHarmony 是开放原子开源基金会(OpenAtom Foundation)
        旗下的开源项目,定位是一款面向全场景的开源分布式操作系统.
     </p>
    <p>OpenHarmony 在传统的单设备系统能力的基础上,创造性地提出了基于同一套系统能力、适配
多种终端形态的理念,支持在多种终端设备上运行,第一个版本支持在 128KB~128MB 设备上运行,欢迎
参加开源社区一起持续演进。针对设备开发者,OpenHarmony 采用了组件化的设计方案,可以根据设备
的资源能力和业务特征进行灵活裁剪,满足不同形态的终端设备对于操作系统的要求。可运行在百 K
级别的资源受限设备和穿戴类设备,也可运行在百 M 级别的智能家用摄像头 / 行车记录仪等相对资源
丰富的设备。
    </p>
</body>
</html>
```

其中,<head>与</head>之间作为文件头部用于说明文件标题及整个文件的一些公共属性,<body>与</body>之间作为文件主体用于说明文件的主要内容。Web 浏览器的作用是读取 HTML 文件,并以网页的形式显示出它们。浏览器不会显示 HTML 标签,而是使用标签来解释页面的内容。例 2-1 的 HTML 代码在 Edge 浏览器中的运行效果如图 2-1 所示。

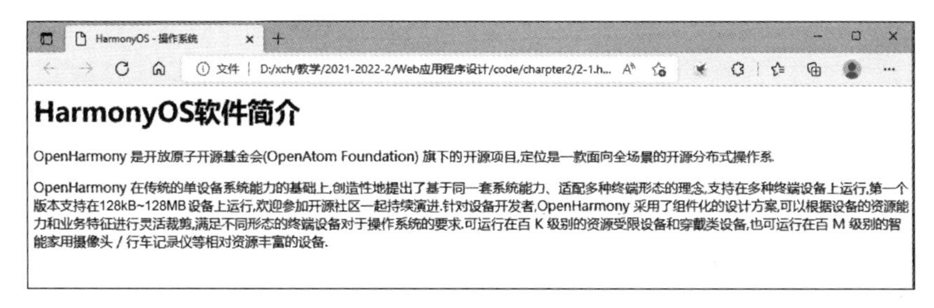

图 2-1 运行效果

编辑 HTML 文件的工具有很多,可以使用任一文本编辑器来编辑 HTML 网页文件,如 Windows 系统自带的记事本,常见的专业编辑软件有 VS Code 等可视化编辑器。VS Code 是目前应用最广泛的专业工具之一,详细介绍参看第 8 章实验部分的内容。

2.1.4 Web 互联网的中国贡献

20 世纪末开始,在经济高速发展的大环境下,中国的互联网行业得到迅速发展。1994 年,中国开始接入国际互联网,经过近 30 年的创新发展,Web 互联网已经跳出一个行业的范畴,成为推动国民经济发展的重要动力之一,中国的经济格局和行业结构产生了巨大的改变。互联网普及率的提高对国内与国际贸易发展都有着积极影响,除促进经济增长,提升国民购买能力从而促进国民消费与国内、国际贸易外,Web 互联网发展使得贸易企业之间可以随时随地获取市场信息,减少了交流成本和时间,大大降低了贸易期间的不确定性,促进了国内与国际

贸易的频率和规模。

当前,中国有全球最多的互联网的用户,拥有世界上最大的互联网市场,为全球互联网做出了巨大贡献。截至 2020 年 12 月,中国网民规模接近 10 亿,手机网民规模已达 9.86 亿,互联网普及率达 70.4%,是名副其实的互联网大国。截至 2020 年 12 月,我国在线教育、在线医疗用户规模分别为 3.42 亿、2.15 亿,占网民整体的 34.6%、21.7%。2020 年,我国网上零售额达 11.76 万亿元,我国网络购物用户规模达 7.82 亿,实物商品网上零售额为 9.76 万亿元,占社会消费品零售总额的 24.9%。

另一个贡献是中国倡导并每年在浙江省嘉兴市桐乡乌镇举办的世界性互联网盛会,世界互联网大会(World Internet Conference,WIC)由我国国家互联网信息办公室和浙江省人民政府共同主办,旨在搭建中国与世界互联互通的国际平台和国际互联网共享共治的中国平台,让各国在争议中求共识、在共识中谋合作、在合作中创共赢。2014—2021 年组织了 8 届世界互联网大会,具体时间和大会主题如表 2-1 所示。

表 2-1　2014—2021 年世界互联网大会及主题

时　　间	届数	主　　题
2014 年 11 月 19～21 日	1	互联互通,共享共治
2015 年 12 月 16～18 日	2	互联互通,共享共治——构建网络空间命运共同体
2016 年 11 月 16～18 日	3	创新驱动,造福人类——携手构建网络空间命运共同体
2017 年 12 月 3～5 日	4	发展数字经济,促进开放共享—携手构建网络空间命运共同体
2018 年 11 月 7～9 日	5	创造互信共治的数字世界——携手构建网络空间命运共同体
2019 年 10 月 20～22 日	6	智能互联,开放合作——携手构建网络空间命运共同体
2020 年 11 月 23～24 日	7	数字赋能,共创未来——携手构建网络空间命运共同体
2021 年 9 月 25～28 日	8	迈向数字文明新时代——携手构建网络空间命运共同体

2-2 VSCode 编程

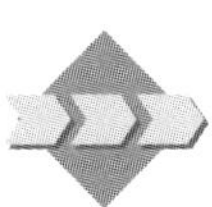

2.2 HTML 基本标签

2.2.1 元信息标签<meta>

<meta>标签是 HTML 中 Head 区的一个辅助性标签,位于 HTML 文件的头部,即<head></head>之间。<meta>元素可提供有关网页的元信息,如关键字、页面描述、作者等信息,这些信息不显示在网页中,用户在浏览网页时看不到。<meta>标签通常用来为搜索引擎 robots 定义页面主题,或者是定义用户浏览器上的 cookie,它可以用于鉴别作者,设定页面格式,标注内容提要和关键字;还可以设置页面,使其可以根据定义的时间间隔刷新本页面的显示等。

<meta>标签有多个属性,不同的属性有不同的参数值,这些不同的参数值就实现了不同的网页功能。<meta>标签常用的属性和取值如表 2-2 所示。

表 2-2　<meta>标签常用的属性和取值

属　　性	取　　值	描　　述
charset	character encoding	定义文档的字符编码
content	sometext	定义与 http-equiv 或 name 属性相关的元信息。 content 属性始终要和 name 属性或 http-equiv 属性一起使用

续表

属　　性	取　　值	描　　述
http-equiv	content-type expires refresh set-cookie pragma(cache 模式) content-script-type	把 content 属性关联到 HTTP 头部
name	author copyright description keywords generator robots	把 content 属性关联到一个名称
scheme	sometext	定义用于翻译 content 属性值的格式

< meta >标签分为两大部分：页面描述信息(name)和 HTTP 标题信息(http-equiv)。

1. name 属性

【语法】

```
< meta name = "参数" content = "参数值">
```

HTML 和 XHTML 标签都没有指定任何预先定义的< meta >名称。通常情况下，可以自由使用对自己和源文档的读者来说富有意义的名称。name 属性有以下几种常用参数。

(1) name=keywords 是一个经常被用到的名称。它为文档定义了一组关键字。某些搜索引擎在遇到这些关键字时，会用这些关键字对文档进行分类。

【语法】

```
< meta name = "keywords" content = "关键字 1,关键字 2, … " />
```

name 为 keywords，也就是设置网页的关键字；而在 content 属性中则定义关键字的具体内容。在设置关键字时，不要过多，一般可以设置多个关键字，关键字之间用半角逗号隔开。

【例 2-2】 关键字 keywords 的元标签使用。

```
<! DOCTYPE HTML >
    < html >
    < head >
        < meta charset = "utf - 8">
        < meta name = "keywords" content = "中国工业软件,关键核心技术" />
        < title>学习文化 </title >
    </head >
    < body >
        < h1 > &lt;中国工业软件,正处在发展的关键路口 &gt;
        </h1 >
        < span > 2021 年 5 月,在两院院士大会和中国科协全国代表大会上,中央首次强调了发展工业
软件等关键核心技术的紧急紧迫性,并做出了"全力攻坚"的指示。这一信号,迅速引起了许多人对工业
软件这个"高""冷"行业的关注和热情.</span >
    </body >
    </html >
```

(2) name=description 用于描述网页的主题等,设置页面描述也是为了便于搜索引擎的查找,一般要和关键字配合使用。现在所流行的搜索引擎(如 Google、Lycos、AltaVista)的工作原理是:搜索引擎先派机器人自动在 Web 上搜索,当发现新的网站时,便检索页面的 keywords 和 description,并将其加入到自己的数据库,然后再根据关键字的密度排序网站。

【语法】

```
<meta name = "description" content = "页面描述" />
```

name 为 description,也就是设置网页的页面描述;而在 content 属性中则定义页面描述具体内容。例如,在浏览器中输入 view-source: https://www.taobao.com/,可以查看到如图 2-2 所示的淘宝网页中的 description 内容。

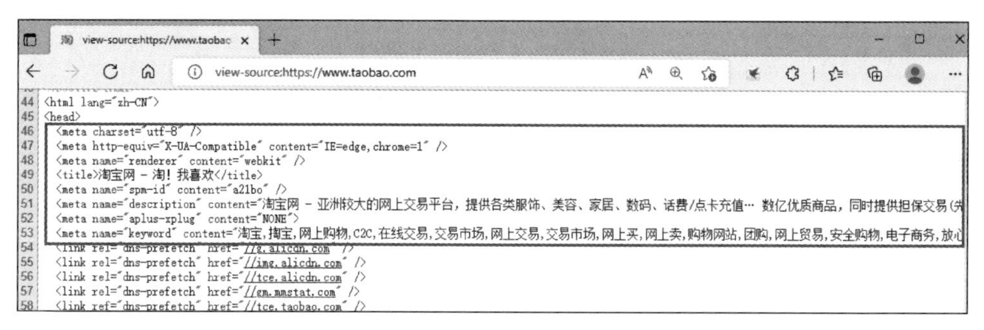

图 2-2 淘宝网页中的 meta 元素内容

(3) name=generator 用于说明网页编辑工具的名称。

【语法】

```
<meta name = "generator" content = "编辑工具" />
```

name 为 generator,设置网页的编辑工具;content 属性中则定义编辑工具名称。

例如,网页编程工具 generator 说明的使用:

```
<meta name = "generator" content = "Visual Studio Code" />
```

(4) name=author 用于说明网页的作者信息。

【语法】

```
<meta name = "author" content = "作者" />
```

name 为 author,也就是设置作者信息;而在 content 属性中则定义作者的具体信息。

例如:<meta name="author" content="谢从华" />。

(5) name=copyright 用于说明网页的版权信息。

【语法】

```
<meta name = "copyright" content = "版权的所有者" />
```

name 为 copyright,也就是设置版权信息;content 属性中则定义版权的具体信息。

例如,网页版权 copyright 的说明使用:

```
<meta name = " copyright " content = "版权属于谢从华" />
```

(6) name=robots 用于限制搜索引擎对网页的搜索方式。

【语法】

```
< meta name = "robots" content = "搜索方式" />
```

name 为 robots,也就是设置搜索引擎对网页的搜索方式;content 属性中则定义具体的搜索方式。content 的参数值有 all、none、index、follow、noindex、nofollow,默认是 all,content 值与其对应的含义如表 2-3 所示。

表 2-3 content 值与其对应的含义

content 值	含义
all	网页将被检索,且网页上的链接可以被查询
none	网页将不被检索,且网页上的链接不可以被查询
index	网页将被检索
follow	网页上的链接可以被查询
noindex	网页将不被检索,但网页上的链接可以被查询
nofollow	网页将被检索,但网页上的链接不可以被查询

例如,设置让网页上的链接不可以被查询:

```
< meta name = "robots" content = "none" />
```

2. http-equiv 属性

http-equiv 属性为名称/值对提供了名称,并指示服务器在发送实际的文档之前先在要传送给浏览器的 MIME 文档头部包含名称/值对。当服务器向浏览器发送文档时,会先发送许多名称/值对。有些服务器会发送许多这种名称/值对,所有服务器都至少要发送一个 content-type:text/html,告诉浏览器准备接收 HTML 文档。

http-equiv 属性的语法格式是:

```
< meta http - equiv = "参数" content = "参数值">
```

其中,http-equiv 属性有以下几种常用参数。

(1) http-equiv=content-type 用于设置网页所使用的字符集,常见的字符集有 ASCII,ANSI,GB2312,Big5,GBK,GB18030,UTF-8 等。

ASCII 用 8 位二进制数组合表示空格、标点符号、数字、大小写字母或者控制字符,其中最高位为“0”,其他位可以自由组合成 128 个字符。

ANSI 是美国的国家标准协会制定的编码,在 ASCII 的标准上扩展而来,但 ANSI 的编码是双字节 16 位的编码。在简体中文的操作系统中,ANSI 指的是 GB2312,而在日文的操作系统中指的是 JIS,编码之间互相不兼容,但所有的 ANSI 编码都兼容 ASCII 编码。

GB2312 是对 ANSI 的简体中文扩展。GB2312 的原型是一种区位码,这种编码把常见的汉字分区,每个汉字有对应的区号和位号,例如,“我”的区号是 46,位号是 50。GB2312 因要与 ASCII 相兼容,所以每个字的区号和位号的最高两位都是“1”的 8 位字节,这两个字节组合而成就是一个汉字的 GB2312 编码。GB2312 编码中小于 127 的字符与 ASCII 的相同。

大五码(Big5),又称为五大码,是通行于中国台湾、香港地区的一个繁体字编码方案。大五码使用繁体中文社群中最常用的计算机汉字字符集标准,共收录 13 060 个中文字,其中有两个字为重复编码。Big5 属中文内码(中文码分为中文内码及中文交换码两类)。GB2312 共收录了7000个字符，由于GB2312支持的汉字太少而且不支持繁体中文，所以GBK(Chinese Internet Code Specification，汉字内码扩展规范)对GB2312进行了扩展，对低字节不再做大于127的规定，以支持繁体中文和更多的字符，GBK共支持大概22 000个字符。

GB18030在GBK的基础上又增加了藏文、蒙文、维吾尔文等主要的少数民族文字。

UTF-8是一次传输8位的UTF(Unicode/UCS Transfer Format)编码方式，一个字符可能会经过1～6次传输，具体与Unicode/UCS之间的转换关系有关。

【语法】

```
<meta http-equiv="content-type" content="text/html; charset=字符集" />
```

http-equiv为content-type；content属性中则定义具体的字符集类型。

例如，元标签http-equiv的文件类型和字符集说明使用：<meta http-equiv="content-type" content="text/html; charset=utf-8"/>与<meta charset="utf-8">的效果是一样的。

(2) http-equiv=expires用于设定网页缓存的过期时间，一旦过期就必须从服务器上重新加载。

【语法】

```
<meta http-equiv="expires" content="到期时间" />
```

http-equiv为expires，也就是设置网页缓存的过期时间；content属性中则定义具体的时间。时间必须用GMT格式表示，设为0表示调用后就过期。

例如，元标签http-equiv的网页有效期说明使用：

```
<meta http-equiv="expires" content="Fri,10October 2014 18:18:18 GMT" />
<meta http-equiv="expires" content="0" />
```

(3) http-equiv=refresh用于实现网页的定时跳转，也可实现网页自身的定时(单位是s)刷新功能。

【语法】

```
<meta http-equiv="refresh" content="跳转时间;url=链接地址" />
```

(4) http-equiv为refresh，也就是设置网页的刷新；content属性中则定义刷新的时间和刷新后的链接地址，时间和链接地址之间用半角分号隔开。默认情况下，跳转时间单位是s。

例如，元标签http-equiv的网页定时刷新跳转说明使用：

```
<meta http-equiv="refresh" content="5;url=http://www.baidu.com" />
<meta http-equiv="refresh" content="5" />
```

(5) http-equiv=set-cookie用于删除过期的cookie。

【语法】

```
<meta http-equiv="set-cookie" content="到期时间" />
```

在该语法中，http-equiv为set-cookie；content属性中则定义具体的GMT格式时间。例如，元标签http-equiv的设置网页cookie的有效期说明使用：

```
<meta http-equiv="set-cookie" content="Fri,10October 2014 18:18:18 GMT" />
```

(6) http-equiv=pragma,禁止浏览器从本地机的缓存中调阅页面内容。

【语法】

```
<meta http - equiv = "pragma" content = "no - cache">
```

网页若不保存在缓存中,则每次访问都会刷新页面。这样设定,访问者将无法脱机浏览。

(7) http-equiv= X-UA-Compatible,IE 浏览器兼容模式。如图 2-2 所示的代码中关于淘宝网页的兼容性设置如下。

```
<meta http - equiv = "X - UA - Compatible" content = "IE = edge,chrome = 1">
```

X-UA-Compatible 定义了浏览器的渲染方式。如果存在客户端 Chrome Frame 并启用,那么浏览器访问页面会被 Chrome 内核渲染;也就是说,IE 浏览器变身 Chrome 是可以的,但前提是客户端安装了 Chrome Frame。使用 IE 内核浏览器来访问,会渲染至该浏览器的最高版本,比如使用 IE9 浏览器,那么就算在兼容模式切换至 IE7,但仍会渲染成 IE9 的样子。Google Chrome Frame 在 2014 年的时候就已经不提供支持服务了,2022 年 6 月 15 日开始,微软停止了对 IE 的服务,在未来这一条兼容性设置意义不大。

2.2.2 文本标签

1. 标题文字标签<h1>～<h6>

【语法】

```
<h1>一级标题</h1>
<h2>二级标题</h2>
<h3>三级标题</h3>
<h4>四级标题</h4>
<h5>五级标题</h5>
<h6>六级标题</h6>
```

从一级标题到六级标题,是 6 个级别的标题,标题的字体大小依次递减。一级标题一般只有一个,其他标题可以有多个。HTML 标签不区分大小写,<h1>和<H1>是一样的,但建议使用小写,因为大部分程序员都以小写为准。

2. 段落标签<p>

段落标签<p>的作用是划分段落,可以省略结束标签</p>。

【语法】

```
<p>段落文字</p>
```

可以使用一对<p></p>来包含一个段落,也可以使用单独的开始标签<p>来划分段落,每个新的段落标签开始的同时也意味着上一个段落的结束。与<p>相关的标签还有<div>和<span>。

3. 水平线标签<hr>

水平线标签<hr>的作用是在网页中创建一条水平线。<hr>是一个单标签,没有结束标签。

【语法】

```
<hr/>
```

4. 换行标签

换行标签
的作用是在不另起一段的情况下将当前文本强制换行。
是一个单标签,没有结束标签。

【语法】

```
<br/>
```

一个
代表一个换行,连续的多个
可以实现多次换行。

5. 空格

在网页中输入文字时,文字之间的多个连续的半角空格仅当作一个来对待。如果需要保留空格的效果,一般需要使用全角空格,或者通过空格代码来实现。

【语法】

```
 
```

一个 代表一个半角空格,连续的多个 就是多个空格。

6. 特殊字符

除了空格以外,还有一些特殊符号也需要用代码来代替。一般情况下,特殊符号的代码由前缀“&”、字符名称和后缀“;”组成。其使用方法与空格符号类似,具体内容如表 2-4 所示。

表 2-4 特殊符号的表示

符 号	符号代码	说 明
"	"	双引号
<	<	左尖括号
>	>	右尖括号
&	&	& 符号
×	×	乘号
÷	÷	除号
©	©	版权符号
®	®	已注册商标符号
TM	™	商标符号
€	€	欧元符号
¥	¥	人民币符号

【例 2-3】 HTML 网页的文本内容。

```
<! DOCTYPE HTML >
    < html >
    < head >
        < meta charset = "UTF - 8" />
        < meta name = "keywords" content = "华为,手机" />
        < meta name = "description" content = "华为手机,鸿蒙系统" />
        < meta name = "author" content = "宋舒" />
        < meta name = "generator" content = "vs code" />
```

```
        <meta name="copyright" content="版权为个人" />
        <meta name="robot" content="all" />
        <meta metahttp-equiv="X-UA-Compatible" content="IE=edge,chrome=1" />
        <meta http-equiv="expires" content="Fri,10 October 2021 23:18:10 GMT" />
        <meta http-equiv="set-cookie" content="Fri,10 October 2021 18:18:18 GMT" />
        <Meta http-equiv="Pragma" Content="No-cache" />
        <meta http-equiv="refresh" content="2" />
    </head>
    <body>
        <h1>华为手机</h1>
        <hr />
        <p>
            华为消费者业务产品全面覆盖手机、移动宽带终端、终端云等,凭借自身的全球化网络优
势、全球化运营能力,致力于将最新的科技带给消费者,让世界各地享受到技术进步的喜悦,以行践言,
实现梦想.
        </p>
        <hr />
        <h1>华为鸿蒙系统 </h1>
        <p>HUAWEI Harmony OS 是华为公司在 2019 年 8 月 9 日于东莞举行华为开发者大会(HDC.2019)
上正式发布的操作系统.
        </p>
    </body>
    </html>
```

运行结果如图 2-3 所示。

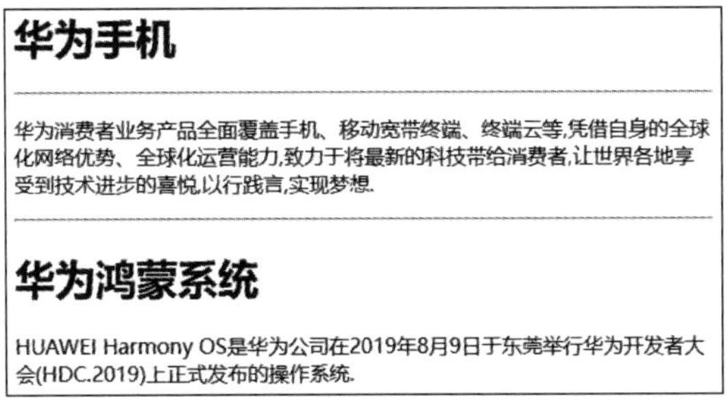

华为手机

华为消费者业务产品全面覆盖手机、移动宽带终端、终端云等,凭借自身的全球化网络优势、全球化运营能力,致力于将最新的科技带给消费者,让世界各地享受到技术进步的喜悦,以行践言,实现梦想.

华为鸿蒙系统

HUAWEI Harmony OS是华为公司在2019年8月9日于东莞举行华为开发者大会(HDC.2019)上正式发布的操作系统.

图 2-3 浏览器运行结果

2.2.3 列表标签

用<dl>、<dt>和<dd>标签来创建一个普通的定义列表,其中,<dl>标签定义了定义列表(definition list),<dt>标签创建列表中的上层项目,<dd>标签创建列表中的最下层项目。自定义列表不仅是一列项目,而是项目及其注释的组合。

【语法】

```
<dl>
<dt>(定义列表中的项目)</dt>
     <dd>(描述列表中的项目)</dd>
  …
  <dt>(定义列表中的项目)</dt>
  <dd>(描述列表中的项目)</dd>
</dl>
```

需要注意的是，<dt>定义的列表头字段和<dd>定义的列表内容不会在同一行，即使在<dl>和<dd>中嵌套也不起作用。

【例 2-4】 没有格式设置的自定义列表。

```
<!DOCTYPE html>
<html lang="zh-CN">
<head>
    <meta charset="UTF-8" version='1'/>
</head>
<body>
    <dl>
        <dt>内容</dt>
        <dd>学习新思想</dd>
    </dl>
    <hr>
    <dl>
        <dt>序号</dt>
        <dt>内容</dt>
        <dd>1</dd>
        <dd>学习新思想</dd>
        <dd>2</dd>
        <dd>十九大时间</dd>
    </dl>
    <hr>
    <dl>
        <dt>序号</dt>
        <dd>1</dd>
        <dt>内容</dt>
        <dd>学习新思想</dd>
        <dd>2</dd>
        <dd>十九大时间</dd>
    </dl>
    <hr>
    <dl>
        <dt>序号
        <dt>内容</dt>
        </dt>
    </dl>
    <hr>
    <dl>
        <dd>1
        <dd>学习新思想</dd>
        </dd>
    </dl>
</body>
</html>
```

程序运行结果如图 2-4 所示，<dt>的列表字段标题位置在<dd>列表内容的左边两个字，且不在同一行，且多个<dt>的列表字段标题不会在同一行，每个列表字段标题单独一行。

【例 2-5】 通过设置<dt>的位置为浮动，并设置<dd>的距离，则<dt>和<dd>顶端对齐，且保持规定的距离。

```
<! DOCTYPE html >
< html lang = "zh - CN">
< head >
    < meta charset = "UTF - 8" version = "1" />
    < style >
        dt {
            float: left;
        }
        dd {
            margin - left: 80px;
        }
    </style >
</head >
< body >
    < dl >
        < dt >学习内容</dt >
        < dd > HTML5 </dd >
        < dd > CSS3 </dd >
        < dd > JavaScript </dd >
    </dl >
</body >
</html >
```

内容
学习新思想

序号
内容
1
学习新思想
2
十九大时间

序号
1
内容
学习新思想
2
十九大时间

序号
内容

1
学习新思想

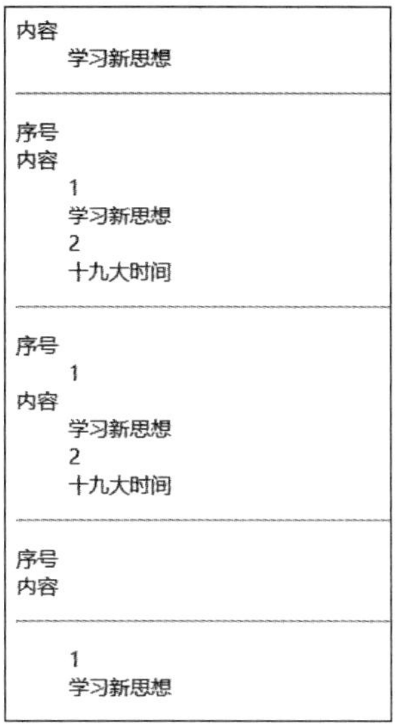

图 2-4 无格式要求的自定义列表运行结果

学习内容 HTML5
CSS3
Javascript

图 2-5 有格式设置的自定义列表运行结果

程序运行结果如图 2-5 所示。

1. 无序列表

无序列表是一个项目的列表,此列项目使用粗体圆点(典型的小黑圆圈)进行标记。

【语法】

```
< ul >
< li >列表项</li >
…
  < li >列表项</li >
</ul >
```

其中,li 是 list item 的缩写,即列表项目。

【例 2-6】 默认格式的无序列表。

```
<! DOCTYPE html >
< html lang = "zh - CN">
< head >
    < meta charset = "UTF - 8"/>
</head >
< body >
    < ul >
        < li > HTML5 </li >
        < li > CSS3 </li >
        < li > JavaScript </li >
    </ul >
</body >
</html >
```

程序运行结果如图 2-6 所示。

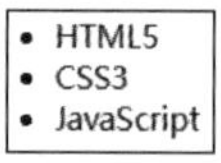

- HTML5
- CSS3
- JavaScript

图 2-6 无序列表实例运行结果

从图 2-6 中可见，列表前面有一个默认的黑色圆圈，可以通过设置< ul >的 type 属性修改。

【语法】

```
<ul type = "value">
<li>列表项</li>
…
  <li>列表项</li>
</ul>
```

其中，value 取值为 disc、circle、square 和 none，分别表示实心圆(默认值)、空心圆、实心方块和没有。

【例 2-7】 指定格式的无序列表。

```
<!DOCTYPE html>
<html lang = "zh - CN">
<head>
  <meta charset = "UTF - 8" />
</head>
<body>
  <ul type = "square">
    <li>学习理论</li>
    <li>红色中国</li>
    <li>学习科学</li>
    <li>环球视野</li>
  </ul>
</body>
</html>
```

程序运行结果如图 2-7 所示。

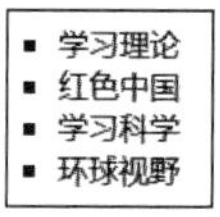

▪ 学习理论
▪ 红色中国
▪ 学习科学
▪ 环球视野

图 2-7 指定格式的无序列表实例运行结果

2. 有序列表

有序列表也是一列项目，列表项目使用数字进行标记，常常用于文章标题列表排版，或者图片列表排版布局。

【语法】

```
<ol>
<li>列表项</li>
…
  <li>列表项</li>
</ol>
```

< ol >标签下不能直接放内容或其他标签，即使要放都必须放入< li >标签内，而< li >标签内可以再放< ul >< ol >等标签。无序列表和有序列表分别与 Microsoft Word 中的项目符号和编号相对对应，它们的含义是一样的。

【例 2-8】 有序列表。

```
<!DOCTYPE html>
<html lang = "zh - CN">
<head>
```

```
  < meta charset = "UTF - 8" />
</head >
< body >
  < ol >
    < li > HTML5 </li >
    < li > CSS3 </li >
    < li > JavaScript </li >
  </ol >
</body >
</html >
```

1. HTML5
2. CSS3
3. JavaScript

图 2-8　有序列表实例运行结果

程序运行结果如图 2-8 所示。

从图 2-8 中可见,列表前面有默认的数字标记,可以通过设置< ol >的 type 属性修改。

【语法】

```
< ol type = "value">
< li >列表项</li >
…
  < li >列表项</li >
</ol >
```

value 取值为 A、a、I、i,分别表示大写字母、小写字母、大写罗马数字、小写罗马数字。

【例 2-9】 不同类型的有序列表实例。

```
<! DOCTYPE html >
< html lang = "zh - CN">
< head >
    < meta charset = "UTF - 8" version = '1' />
</head >
< body >
    < ul type = "none">
        < ol >
            < li > 学习理论</li >
            < li > 红色中国</li >
            < li > 学习科学</li >
            < li > 环球视野</li >
        </ol >
        < hr >
        < ol type = "A">
            < li > 学习理论</li >
            < li > 红色中国</li >
            < li > 学习科学</li >
            < li > 环球视野</li >
        </ol >
    </ul >
    < hr >
    < ol type = "a">
        < li >
            < ul type = "circle">
                < li > 学习理论</li >
                < li > 红色中国</li >
                < li > 学习科学</li >
```

```
                <li>环球视野</li>
            </ul>
        </li>
        <hr>
        <li>
            <ul type="square">
                <li>学习理论</li>
                <li>红色中国</li>
                <li>学习科学</li>
                <li>环球视野</li>
            </ul>
        </li>
        <hr>
    </ol>
</body>
</html>
```

运行结果如图 2-9 所示。

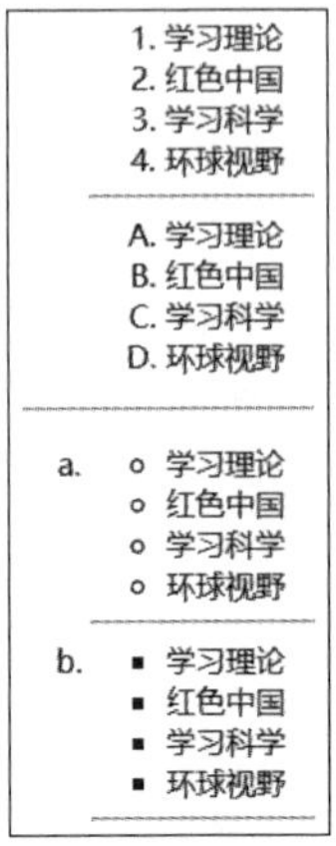

图 2-9 不同类型的有序列表实例运行结果

2.2.4 表格标签

制作网页时,需要设计页面的版式或设计页面布局,以便阅读网页和保持页面美观。应该综合考虑安排的页面信息包括:导航、文字、图像、动画等。网页制作者可以将任何网页元素放进 HTML 的表格单元格中。定义表格常常会用到如表 2-5 所示的标记。

表 2-5 表格常用元素标签及说明

标　签	说　明	标　签	说　明
<table>	表格标记	<caption>	表格标题
<tr>	行标记	<thead>	表头行
<td>	表格数据	<tbody>	表主体
<th>	表头标记	<tfoot>	表脚注

1. 表格<table>

【语法】

```
<table>
  <tr><td>…</td></tr>
  …
  </table>
```

2. 设置表格标题<caption>

一般而言,表格都需要一个标题来对表格内容进行简单的说明。在 HTML 文件中,使用成对的标记<caption></caption>插入表格标题,该标题应用于<table>标记与<tr>标记之间的任何位置。

【语法】

```
<table>
    <caption>插入表格标题</caption>
```

```
        <tr>…</tr>
    …
</table>
```

3. 设置表格表头<th>

制作表格时，常常需要制作表头将表格中的元素属性分类，在网页文件中插入表格并需要给表格定义表头内容时，使用成对的<th>标记就可以实现，表头内容使用的是粗体样式显示，位于<tr>和</tr>之间。

【语法】

```
<table>
    <tr><th>…</th></tr>
    <tr><td>…</td></tr>
    …
</table>
```

<th>元素的 scope 属性用于定义表头数据与单元数据关联的方法。

scope 取值为 col，表示规定的是列的表头；取值为 row，表示规定单元格是行的表头；colgroup 单元格是列组的表头；rowgroup 单元格是行组的表头。

4. 插入行<tr>

<tr>标签定义 HTML 表格中的行。<tr>元素包含一个或多个<th>或<td>元素。

【语法】

```
<table>
    <tr>…</tr>
    <tr>…</tr>
    …
</table>
```

5. 插入单元格数据<td>

<td>标签定义 HTML 表格中的标准单元格。HTML 表格有两类单元格：表头单元，包含头部信息(由<th>元素创建)；标准单元，包含数据(由<td>元素创建)。

【语法】

```
<table>
    <tr><th>…</th></tr>
    <tr><td>…</td></tr>
    …
</table>
```

<td>标签有两个重要的属性：跨行 rowspan 和跨列 colspan，单位是行或列数目。

【例 2-10】 创建一个有标题的表格。

```
<!DOCTYPE html>
<html lang="zh-CN">
<head>
    <meta charset="UTF-8">
</head>
<body>
```

```
    < table border = "1">
        < caption >关于学习内容的安排</caption >
        < tr >
            < th >序号</th >
            < th >内容</th >
            < th >备注</th >
        </tr >
        < tr >
            < td > 1 </td >
            < td >学习理论</td >
            < td ></td >
        </tr >
        < tr >
            < td > 2 </td >
            < td >红色中国</td >
            < td ></td >
        </tr >
    </table >
</body >
</html >
```

关于学习内容的安排

序号	内容	备注
1	学习理论	
2	红色中国	

图 2-10 有标题的表格运行结果

程序运行结果如图 2-10 所示。

【例 2-11】 创建一个跨行和跨列的表格。

```
<! DOCTYPE html >
< html lang = "zh - CN">
< head >
    < meta charset = "UTF - 8">
</head >
< body >
    < table border = "1">
        < tr >
            < td colspan = "3">关于跨行和跨列的例子
        </tr >
        < tr >
            < th > Month </th >
            < th > Savings </th >
        </tr >
        < tr >
            < td > January </td >
            < td > $ 100.00 </td >
            < td rowspan = "2"> $ 50 </td >
        </tr >
        < tr >
            < td > February </td >
            < td > $ 10.00 </td >
        </tr >
        < tr >
            < td > February </td >
            < td > $ 10.00 </td >
        </tr >
    </table >
```

```
</body>
</html>
```

程序运行结果如图 2-11 所示。

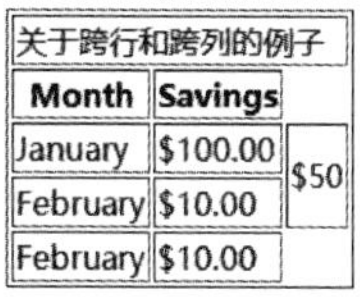

为了使表格的整体结构更加清晰，可以使用<thead><tbody>和<tfoot>元素来定义表格。此外，为了让大表格在下载的时候可以分段显示，也就是说在浏览器解析 HTML 时，<table>是作为一个整体解释的，使用<tbody>可以优化显示。如果表格很长，用<tbody>分段，可以一部分一部分地划分结构显示，不用等整个表格都下载完成。下载一块显示一块，表格巨大时有比较好的效果。所谓划分结构表格，指将一个表格分成三个部分在网页上显示，分别使用<thead></thead>、<tbody></tbody>、<tfoot></tfoot>标记。

关于跨行和跨列的例子

Month	Savings	
January	$100.00	$50
February	$10.00	
February	$10.00	

图 2-11 有跨行和跨列的表格运行结果

【语法】

```
<table>
   <thead>
   </thead>
    <tbody>
    </tbody>
    <tfoot>
    </tfoot>
</table>
```

<thead></thead>表示定义一组表头行，<tbody></tbody>定义表格主体部分，<tfoot></tfoot><tfoot>标签定义表格的页脚(脚注或表注)。该标签用于组合 HTML 表格中的表注内容。

<thead>、<tfoot>及<tbody>元素能对表格中的行进行分组。当创建某个表格时，希望拥有一个标题行、一些带有数据的行及位于底部的一个总计行。这种划分使浏览器有能力支持独立于表格标题和页脚的表格正文滚动。当长的表格被打印时，表格的表头和页脚可被打印在包含表格数据的每张页面上。

表格行本来是从上向下显示的。但是，应用了<thead>/<tbody>/<tfoot>以后，就“从头到脚”显示，不管行代码顺序如何。也就是说，如果<thead>写在了<tbody>的后面，HTML 在显示时，还是以先<thead>后<tbody>的顺序显示。

【例 2-12】 分组和关联的表格。

```
<!DOCTYPE html>
<html lang = "zh - CN">
<head>
    <meta charset = "UTF - 8" version = '1' />
</head>
<body>
    <table width = "400" border = "1">
        <caption>
            2020 东京奥运会男子百米飞人大战成绩
        </caption>
        <thead>
            <!-- 表格头部 -->
```

```
            <tr>
                <th scope="col">类别</th>
                <th scope="col">排名</th>
                <th scope="col">姓名</th>
                <th scope="col">成绩</th>
            </tr>
        </thead>
        <tbody>
            <!-- 表格主体 -->
            <tr>
                <th scope="row">决赛</th>
                <td>1</td>
                <td>意大利选手马塞洛·雅各布斯</td>
                <td>9.80 秒</td>
            </tr>
            <tr>
                <th scope="row">决赛</th>
                <td>2</td>
                <td>美国选手弗雷德·克利</td>
                <td>9.84 秒</td>
            </tr>
            <tr>
                <th scope="row">决赛</th>
                <td>3</td>
                <td>加拿大选手安德烈德·德格拉斯</td>
                <td>9.89 秒</td>
            </tr>
            <tr>
                <th scope="row">决赛</th>
                <td>6</td>
                <td>中国选手苏炳添</td>
                <td>9.98 秒</td>
            </tr>
            <tr>
                <th scope="row">半决赛</th>
                <td>小组第 1</td>
                <td>中国选手苏炳添</td>
                <td>9.83 秒</td>
            </tr>
        </tbody>
        <tfoot>
            <!-- 表格尾部 -->
            <tr>
                <th scope="row">备注</th>
                <td colspan="4">2021 年 8 月,苏炳添打破了男子 100 米亚洲纪录</td>
            </tr>
        </tfoot>
    </table>
</body>
</html>
```

程序运行结果如图 2-12 所示。

2020 东京奥运会男子百米飞人大战成绩

类别	排名	姓名	成绩
决赛	1	意大利选手 马塞洛·雅各布斯	9.80秒
决赛	2	美国选手弗雷德·克利	9.84秒
决赛	3	加拿大选手 安德烈德·德格拉斯	9.89秒
决赛	6	中国选手苏炳添	9.98秒
半决赛	小组第1	中国选手苏炳添	9.83秒
备注	2021年8月，苏炳添打破了男子100米亚洲纪录		

图 2-12 分组和关联的运行结果

2.2.5 超链接标签

超链接是网页中最重要的元素之一。通过超链接的方式可以使各个网页之间连接，使网站中的众多页面构成一个有机整体。几乎可以在所有的网页中找到链接，单击链接可以从一个页面跳转到另一个页面。超链接可以是一个字、一个词或者一组词，也可以是一幅图像，可以单击这些内容来跳转到新的页面或者当前页面中的某个部分。通过使用< a >标签在 HTML 中创建超链接。超链接可以是文本链接、图像链接，也可以是脚本链接、空链接。

（1）文本链接：网页中最常见的超链接是文本链接，它通过设置网页中的文字和其他的文件进行链接。

【语法】

```
<a href = "链接地址" target = "目标窗口的打开方式">链接文字</a>
```

【说明】

通过 href 属性，可以设置链接地址。链接地址可以是同一个网站的内部链接，也可以是跳转到其他网站的外部链接，如某个网站地址、FTP 地址、E-mail 地址、下载文件地址等。

通过 target 属性，可以设置目标窗口的打开方式。target 的取值有 4 种，如表 2-6 所示。

表 2-6 target 值与其对应的含义

target 值	目标窗口的打开方式
_parent	在上一级窗口打开，常在分帧的框架页面中使用
_blank	新建一个窗口打开
_self	在同一窗口打开，与默认设置相同
_top	在浏览器的整个窗口中打开，将会忽略所有的框架结构

例如：< a href="http://www.baidu.com/" target="_blank">百度</a >。

（2）图像链接：除了给文字设置超链接外，也可以给图像设置超链接。对于给整幅图像设置超链接来说，设置方法比较简单，与设置文本链接类似。

【语法】

```
<a href = "链接地址" target = "目标窗口的打开方式">< img src = "图像文件的地址" /></a>
```

例如：< a href="http://www.baidu.com/" target="_blank">< img src="baidulogo.jpg" /></a >。

(3) 脚本链接：在链接语句中，通过脚本来实现 HTML 不能实现的功能，这种链接称为脚本链接。

【语法】

```
<a href = "JavaScript:脚本代码">文字链接</a>
```

在 JavaScript：后面添加的就是具体的脚本代码，可实现添加收藏夹、关闭窗口等功能。例如：<a href="JavaScript：window.close()">关闭窗口</a>。

(4) 空链接：空链接是指单击该链接后仍然停留在当前页面，可以通过＃符号来实现空链接。

【语法】

```
<a href = "#">链接文字</a>
```

通过 href 属性，设置其值为＃实现空链接。例如：<a href="＃">空链接</a>。

(5) 页面内部跳转：通过指定 href 的内容为"＃id 名称"。

【语法】

```
<a href = "#id 名称">链接文字</a>
```

(6) 邮件链接。

【语法】

```
<a href = "mailto:邮箱地址">链接文字</a>
```

需要在邮箱地址的前面添加 mailto 协议。在 Windows 系统中，如果用户指定了 OutLook 等邮件系统，浏览器就会自动打开新的邮件窗口。例如：<a href="mailto：xiech@aliyun.com">联系我们</a>。第一次使用会弹出邮件系统添加界面，如图 2-13 所示。

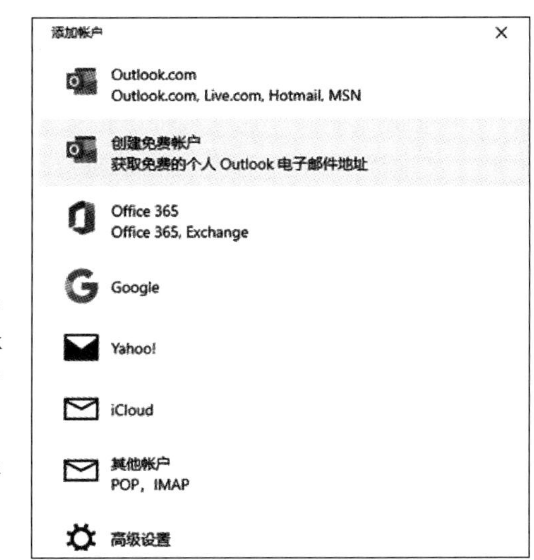

图 2-13 邮件系统添加界面

【例 2-13】 超链接的综合实例。

```
<!DOCTYPE html>
<html lang = "zh-CN">
<head>
    <meta charset = "UTF-8" version = '1' />
</head>
<body>
    <h1>滕王阁序</h1>
    <h2>【作者】王勃【朝代】唐</h2>
    <p id = "first">豫章故郡，洪都新府。星分翼轸，地接衡庐.襟三江而带五湖，控蛮荆而引瓯越。物华天宝，龙光射牛斗之墟；人杰地灵，徐孺下陈蕃之榻。雄州雾列，俊采星驰。台隍枕夷夏之交，宾主尽东南之美。都督阎公之雅望，棨戟遥临；宇文新州之懿范，襜帷暂驻。十旬休假，胜友如云；千里逢迎，高朋满座。腾蛟起凤，孟学士之词宗；紫电青霜，王将军之武库。家君作宰，路出名区；童子何知，躬逢胜饯。
    </p>
    <p id = "second">时维九月，序属三秋。潦水尽而寒潭清，烟光凝而暮山紫。俨骖騑于上路，访风景于崇阿；临帝子之长洲，得天人之旧馆。层峦耸翠，上出重霄；飞阁流丹，下临无地。鹤汀凫渚，穷岛屿之萦回；桂殿兰宫，即冈峦之体势。
    </p>
```

```
    <div>
        <ul>
            <li>
                <a href = "http://www.baidu.com" target = "_parent">
                    <img src = "baidu.png" border = "1" height = "40" width = "40" />百度学习</a>
            </li>
            <li><a href = "https://www.xuexi.cn"" target = " _self">学习强国</a></li>
            <li>
                <a href = "https://www.harmonyos.com/ " target = "_blank">学习鸿蒙</a>
            </li>
            <li>
                <a href = "https://www.sciencenet.cn/" target = "_top">中国科学</a>
            </li>
        </ul>
        <ul>
            <li><a href = "JavaScript:window.close()">关闭窗口</a></li>
            <li><a href = "#">回到本页的顶部</a></li>
            <li><a href = "#first">回到本页的第 1 段</a></li>
            <li><a href = "#second">回到本页的第 2 段</a></li>
            <li><a href = "mailto:xiech@aliyun.com">联系我们</a></li>
        </ul>
    </div>
</body>
</html>
```

程序运行结果如图 2-14 所示。

图 2-14 超链接综合实例运行结果

2.2.6 图像标签

【语法】

```
<img src = "图像文件的地址" width = "图像的宽度" height = "图像的高度" alt = "图像的描述性
文字" />
```

src 属性可以设置图像文件所在的路径，这一路径可以是相对路径，也可以是绝对路径。width 属性可以设置图像的宽度。height 属性可以设置图像的高度。默认情况下，只改变图像的宽度或高度，图像的大小也会等比例进行调整。alt 属性可以对图像进行简单的文字描述。在浏览网页时，当用户把鼠标光标移到图像上方时，浏览器就会在一个文本框中显示图像的描述性文字。如果无法显示图像，则直接显示描述性文字。

网页中常见的图像格式有 3 种：GIF、JPEG、PNG。GIF 格式分为静态 GIF 和动画 GIF 两种，仅支持 256 色，常用于导航条、按钮、商标等图像。对于照片之类的图像，通常采用 JPEG 格式。而 PNG 格式则具备了 GIF 格式的很多优点，同时还支持 48b 的色彩。

【例 2-14】 按照原始尺寸显示、规定尺寸显示和图像缺失显示结果。

```
<!DOCTYPE html>
<html lang="zh-CN">
<head>
    <meta charset="UTF-8" version='1' />
</head>
<body>
    <div>
        <img src="zydj.png">
        <img src="zydj.png" width="200px" height="100px " alt="中医典籍">
        <img src="cc.gif" width="300px" height="400px " alt="中医典籍">
    </div>
</body>
</html>
```

运行结果如图 2-15 所示。

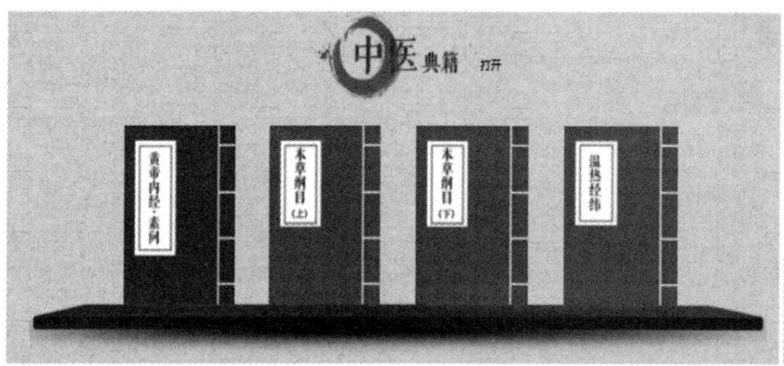

图 2-15 <img>显示运行结果

2-3 HTML 网页结构

2.3 网页表单和控件

2.3.1 表单标签

表单(form)用于从用户(站点访问点)收集信息，然后将这些信息提交给服务器进行处理，并将处理后的结果返回，常用于实现动态网页中的内容交互。表单的使用包含两部分：一是用户界面，提供用户输入数据的元件；二是处理程序，可以是客户端程序，在浏览器中执行，也可以是服务器处理程序，处理用户提交的数据，返回结果。例如，网页中常见的用户登录、用户注册、信息查询等。表单中可以包含允许用户进行交互的各种控件，例如文本框、列表框、复选框和单选按钮等。用户在表单中输入或选择数据之后将其选择提交，该数据就会送交给表单处理程序进行处理。

【语法】

```
<form action = "表单的处理程序" method = "传送方式" target = "窗口的位置 "enctype = "编码方式">
  <!-- 表单控件 -->
...
</form>
```

通过 action 属性，可以指定表单的处理程序，这可以是程序或脚本的一个完整 URL。通过 method 属性，可以定义处理程序从表单中获取信息的方式，它决定了表单中已收集的数据用什么方法发送到服务器。传送方式的取值有两种，即 get 或 post。当使用 get 时，表单数据会附加在 URL 之后，由客户端直接发送至服务器，因此速度比 post 快，但缺点是数据长度有限制，且保密性差，传送信用卡号或其他机密信息时，不要使用 get 方法，而应使用 post 方法。当使用 post 时，表单数据和 URL 是分开发送的，客户端的计算机会通知服务器来读取数据，因此通常没有数据长度上的限制。在没有指定 method 值的情况下，默认为 get。若要使用 get 方法发送，URL 的长度应限制在 8192 个字符内。如果发送的数据量太大，数据将被截断，从而导致意外的或失败的处理结果。

target＝目标窗口。其取值如下：_blank，在未命名的新窗口中打开目标文档；_parent，在当前文档窗口的父窗口中打开目标文档；_self，在提交表单所使用的窗口中打开目标文档；_top，在当前窗口中打开目标文档，确保目标文档占用整个窗口。

enctype 属性规定在发送到服务器之前应该如何对表单数据进行编码。enctype 有 3 个取值：application/x-www-form-urlencoded，multipart/form-data 和 text/plain。默认地，表单数据会编码为"application/x-www-form-urlencoded"。也就是说，在发送到服务器之前，所有字符都会进行编码(空格转换为"＋"，特殊符号转换为 ASCII HEX 值)。multipart/form-data，不对字符编码。在使用包含文件上传控件的表单时，必须使用该值。text/plain，空格转换为"＋"，但不对特殊字符编码。

在一个网页中可以创建多个表单，每个表单都可以包含各种各样的控件，例如文本框、单选按钮、复选框、下拉菜单及按钮等。

【例 2-15】 表单实例。

```
<!DOCTYPE html>
<html lang = "zh-CN">
<head>
    <meta charset = "UTF-8" version = '1' />
</head>
<body>
    <form action = "form_action.asp" method = "post" target = "">
        用户名:<input type = "text" name = "user" /><br />
        密码:<input type = "password" name = "password" /><br />
        <input type = "submit" value = "确定" />
    </form>
</body>
</html>
```

运行结果如图 2-16 所示。

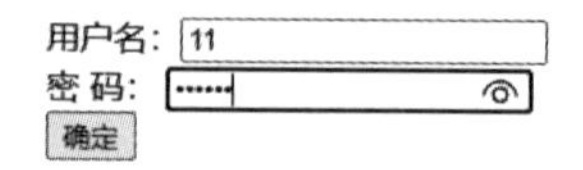

图 2-16 表单实例运行结果

2.3.2 <label>标签

<label>标签为 input 元素定义标注(标记)。label 元素不会向用户呈现任何特殊效果。不过,它为鼠标用户改进了可用性,主要作用是提高用户体验性。当单击<label>元素内的文本时,焦点会自动定位到与<label>标签绑定的表单元素上。通俗地说,就是单击文本也能选择表单元素。

需要注意的是,<label>标签的 for 属性的值要和相应表单元素的 id 的值相同。这样才能把<label>标签和表单元素绑定到一起。

【语法】

```
<label for = "绑定元素的 id">文本信息</label>
```

【例 2-16】 <label>标签。

```
<!DOCTYPE html>
<html lang = "zh - CN">
<head>
    <meta charset = "UTF - 8" version = '1' />
</head>
<body>
    <form>
        <label for = "user">用户名</label>
        <input type = "text" id = "user" name = "user" />
    </form>
</body>
</html>
```

2.3.3 <input>标签

在网页表单中,输入类的控件一般以<input>标签开始,说明这一控件需要用户的输入。<input>标签是最常用的控件标签,包括最常见的文本框、提交按钮等。而菜单列表类控件则以<select>开始,表示需要用户选择。除此之外,还有一些其他控件,它们有自己的特定标签,如文本域标签<textarea>。

【语法】

```
<input name = "控件名称" type = "控件类型" />
```

【说明】

通过 name 属性,可以指定控件名称,便于程序对不同控件的区分。

通过 type 属性,可以定义控件类型。type 属性的取值有多种,如表 2-7 所示。

表 2-7 type 值与其对应的含义

type 值	含　　义
text	文本框
password	密码框,用户在页面中输入时不显示具体内容,都以“*”代替
radio	单选按钮
checkbox	复选框
button	普通按钮
submit	提交按钮
reset	重置按钮
image	图像域,也称为图像提交按钮
hidden	隐藏域,其并不显示在页面上,只将内容传递到服务器中
file	文件域

禁用该 input 元素,添加 disabled 属性即可,其默认值为 disabled。如果不希望用户修改内容,添加 readonly 属性即可。

【例 2-17】 表单实例,禁用属性。

```
<!DOCTYPE html>
<html lang="zh-CN">
<head>
    <meta charset="UTF-8" version='1'/>
</head>
<body>
    <form action="#" method="POST" target="_blank" enctype="text/plain">
        学号:<input type="text" name="学号" />
        姓名:<input type="text" disabled="false" name="姓名" />
        专业: <input type="text" readonly="true" name="专业" />
    </form>
</body>
</html>
```

程序运行结果如图 2-17 所示。

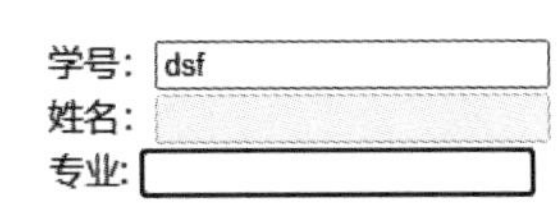

图 2-17 表单界面运行结果

当上述两种写法出现时,表单提交的数据中,将不包括“学号”这个属性,这是因为 input 被设置为 disabled。若想将“学号”属性随 form 表单提交,解决办法是不设置 disabled,改为 readonly。

input 设置 disabled 和 readonly 的区别如下。

disabled 的限制:不能接收焦点、使用 Tab 键时将被跳过。

readonly 的限制:可以接收焦点但不能被修改,可以使用 Tab 键进行导航,是有效数据时可以进行提交表单元素。disabled 和 readonly 的文本输入框只能通过脚本进行修改 value 属性。

所有控件都有 disabled 属性,但是不一定有 readonly 属性,如 select 下拉框。

下面简要介绍几种常用的表单控件。

(1) 当用户要在表单中输入字母、数字等内容时,就会用到文本框<input type="text"/>。

【语法】

```
< input type = "text" 属性 = "值" … 事件 = "代码" … >
```

① 文本框的主要属性。

Name：单行文本框的名称，通过它可以在脚本中引用该文本框控件。

Value：文本框的值。

DefaultValue：文本框的初始值。

Size：文本框的宽度(字符数)。

MaxLength：允许在文本框内输入的最大字符数。

用户输入的字符数可以超过文本框的宽度，这时系统会将其滚动显示，但输入的字符数不能超过设置的最大字符数。当 type=“password”时，用户输入的文本以 * 呈现，用于输入用户密码。

② 文本框的主要方法。

Click()：单击该文本框。

Focus()：得到焦点。

Blur()：失去焦点。

Select()：选择文本框的内容。

③ 文本框的主要事件。

OnClick：单击该文本框执行的代码。

OnBlur：失去焦点执行的代码。

OnChange：内容变化执行的代码。

OnFocus：得到焦点执行的代码。

OnSelect：选择内容执行的代码。

【例 2-18】 文本框使用实例。

```
<! DOCTYPE html >
< html lang = "zh - CN">
< head >
    < meta charset = "UTF - 8" />
</head >
< body >
    < form action = " # " method = "POST" target = "_blank" enctype = "text/plain">
        < label for = "user">用户名 </label >
        < input type = "text" name = "user" size = "20" maxlength = "50" value = "" />
        < br >
        < label for = "psd">密码 </label >
        < input type = "password" name = "psd" size = "20" maxlength = "8" />
    </form >
</body >
</html >
```

程序运行结果如图 2-18 所示。

用户名
密码

图 2-18 文本框界面运行结果

(2) 使用 input 标记可以在表单中添加 3 种类型的按钮：提交按钮、重置按钮和自定义按钮。创建按钮的方法如下：

```
<input type="submit|reset|button" 属性="值" … OncClick="代码">
```

① 按钮的主要属性。

type=submit 创建一个提交按钮。在表单中添加提交按钮后，站点访问者就可以在提交表单时，将表单数据(包括提交按钮的名称和值)以 ASCII 文本形式传送到由表单的 action 属性指定的表单处理程序。一般来说，表单中必须有一个提交按钮。

type=reset 创建一个重置按钮。单击该按钮时，将删除任何已经输入域中的文本并清除所做的任何选择。但是，如果框中含有默认文本或选项为默认，单击重置按钮将会恢复这些设置值。

type=button 创建一个自定义按钮。在表单中添加自定义按钮时，为了赋予按钮某种操作，必须为该按钮编写脚本。

name：按钮的名称。

value：显示在按钮上的标题文本。

② 按钮的主要事件。

OnClick：单击按钮执行的脚本代码。

【例 2-19】 按钮使用实例。

```
<!DOCTYPE html>
<html lang="zh-CN">
<head>
    <meta charset="UTF-8" />
</head>
<body>
    <form>
        <!-- 在页面中添加一个普通按钮 -->
        <input type="button" value="普通按钮" name="buttom1" /><!--  -->
        <!-- 在页面中添加一个关闭当前窗口的按钮 -->
        <input type="button" value="关闭当前窗口" name="close" onclick="window.close()" />
        <!-- 在页面中添加一个打开新窗口的按钮 -->
        <input type="button" value="打开新窗口" name="opennew" onclick="window.open()" />
    </form>
</body>
</html>
```

程序运行结果如图 2-19 所示。

普通按钮　关闭当前窗口　打开新窗口

图 2-19　按钮界面运行结果

(3) 在表单中添加一组单选按钮可以让站点访问者从一组单选按钮中选择其中之一。在一组单选按钮中，一次只能选择一个。

【语法】

```
<input type="radio"属性="值" … 事件="代码" …>选项文本
```

单选按钮的主要属性如下。

name：单选按钮的名称，若干名称相同的单选按钮构成一个控件组，在该组中只能选中一个选项。

value：提交时的值。

checked：设置当第一次打开表单时该单选按钮处于选中状态；该属性值是可选的。

当提交表单时，该单选按钮组名称和所选取的单选按钮指定值都会包含在表单结果中，如果没有任何单选按钮被选中，组名称会被纳入表单结果中，值则为空白。

【例 2-20】 单选按钮使用实例。

```
<! DOCTYPE html >
< html lang = "zh - CN">
< head >
    < meta charset = "UTF - 8" />
</head >
< body >
    < form >
        < label for = "kd">选择用户类型</label >
        < input type = radio checked name = kd value = "教师">教师
        < input type = radio name = kd value = "学生">学生
        < input type = radio name = kd value = "公务员">公务员
        < input type = radio name = kd value = "医生">医生
    </form >
</body >
</html >
```

运行结果如图 2-20 所示。

选择用户类型 ◉教师 ○学生 ○公务员 ○医生

图 2-20　单选按钮实例运行结果

(4) 复选框：当用户需要从若干给定的选择中选取一个或若干选项时，就会用到复选框。

【语法】

```
< input type = "checkbox" 属性 = "值" … 事件 = "代码" … >选项文本
```

① 主要属性。

name：复选框的名称。

value：选中时提交的值。

checked 设置当第一次打开表单时该复选框处于选中状态。该复选框被选中时，值为 true，否则为 false。

② 主要方法。

Focus()：得到焦点。

Blur()：失去焦点。

Click()：单击该复选框。

③ 主要事件。

OnFocus：得到焦点执行的代码。

OnBlur：失去焦点执行的代码。

OnClick：单击该复选框执行的代码。

当提交表单时，假如复选框被选中，它的内部名称和值都会包含在表单结果中。否则，只有名称会被纳入表单结果中，值则为空白。

【例 2-21】 复选框使用实例。

```
<! DOCTYPE html >
< html lang = "zh - CN">
< head >
```

```
    <meta charset="UTF-8" />
</head>
<body>
    <form>
        <label for="kd">喜欢的课程</label>
        <input type="checkbox" value="A1" name="test" />数学
        <input type="checkbox" value="A2" name="test" />语文
        <input type="checkbox" value="A3" name="test" />英语
        <input type="checkbox" value="A4" name="test" />体育
    </form>
</body>
</html>
```

运行结果如图 2-21 所示。

喜欢的课程 ☑数学 ☑语文 ☐英语 ☐体育

图 2-21　复选框实例运行结果

(5) 文件域：文件域由一个文本框和一个“浏览”按钮组成，用户既可以在文本框中输入文件的路径和文件名，也可以通过单击“浏览”按钮从磁盘上查找和选择所需文件。文件域一般用于选择文件上载到服务器。

【语法】

```
<input type="file" 属性="值"…>
```

文件域的主要属性如下。

name：文件域的名称。

value：初始文件名。

size：文件名输入框的宽度。

【例 2-22】 文件上传的例子。

```
<!DOCTYPE html>
<html>
<head>
    <title>文件域示例</title>
    <meta charset="UTF-8">
</head>
<body>
  <form action="GetCourse.asp" method="post" enctype="multipart/form-data">
        <table align="center">
            <tr>
                <th ColSpan=2 bgcolor="#00034EF">
                    <font color=#FFFFFF>文件域</font>
                </th>
            </tr>
            <tr>
                <td>请选择文件:</td>
                <td><input type="file" id="file"></td>
            </tr>
            <tr>
                <td>
                    <input type="submit" id="submit">
                </Td>
```

```
                <td>
                    <input type="reset" value="重写" name="btnReset">
                </td>
            </tr>
        </table>
    </form>
</body>
</html>
```

为了能使服务器收到选择的文件,表单中应包含 enctype 属性值指定提交数据的格式。一个文件域如图 2-22 所示。

图 2-22　文件域

2.3.4　<textarea>文本区域标签

textarea 元素表示一个多行纯文本编辑控件,当希望用户输入一段相当长的、不限格式的文本,例如评论或反馈表单中的一段意见时,这很有用。创建文本区域的方法如下:

```
<textarea 属性="值"… 事件="代码"…>初始值</textarea>
```

文本区域的主要属性如下。

name:滚动文本框控件名称。

rows:控件的高度(以行为单位)。

cols:控件的宽度(以字符为单位)。

readOnly:滚动文本框的内容不能被用户修改。

创建多行文本框时,在<textarea>和</textarea>标记之间输入的文本将作为该控件的初始值。它的其他属性、方法和相关事件与单行文本框基本相同。当提交表单时,该域名称和内容都会包含在表单结果中。

【例 2-23】 <textarea>使用实例。

```
<!DOCTYPE html>
<html>
<head>
    <meta charset="UTF-8">
    <title>textarea</title>
</head>
<body>
    <form>
        <label for="story">神舟十三号飞行乘组简介来了!</label>
        <br>
        <textarea id="story" name="story" rows="5" cols="33">
经任务总指挥部研究决定,瞄准北京时间 10 月 16 日 00 时 23 分发射神舟十三号载人飞船,飞行乘组由航天员翟志刚、王亚平和叶光富组成,翟志刚担任指令长。
</textarea>
    </form>
</body>
</html>
```

程序运行结果如图 2-23。

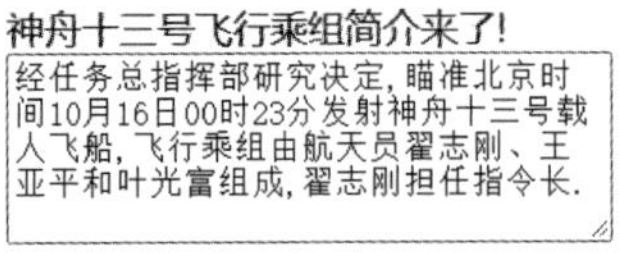

图 2-23　文本区域运行结果

2.3.5 下拉菜单

表单中的选项菜单可以让站点访问者从列表或菜单中选择选项。菜单中可以选择一个选项，也可以设置为允许许多种选择。

【语法】

```
<select name = "值" size = "值" [multiple]>
  <option [selected] value = "值">选项 1 </option>
  <option [selected] value = "值">选项 2 </option>
  …
</select>
```

主要属性如下。

name：选项菜单控件名称。

size：列表中可以看到的选项数目(默认为 1)，若大于 1 则相当于列表框。

multiple：允许做多项选择。

selected：该选项的初始状态为选中。

当提交表单时，菜单的名称会被包含在表单结果中，并且其后有一份所有选项值的列表。

【例 2-24】 一个关于课程的下拉菜单。

```
<!DOCTYPE html>
<html>
<head>
    <meta charset = "UTF - 8">
    <title>下拉菜单</title>
</head>
<body>
    <form>
        <select Name = "coureseName">
            <option Value = "计算机基础" Selected>计算机基础</option>
            <option Value = "C 语言程序设计"> C 语言程序设计</option>
            <option Value = "数据结构">数据结构</option>
            <option Value = "数据库原理">数据库原理</option>
            <option Value = "C++程序设计"> C++程序设计</option>
        </select>
    </form>
</body>
</html>
```

运行结果如图 2-24 所示。

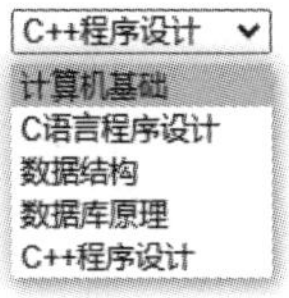

图 2-24 下拉菜单实例运行结果

2.3.6 <fieldset>分组框

使用<fieldset>标记对表单控件进行分组，从而将表单细分为更小、更易于管理的部分。<fieldset>标记必须以<legend>标记开头，以指定控件组的标题，在<legend>标记之后可以跟其他表单控件，也可以嵌套。

【语法】

```
<fieldset>
```

```
<legend>控件组标题</legend>
组内表单控件
</fieldset>
```

【例 2-25】 一个分组框的例子。

```
<!DOCTYPE html>
<html>
<head>
    <meta charset = "UTF - 8">
    <title>分组框</title>
</head>
<body>
    <form name = "login.asp" method = "post"></form>
    <filedset>
        <legend>用户登录</legend>
        账号:<input name = "UserName"></input><br>
        密码:<input type = "password" name = "UserPassword"></input><br>
        <input type = "submit" value = "登录" name = "Submit"></input>
        <input type = "reset" value = "重填" name = "Reset"></input>
        </fieldset>
        </form>
</body>
</html>
```

用户登录
账号:
密码:
登录 重填

图 2-25 分组框显示效果

显示效果如图 2-25 所示。

2-4 列表

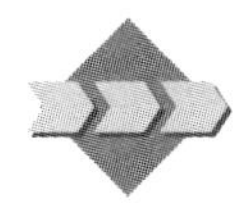

2.4 框架标签

2.4.1 帧标签

帧技术能够在同一浏览器中显示多个页面,HTML5 之前的版本为了说明一个 HTML 文档中使用了帧技术,必须在文档类型中给予相应的说明,该文档类型说明如下:<! DOCTYPE HTML PUBLIC "-//W3C//DTD HTML 4.01 Frameset//EN" "http://www.w3.org/TR/html4/loose.dtd">,帧式网页起始于开始标记<frameset>。

帧集<frameset>有两个重要属性:cols 和 rows。cols 给出了帧集页面的纵向布局,而 rows 给出了帧集页面的横向布局。这两个属性会指定每个帧的宽度,或像素值,或所占屏幕的百分比。例如,<frameset cols="110, * ">表明网页有两个帧,第一个从屏幕左侧扩展了 110 个像素点,第二个帧填充了屏幕的剩余部分。

注意:不能与<frameset></frameset>标签一起使用<body></body>标签。不过,如果为不支持框架的浏览器添加一个<noframes>标签,请务必将此标签放置在<body></body>标签中。

如果要在帧集中显示网页内容,需要使用帧标记<frame>。

【语法】

```
<frame name = "main" src = "main.html"scrolling = "yes">
```

其中,name 属性是标识帧,而 src 则表示在帧中建立一个超链接。scrolling:当 src 指定的

HTML 文件在指定的区域显示不完时的滚动选项，如果设置为 no，则不出现滚动条；如为 auto，则自动出现滚动条；如为 yes，则显示滚动条。

【例 2-26】 <frame>标记的应用。

主文件 2-26-index.html：

```
<!DOCTYPE html>
<html>
<head>
    <meta charset = "UTF - 8">
    <meta http - equiv = "X - UA - Compatible" content = "IE = edge">
    <meta name = "viewport" content = "width = device - width, initial - scale = 1.0">
    <title>使用 VS Code 编辑的 HTML 文件</title>
</head>
<frameset cols = "15 % ,85 % ">
    <frame src = "2 - 26 - article.html" scrolling = "yes" name = "win001">
        <frameset rows = "40 % ,60 % ">
            <frame src = "2 - 26 - article.html"></frame>
            <frame src = "2 - 26 - article.html"></frame>
        </frameset>
</frameset>
<noframes>
    <body>
    </body>
</noframes>
</html>
```

其中，2-26-article.html 的内容为：

```
<!DOCTYPE html>
<html>
<head>
    <meta charset = "UTF - 8">
    <title> Document </title>
</head>
<body>
    <article>
        <h1>中国工业软件，正处在发展的关键路口。</h1>
        <p> 2021 年 5 月，在两院院士大会和中国科协全国代表大会上，中央首次强调了发展工业软
件等关键核心技术的紧急紧迫性，并做出了"全力攻坚"的指示。这一信号，迅速引起了许多人对工业软
件这个"高""冷"行业的关注和热情。</p>
        <footer>
            <p> 版权所有</p>
        </footer>
    </article>
</body>
</html>
```

该 HTML 文档的显示效果如图 2-26 所示。

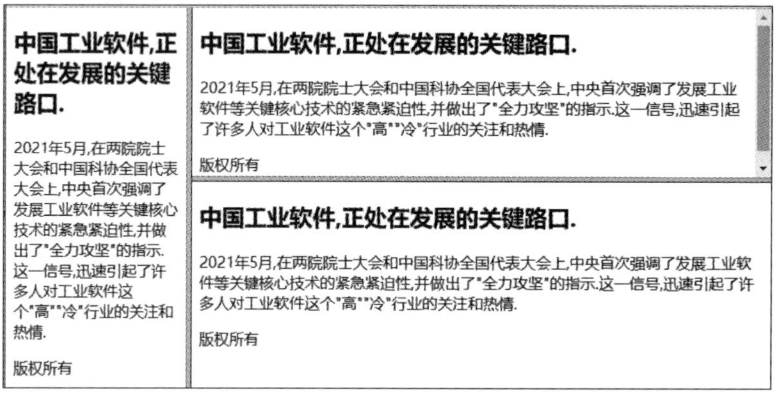

图 2-26 frame 实例显示效果

2.4.2 浮动帧标签

HTML5 中<frameset>标签已经弃用了,而是用<div>+<iframe>代替<frameset>框架。<frameset>已经过时,使用<frameset>会带来很多问题,如 session 丢失等。提倡用<div>+<iframe>来代替<frameset>的收缩与展开功能。

<iframe>标签,又叫浮动帧标签,可用它将一个 HTML 文档嵌入在另一个 HTML 中显示。<iframe>最大的特征是所应用的 HTML 文件不是与另外的 HTML 文件相互独立显示,而是可以直接嵌入在该 HTML 文件中,与这个 HTML 文件内容相互融合,成为一个整体,另外,还可以多次在一个页面内显示同一内容,而不必重复写内容,一个形象的比喻即“画中画”电视。

【语法】

```
< iframe src = "URL" width = "x" height = "x" scrolling = "[OPTION]"align = ""
frameborder = "x"></iframe >
```

属性 src 指定文件的路径,既可以是 HTML 文件,也可以是文本、ASP 文件等。width 和 height 规定“画中画”区域的宽与高。align 属性规定 iframe 相对于周围元素的水平和垂直对齐方式,因为 iframe 元素是行内元素,即不会在页面上插入新行,这意味着文本和其他元素可以围绕在其周围,所以 align 属性可以规定 iframe 相对于周围元素的对齐方式,align 属性如表 2-8 所示。最好用 CSS 代替,如<iframe style="float:right">。

表 2-8 iframe 的 align 属性

值	描　述	值	描　述
left	向左对齐 iframe	top	在顶部对齐 iframe
right	向右对齐 iframe	bottom	在底部对齐 iframe
middle	居中对齐 iframe		

frameborder 属性规定是否显示 iframe 周围的边框,为了让“画中画”与邻近的内容相融合,常设置为 0,如果需要显示边框可设置为 1。在脚本语言与对象层次中,包含 iframe 的窗口称为父窗体,而浮动帧则称为子窗体,弄清这两者的关系很重要,必须清楚对象层次,才能通过程序来访问并控制窗体。它使页面的修改更为方便,不必因为版式的调整而修改每个页面,

只需修改一个父窗体的版式即可。

【例 2-27】 <iframe>的例子。

```
<!DOCTYPE HTML>
<html>
<head>
<meta http-equiv="Content-Type" content="text/html; charset=UTF-8">
<title></title>
</head>
<body>
<p>白天通知停产,晚上就被关了",多省工厂遭遇限电停产!这些上市公司受到影响</p>
<iframe src="2-26-article.html" align="right" frameboder="1" width="500" height="200">
</iframe>
<span>北京时间 9 月 26 日,全运会乒乓球比赛落幕,在最后进行的男单决赛中,樊振东发挥出色,4-0
击败黑马刘丁硕,首次夺得全运会男单冠军,本届比赛共夺得男团和男单 2 枚金牌,全运乒乓球的 7 个
单项冠军也就此全部出炉。
</span>
</body>
</html>
```

运行结果如图 2-27 所示。

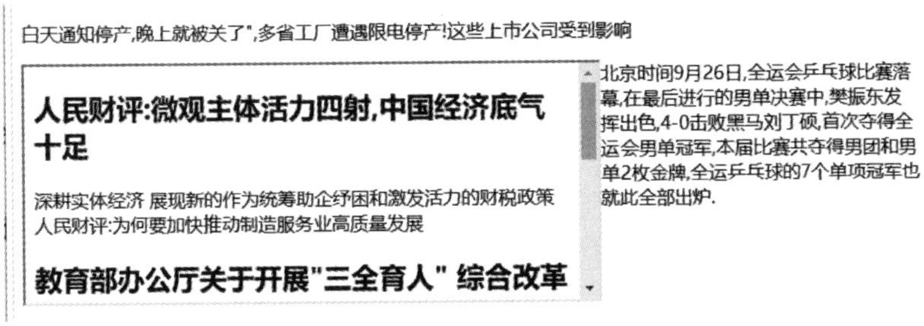

图 2-27 <iframe>的实例运行结果

2.4.3 <noframes>标签

noframes 元素可为那些不支持框架的浏览器显示文本。noframes 元素位于 frameset 元素内部。如果浏览器有能力处理框架,就不会显示出 frameset 元素中的文本。

注意:如果希望 frameset 添加 <noframes>标签,就必须把其中的文本包装在<body></body>标签中。

【例 2-28】 <noframes>的例子。

```
<!DOCTYPE html>
<html>
<head>
    <meta charset="UTF-8">
    <title>Document</title>
</head>
<frameset cols="25%, 25%, *">
    <noframes>
        <body>Your browser does not handle frames!</body>
```

```
    </noframes>
</frameset>
</html>
```

2-5 表单

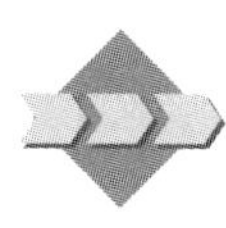

2.5 互联网企业价值观

基于HTML的各类标签技术设计并实现了中国互联网企业的网站、平台、工具和生态。中国互联网企业经历从硅谷“复制”各类商业模式的阶段，开始输出资本和商业模式。微信、头条、抖音等平台型互联网企业的跨境业务拓展，不断扩大中国互联网应用产品的海内外用户群体，成为国家文化软实力的重要组成和“讲好中国故事”的传播载体，对提升国家科技、经济和文化竞争力具有积极意义。

然而，当下互联网企业在业务迅速扩张、收入迅猛增长的过程中，不时面临各种风险的考验和社会压力：产品设计中存在的诱导分享让用户不知不觉陷入付费和打赏的陷阱，网络游戏中的低俗、暴力以及令人沉迷的倾向对青少年可能产生的不利影响，应用产品推广过程中对用户数据信息的过度收集和由此扩大的隐私泄漏风险，业务运营过程中对利益的过度追求等问题，往往通过重大危机的突然发生暴露。面对接二连三的公共危机，互联网企业需要付出巨大的声誉代价和成本来回应和解决。

纵观任何一种主流互联网产品、应用和平台，必然受到数以千万乃至亿级用户的追捧。有时候，快速成长的业务规模会让互联网企业多少存在过度乐观的感觉，而危机的发生正在提醒他们：用户规模越大意味着平台责任越重，收入利润越高意味着运行规范要越强，企业影响越大意味着监管压力会越大。概言之，一家互联网企业要真正做大做强，需要有行稳致远、向上向善的价值观，同时要把这种价值观的坚守作为自我修炼的过程，伴随企业的成长加以有效贯彻、不断完善、持续夯实。

首先，互联网企业的价值观追求，来自自身的持续发展。互联网企业的发展往往依靠资本驱动、技术创新和海量用户积累，对技术变革和应用趋势的敏锐把握，往往是其成功的秘籍。然而，技术一旦缺乏人文价值引领，则必然陷入立场游移和精神空虚。只有建立更高价值观，企业的价值导向、产品设计和业务运营才会保持稳健，企业的产品才不会受到日益扩大的用户诟病和质疑，企业的发展才不会面临突如其来的政策惩罚，或者危机发生后即便企业发布声明依然骂声一片。

其次，价值观的夯实，来自用户不断提升的需要。诚然，用户的阶层、兴趣和群体状况存在巨大差异。然而，一家互联网企业是通过纯粹刺激用户的直接需求来获取业务增长，还是适度引导用户的潜在需求来提升服务品质，是有所不同的。用户既需要满足，也需要引领。从长远看，互联网产品只有实现技术性吸引和价值性驱动的双重目标，才能有效平衡经济效益和社会效益，真正赢得用户喜爱和追捧基础上的信赖和赞赏。

再次，价值观的坚守，来自社会进步的文化动力。中国正在逐步走近世界舞台的中央，文化自觉和自信是助力中国梦实现的重要动力，而互联网已经成为大众文化生成和塑造的重要空间，主流文化及主流价值观传播的核心平台。互联网企业的价值观，是互联网文化能否积极、健康、向上发展的基础。互联网企业不再只是创造财富和经济增长的引擎，而是社会运行的基础设施和社会进步的动力源泉。

12家著名美国互联网企业的核心价值观如表2-9所示。

表 2-9　美国互联网企业的核心价值观

企　　业	核心价值观
Amazon	顾客至上、创新简化、决策正确、好奇求知、选贤育能、最高标准、远见卓识、崇尚行动、勤俭节约、赢得信任、刨根问底、敢于谏言、服从大局、达成业绩
Alphabet	以用户为中心、精益求精、快、民主
Adobe System	诚信经营、尊重员工、尊重客户、诚实沟通、质量、负责、公平、遵守承诺
Booking Holdings	诚实、正直、负责任
eBay	人性本善、尊重员工、集思广益、换位思考、诚信正直、公开透明
Expedia	与众不同、谦恭领导、透明、速度、科学、团队
Facebook	快速行动、专注于影响、敢于冒险、保持开放、价值
Microsoft	创新、多元化、包容、社会责任、慈善事业、环境
Netflix	高绩效、自由与责任、情境管理、松散耦合、高工资、晋级与成长
Oath	消费者、团队、高标准、诚实、创造、行动、包容
Oracle	正直诚实、道德伦理、服从、互相尊重、团队合作、沟通、创新、顾客满意、质量、公平
salesforce. com	信任、客户、创新、平等

12 家著名中国互联网企业的核心价值观如表 2-10 所示。

表 2-10　中国互联网企业的核心价值观

企　　业	核心价值观
阿里巴巴	客户第一、团队合作、拥抱变化、诚信、激情、敬业
腾讯	正直、进取、合作、创新
百度	简单可依靠
京东	正道成功、客户为先、只做第一
苏宁	利益共享、家庭氛围、沟通协作、责任共当、执着拼搏、永不言败
网易	匠心、创新
携程	客户、团队、敬业、诚信、伙伴
用友	用户之友、专业奋斗、持续创新
搜狐	诚信公正、以德为本、敬业、追求卓越、以证明为基础的用人政策、品牌市场导向、技术产品驱动、致力创新、锐意进取
美图	正直诚信、勇于担责、积极进取、换位思考
美团点评	以客户为中心、正直诚信、合作共赢、追求卓越
鹏博士	诚信卓越、包容关怀、责任忧患、创新合作

从共性上看，中美两国互联网企业都“重业绩，重眼前，重用户，重创新”，但“轻责任，轻长远”。在个性方面，中国互联网企业普遍“重集体，轻个人，重合作，抓学习”，美国互联网企业则“重个人，轻集体，重独立，轻合作”。价值观也不能完全代表真正的企业文化，被员工认同、内化于心、外化于行的文化才是真正的企业文化。

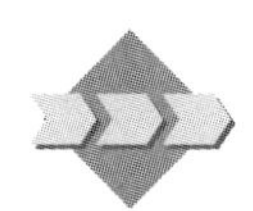

习题

1. 简要介绍什么是 HTML。
2. 解释 HTML 的< meta >标签含义及其作用。

3. 区分网页常见的字符集。

4. 利用 HTML 实现一个邮件发送的功能，如图 2-28 所示。(提示，发送邮件的代码 <form action="mailto:name@qq.com" enctype="text/plain">，调用默认的邮件客户端，如 Outlook，Foxmail 软件发送邮件。)

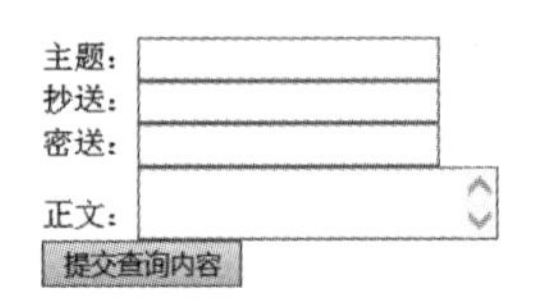

图 2-28 表单效果

5. 使用 HTML 编程实现如图 2-29 所示的表格。

<table>
<tr><td>第一行第一栏</td><td colspan="2">第一行的第二、三栏</td></tr>
<tr><td rowspan="2">第二行及第三行 的 第一栏</td><td>第二行第二栏</td><td>第二行第三栏</td></tr>
<tr><td>第三行第二栏</td><td>第三行第三栏</td></tr>
</table>

图 2-29 表格效果

6. 利用 HTML 编程实现如图 2-30 所示的效果。

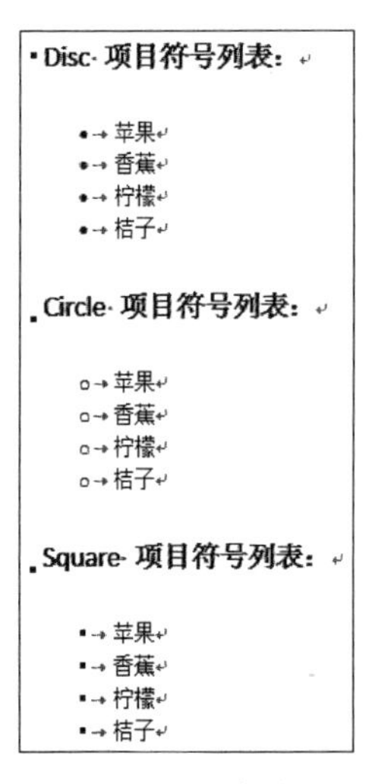

图 2-30 列表效果

HTML5编程基础

HTML5 在 2012 年已形成了稳定的版本。HTML5 将 Web 带入一个成熟的应用平台，在这个平台上，视频、音频、图像、动画以及与设备的交互都进行了规范。

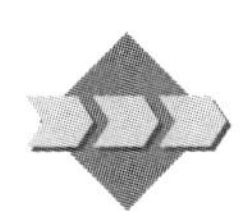

3.1 HTML5 Web 存储

3-1 Web 持久化存储

HTML5 提供了两种在客户端存储数据的新方法：一种是没有时间限制的数据存储 localStorage，另外一种是针对 session 的数据存储 sessionStorage。

3.1.1 localStorage 持久化存储

cookie 存储数据不能超过 4KB，不适合存储大量的数据，因为它们由每个对服务器的请求来传递，这使得 cookie 速度很慢而且效率也不高。在 HTML5 中，数据不是由每个服务器请求传递的，而是只有在请求时使用数据。它在不影响网站性能的情况下存储大量数据成为可能。对于不同的网站，数据存储于不同的区域，并且一个网站只能访问其自身的数据。

localStorage 方法存储的数据没有时间限制，用于长久保存整个网站的数据，保存的数据没有过期时间，直到手动去删除。localStorage 的存储格式都是字符串，任何其他类型都会转成字符串存储。

判断浏览器是否支持 localStorage，可以通过下面的语句实现。

```
<script type="text/JavaScript">
   if(window.localStorage) {
    alert("这个浏览器支持 localStorage!");
      }
   else {
      alert("这个浏览器不支持 localStorage!")
       }
</script>
```

作为一个微型本地“数据库”使用，localStorage 如何实现数据的增删改查呢？

直接赋值：

```
localStorage.a = 1;
localStorage['a'] = 1;
```

```
localStorage.setItem('a','1');        //localStorage 本身也有存值的方法 setItem
```

删除数据：

```
localStorage.removeItem('a');        //清除 a 的值
localStorage.clear();                //所有数据都会消除掉
```

直接获取和 getItem 方法读取值：

```
var a1 = localStorage['a'];          //获取 a 的值
var a2 = localStorage.a;             //获取 a 的值
var a3 = localStorage.getItem('a'); //获取 a 的值
```

localStorage 还提供了 key 方法用于遍历：

```
function showStorage(){
    for(var i = 0;i < localStorage.length;i++){
      //key(i)获得相应的键,再用 getItem()方法获得对应的值
       console.log(localStorage.key(i),
               localStorage.getItem(
                       localStorage.key(i)));
    }
}
```

【例 3-1】 localStorage 的实例。

```
<!DOCTYPE html>
<html lang = "zh - CN">
<head>
<meta charset = "UTF - 8" />
<script type = "text/JavaScript">
            if(window.localStorage) {
              alert("这个浏览器支持 localStorage!");
            }
            else{
              alert("这个浏览器支持 localStorage!")
            }
            localStorage.name = "xie conghua";
            localStorage.gender = "male";
            var a1 = localStorage['ID'] = "12345";
            localStorage.setItem('xuehao','adf');
             var a2 = localStorage.getItem('xuehao');
            document.write("name = " + localStorage.name + "<br>");
            document.write("性别 = " + localStorage.gender + "<br>");
            document.write("ID = " + localStorage['ID'] + "<br>");
            document.write("xuehao = " + a2  + "<br>");
            if (localStorage.pagecount) {
                localStorage.pagecount = Number(localStorage.pagecount) + 1;
            } else {
                localStorage.pagecount = 1;
            }
            document.write("Visits: " + localStorage.pagecount + " time(s).");
</script>
</head>
```

```
< body >
< p >刷新页面会看到计数器在增长。</p >
< p >请关闭浏览器窗口,然后再试一次,计数器会继续计数。</p >
</body >
</html >
```

程序运行结果如图 3-1 和图 3-2 所示。

此网页显示

这个浏览器支持localStorage!

确定

图 3-1 浏览器是否支持 localStorage 运行结果

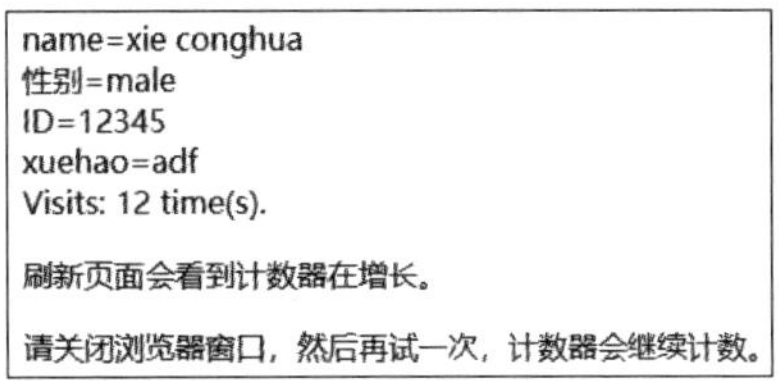

name=xie conghua
性别=male
ID=12345
xuehao=adf
Visits: 12 time(s).

刷新页面会看到计数器在增长。

请关闭浏览器窗口，然后再试一次，计数器会继续计数。

图 3-2 管理 localStorage 数据运行结果

3.1.2 sessionStorage 临时性存储

sessionStorage 针对一个 session 存储数据,当用户关闭浏览器窗口后数据会被删除。默认情况下,sessionStorage＝window. sessionStorage:

判断浏览器是否支持 sessionStorage:

```
< script type = "text/JavaScript">
    If(window.sessionStorage){
      Alert()
     }
    Else {
    }
</script >
```

保存数据语法:

```
< sessionStorage.setItem("key", "value");>
```

读取数据语法:

```
< var lastname = sessionStorage.getItem("key");>
```

删除指定键的数据语法:

```
< sessionStorage.removeItem("key");>
```

删除所有数据:

```
< sessionStorage.clear();>
```

【例 3-2】 sessionStorage 的实例。

```
<! DOCTYPE html >
< html >
    < head >
     < meta charset = "UTF - 8">
     < script type = "text/javascript">
```

```
            if (window.sessionStorage) {
             alert("你的浏览器支持 sessionStorage");
            }
            else
            {
             window.alert("你的浏览器不支持 sessionStorage") ;
            }
            //数据库的插入记录
            sessionStorage.name = "Xie Conghua";
            sessionStorage['QQ'] = "9540386";
            sessionStorage.setItem('e - mail',"xiech@aliyun.com");
            //查询数据库
            var name = sessionStorage['name'];
            alert(name);
            //数据库记录删除
            //sessionStorage.removeItem('name')
            //sessionStorage.clear();
            if(sessionStorage.pagecount) {
                sessionStorage.pagecount = Number(sessionStorage.pagecount) + 1;
            }
            else{
                sessionStorage.pagecount = 1;
            }
            document.writeln("本网页已经被访问了次:" + sessionStorage.pagecount);
        </script>
      </head>
      <body>
      </body>
</html>
```

3.1.3 HTML5 安全风险之 WebStorage 攻击

HTML5 支持 WebStorage,开发者可以为应用创建本地存储,存储一些有用的信息。例如,localStorage 可以长期存储,而且存放空间很大,一般是 5MB,极大地解决了之前只能用 cookie 来存储数据的容量小、存取不便、容易被清除的问题。这个功能为客户端提供了极大的灵活性。

因为 localStorage 的 API 都是通过 JavaScript 提供的,攻击者可以通过 XSS 攻击窃取信息,例如,用户 token 或者资料,或可以用下面的脚本遍历本地存储。

【例 3-3】 localStorage 的脚本遍历本地存储。

```
<!DOCTYPE html>
<html>
<head>
  <title>Web 攻击</title>
  <meta http-equiv = "Content-Type" content = "text/html; charset = UTF-8" />
</head>
<body>
  <script>
    if (localStorage.length) {
      for (I in localStorage) {
        document.write(I);
```

```
          document.write(localStorage.getItem(I));
        }
      }
      else {
        alert("no");
      }
    </script>
  </body>
  </html>
```

localStorage 并不是唯一暴露本地信息的方式，很多开发者有一个不好的习惯，为了方便，把很多关键信息放在全局变量里，如用户名、密码、邮箱等。数据不放在合适的作用域里会带来严重的安全问题，例如，可以用下面的脚本遍历全局变量来获取信息。

【例 3-4】 JavaScript 脚本遍历全局变量来获取信息。

```
<!DOCTYPE html>
<html>
<head>
    <title>JavaScript 脚本遍历全局变量来获取信息</title>
    <meta http-equiv="Content-Type" content="text/html; charset=UTF-8" />
</head>
<body>
    <script>
        for (i in window) {
            obj = window[i];
            if (obj != null || obj != undefined)
                var type = typeof (obj);
            if (type == "object" || type == "string") {
                document.write("name=" + i);
                try {
                    my = JSON.stringify(obj);
                    document.writeln(my + " ");
                }
                catch (ex) { }
            }
        }
    </script>
</body>
</html>
```

HTML5 dump 的定义是“JavaScript that dump all HTML5 local storage”，能输出 HTML5 sessionStorage、全局变量、localStorage 和本地数据库存储。防御之道就是数据放在合适的作用域里。如用户 sessionID 就不用 localStorage，而用 sessionStorage。用户数据不要存储在全局变量里，而是放在临时变量或者局部变量里，不要将重要数据存储在 WebStorage 里。万物互联的时代，机遇与挑战并存，便利和风险共生。“网络安全牵一发而动全身”“没有网络安全就没有国家安全”，作为 Web 工程师，应时刻有网络安全意识。

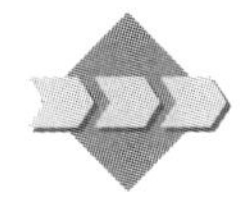

3.2　HTML5 内容标签

3-2 Canvas 绘制几何形状

3.2.1　<datalist>标签

为了方便用户的输入，Web 设计中经常会用到输入框的自动下拉提示。在以前要实现这样的功能,必须要求开发者使用一些 JavaScript 的技巧或相关的框架进行 Ajax 调用,需要一定的编程工作量。而 HTML5 的<datalist>标记就能快速开发出十分漂亮的 AutoComplete 组件的效果。

datalist 提供一个事先定义好的列表,通过 id 与 input 关联,当在 input 内输入时就会有自动完成的功能,用户将会看见一个下拉列表供其选择。

【语法】

```
<input list="listName"/>
<datalist id="listName">
<option value="">
…
</datalist>
```

与 input 元素配合使用该元素,datalist 及其选项不会被显示出来,它仅仅是合法的输入值列表。可使用 input 元素的 list 属性来绑定 datalist。

【例 3-5】 datalist 的输入提示使用。

```
<!doctype html>
<html>
<head>
    <meta charset="UTF-8">
    <title>datalist 数据列表</title>
</head>
<body>
    <input id="mycity" list="Cities" />
    <datalist id="Cities">
      <option value="上海" > sh</option>
      <option value="重庆"> cq</option>
       <option value="北京"> bj</option>
    </datalist>
</body>
</html>
```

运行结果如图 3-3 所示。输入过程具有智能提示效果,如图 3-4 所示。通常使用 select 制作下拉菜单,但是在 HTML5 之后,datalist 也可以充当 select 的角色。

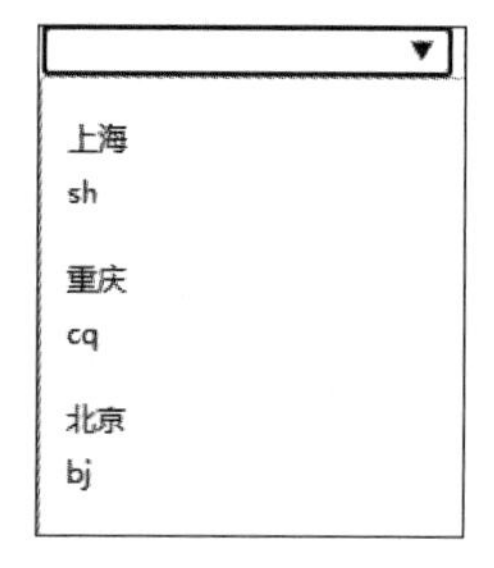

图 3-3 datalist 添加选项值

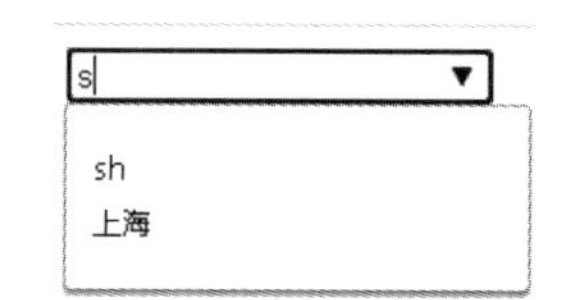

图 3-4 datalist 的输入提示

3.2.2 <details>和<summary>标签

<details>标签用于描述文档或文档某个部分的细节。与<summary>标签配合使用可以

为 details 定义标题。标题是可见的,用户单击标题时,会显示出 details。

【例 3-6】 <details>标签的应用。

```
<!doctype html>
<html>
<head>
        <meta charset = "UTF - 8">
        <title> Document </title>
</head>
<body>
       <details>
        <summary>三全教育</summary>
        <p>"三全育人"即全员育人、全程育人、全方位育人,是中共中央、国务院《关于加强和改进新形势下高校思想政治工作的意见》提出的坚持全员全过程全方位育人(简称"三全育人")的要求 [1] 。
</p>
   </details>
</body>
</html>
```

运行效果如图 3-5 所示,单击后如图 3-6 所示。

图 3-5 summary 运行效果

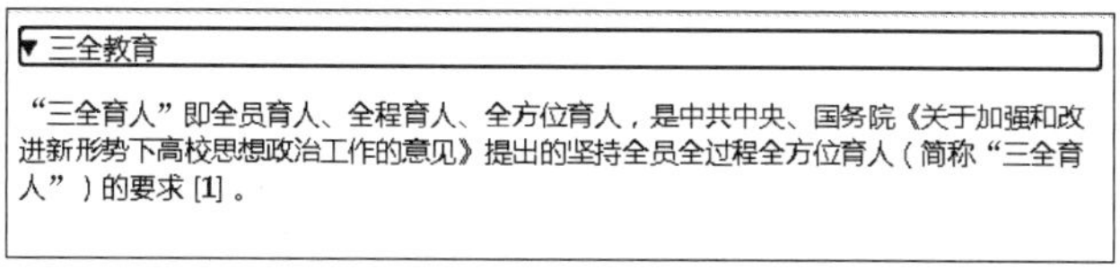

图 3-6 <details>标签实例

3.2.3 <output>标签

【语法】

```
<output name = "名称" for = "element_id">默认内容</output>
```

<output>标签中的内容为默认显示内容,它会随着相关元素的改变而变化,具体属性和取值如表 3-1 所示。

表 3-1 <output>标签常用的属性和取值

属　性	取　值	描　述
for	element_id	定义输出域相关的一个或多个元素
form	form_id	定义输入字段所属的一个或多个表单
name	name	定义对象的唯一名称(表单提交时使用)

【例 3-7】 <output>标签的应用。

```
<!doctype html>
<html lang = "en">
<head>
  <meta charset = "UTF - 8">
  <title> HTML5 </title>
</head>
```

```
<body>
  <form oninput = "x.value = parseInt(a.value) + parseInt(b.value)"> 0
    <input type = "range" id = "a" value = "50"> 100
    + <input type = "number" id = "b" value = "50">
    = <output name = "x" for = "a b"></output>
  </form>
</body>
</html>
```

运行效果如图 3-7 所示。

0 100 + 50 =100

图 3-7 <output>标签实例

oninput 事件，当用户向<input>中尝试输入时执行 JavaScript：

```
<input type = "text" oninput = "myFunction()">
```

oninput 事件在用户输入时触发，该事件在 input 或 textarea 元素的值发生改变时触发。该事件类似于 onchange 事件。不同之处在于 oninput 事件在元素值发生变化时立即触发，onchange 在元素失去焦点时触发。

3.2.4 <time>标签

<time>标签定义公历的时间(24 小时制)或日期，时间和时区偏移是可选的。该元素能够以机器可读的方式对日期和时间进行编码，例如，用户代理能够把生日提醒或排定的事件添加到用户日程表中，搜索引擎也能够生成更智能的搜索结果。

<time>标签对于布局是没有任何影响的，直接用一个<span>也一样可以实现。这个标签的功能就是在蜘蛛爬取的时候可以爬取到，知道这是时间，进而可以得到相关的流量。<time>标签不会在任何浏览器中呈现任何特殊效果。<time>标签常用的属性和取值如表 3-2 所示。

表 3-2 <time>标签常用的属性和取值

属　性	取　值	描　述
datetime	datetime	规定日期/时间。否则，由元素的内容给定日期/时间
pubdate	pubdate	指示 time 元素中的日期/时间是文档(或 article 元素)的发布日期

具体日期显示：

```
<time datetime = "2021 - 10 - 10"> 2021 年 10 月 10 日</time>
```

具体时间显示(采用 24 小时制)：

```
<time datetime = "16:30">下午 4 点半</time>
```

日期与时间结合显示(中间隔一个空格)：

```
<time datetime = "2021 - 10 - 10 16:30"></time>
```

如果当前内容对应的是一个发表日期，可以加一个 pubdate，具体代码如下。

【例 3-8】 <time>标签的应用。

```
<!doctype html>
<html>
<head>
    <meta charset="UTF-8">
    <title>Document</title>
</head>
<body>
    <p>现在时间是<time datetime="2021-10-10 23:32">2021-10-10 晚上 11:32</time></p>
    <p>这篇文章发布于<time datetime="2021-10-10 23:32" pubdate>2021-10-10 晚上 11:32
</time></p>
</body>
</html>
```

程序运行结果如图 3-8 所示。

现在时间是2021-10-10 晚上 11:32

这篇文章发布于 2021-10-10 晚上 11:32

图 3-8　<time>标签实例

3.2.5　<wbr>标签

Word Break Opportunity(wbr)规定在文本中的何处适合添加换行符。Yahoo 代码规范推荐在标点之前为 URL 换行,以便避免将标点符号留在行尾,这会让读者将 URL 的末尾搞错。出于相同原因,<wbr>元素不会在换行的地方引入连字符。为了使连字符仅在行尾出现,使用连字符软实体()来代替。

【例 3-9】 <wbr>标签的应用。

```
<!DOCTYPE html>
<html>
<head>
    <meta charset="UTF-8">
    <title>Document</title>
</head>
<body>
    <p>如果想学习 Ajax,那么您必须熟悉 XML<wbr>http<wbr>Request 对象.
    </p>
    <div dir=rtl>123,<wbr>456</div>
    <div dir="ltr">123,<wbr>456</div>
    <p>http://this<wbr>.is<wbr>.a<wbr>.really<wbr>.long<wbr>.example<wbr>.com/
With<wbr>/deeper<wbr>/level<wbr>/pages<wbr>/deeper<wbr>/level<wbr>/pages<wbr>/
deeper<wbr>/level<wbr>/pages<wbr>/deeper<wbr>/level<wbr>/pages<wbr>/deeper<wbr>/
level<wbr>/pages</p>
</body>
</html>
```

程序运行结果如图 3-9 所示。

如果想学习 Ajax，那么您必须熟悉 XMLhttp Request 对象。

123,456

123,456

http://this.is.a.really.long.example.com/With/deeper/level/pages/deeper/level
/pages/deeper/level/pages/deeper/level/pages/deeper/level/pages

图 3-9 <wbr>标签实例

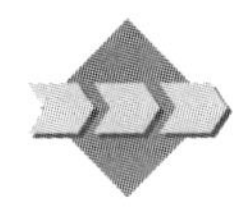

3.3 HTML5 结构标签

3.3.1 <!DOCTYPE>标签

<!DOCTYPE>声明必须是 HTML 文档的第一行，位于<html>标签之前。<!DOCTYPE>声明不是 HTML 标签，它是指示 Web 浏览器关于页面使用哪个 HTML 版本进行编写的指令。在 HTML4.01 中，<!DOCTYPE>声明引用 DTD，因为 HTML4.01 基于 SGML。DTD 规定了标记语言的规则，这样浏览器才能正确地呈现内容。HTML5 不基于 SGML，所以不需要引用 DTD。

3.3.2 <article>标签

<article>标签规定独立的自包含内容。一篇文章应有其自身的意义，应该有可能独立于站点的其余部分对其进行分发。例如，一些投稿文章、新闻记者的文章，或者是摘自其他博客、论坛的信息等。

<article>标签中的内容通常有它自己的标题，甚至有时候还有自己的脚注。它可以嵌套使用，但是一般需要外部内容和内部内容有关系。例如，一篇博客文章，它的评论就可以使用嵌套的形式，将评论内容嵌套在整体内容中。

3.3.3 <header>标签

<header>标签定义文档的页眉（介绍信息）。在 HTML5 版本之前习惯使用<div>标签布局网页，HTML5 在<div>标签基础上新增<header>标签元素，也叫头部标签。以前在 DIV+CSS 布局中常常把网页大致分为头部、内容、底部。对于大结构常常使用<div>里加 id 进行布局。而头部使用<div id="header"></div>或<div class="header"></div>进行布局，其特点与传统 DIV 布局不同，少了<div>作标签，而是新增元素标签。正因为人们公认 HTML 布局中以“header”为常用命名，所以在 HTML5 中新增了<header>标签元素。

【例 3-10】 <article>和<header>标签实例。

```
<!DOCTYPE html>
<html>
<head>
    <meta charset = "UTF-8">
    <title>Document</title>
</head>
<body>
    <article>
        <header>
```

```
        <h1>中国工业软件,正处在发展的关键路口</h1>
    </header>
    <p>2021年5月,在两院院士大会和中国科协全国代表大会上,中央首次强调了发展工业软件等关键核心技术的紧急紧迫性,并做出了"全力攻坚"的指示。这一信号,迅速引起了许多人对工业软件这个"高""冷"行业的关注和热情。
    </p>
    <footer>
        <p>版权所有</p>
    </footer>
  </article>
</body>
</html>
```

程序运行结果如图3-10所示。

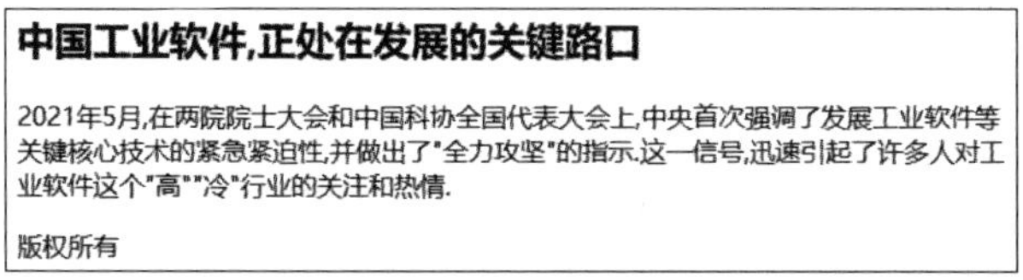

中国工业软件,正处在发展的关键路口

2021年5月,在两院院士大会和中国科协全国代表大会上,中央首次强调了发展工业软件等关键核心技术的紧急紧迫性,并做出了"全力攻坚"的指示.这一信号,迅速引起了许多人对工业软件这个"高""冷"行业的关注和热情.

版权所有

图3-10　<article>和<header>标签实例

3.3.4　<nav>标签

<nav>元素表示页面的一部分,其目的是在当前文档或其他文档中提供导航链接。导航部分的常见示例是菜单、目录和索引。

【语法】

<nav>标签定义导航链接的部分

如果文档中有“前后”按钮,则应该把它放到<nav>元素中,并不是所有的链接都必须使用<nav>元素,它只用来将一些热门的链接放入导航栏,例如,<footer>元素就常用来在页面底部包含一个不常用到、没必要加入<nav>的链接列表。

一个网页也可能含有多个<nav>元素,例如,一个是网站内的导航列表,另一个是本页面内的导航列表。

【例3-11】　<nav>标签实例。

```
<!DOCTYPE html>
<html>
<head>
    <meta charset="UTF-8">
    <title>Document</title>
</head>
<body>
    <nav>
        <a href="#">经济 · 科技</a>
        <a href="#">社会 · 教育</a>
        <a href="#">国际 · 军事</a>
        <a href="#">地方 · 访谈</a>
        <a href="#">文旅 · 体育</a>
```

```
        <a href = "#">健康 · 生活</a>
    </nav>
    <nav>
        <ul>
            <li><a href = "#">经济 · 科技</a></li>
            <li><a href = "#">社会 · 教育</a></li>
            <li><a href = "#">国际 · 军事</a></li>
        </ul>
    </nav>
</body>
</html>
```

程序运行结果如图 3-11 所示。

经济 · 科技 社会 · 教育 国际 · 军事 地方 · 访谈 文旅 · 体育 健康 · 生活

- 经济 · 科技
- 社会 · 教育
- 国际 · 军事

图 3-11　<nav>标签实例

3.3.5　<section>标签

section 元素表示一个包含在 HTML 文档中的独立部分，它没有更具体的语义元素来表示，一般来说会包含一个标题。

【语法】

```
<section>标签定义文档中的节(section,或称区段)
```

<section>不是一个专用来作容器的标签，如果仅仅是用于设置样式或脚本处理，专用的标签是<div>。<section>里应该有标题(<h1>~<h6>)，但文章中推荐用<article>来代替。一条简单的准则是，只有元素内容会被列在文档大纲中时，才适合用 section 元素。section 的作用是对页面上的内容进行分块，如各个有标题的版块、功能区或对文章进行分段，不要与有自己完整、独立内容的 article 混淆。

【例 3-12】 <section>标签实例。

```
<!DOCTYPE html>
<html>
<head>
    <meta charset = "UTF - 8">
    <title> Document </title>
</head>
<body>
    <h1> Reward is enough </h1>
    <section>
        <h2> Abstract </h2>
        <p> In this article we hypothesise that intelligence, and its associated abilities, can
be understood as subserving the maximisation of reward. </p>
    </section>
    <section>
        <h2> Keywords </h2>
```

```
        <p> Artificial intelligence Artificial general intelligence Reinforcement learning
Reward</p>
    </section>
    <section>
        <h2>1. Introduction</h2>
        <p> Expressions of intelligence in animal and human behaviour are so bountiful and so
varied that there is an ontology of associated abilities to name and study them, e.g. social
intelligence, language, perception, knowledge representation, planning, imagination, memory, and
motor control.</p>
    </section>
</body>
</html>
```

程序运行结果如图 3-12 所示。

Reward is enough

Abstract

In this article we hypothesise that intelligence, and its associated abilities, can be understood as subserving the maximisation of reward.

Keywords

Artificial intelligence Artificial general intelligence Reinforcement learning Reward

1. Introduction

Expressions of intelligence in animal and human behaviour are so bountiful and so varied that there is an ontology of associated abilities to name and study them, e.g. social intelligence, language, perception, knowledge representation, planning, imagination, memory, and motor control.

图 3-12 <section>标签实例

3.3.6 <aside>标签

aside 元素表示一个和其余页面内容几乎无关的部分，被认为是独立于该内容的一部分并且可以被单独拆分出来而不会使整体受影响。aside 的内容可用作文章的侧栏，通常表现为侧边栏或者标注框。

【语法】

<aside>标签定义其所处内容之外的内容。

【例 3-13】 <aside>标签实例。

```
<!DOCTYPE html>
<html>
<head>
    <meta charset="UTF-8">
    <title>Document</title>
</head>
<body>
    <section>
        <h1>&lt;生物多样性公约&gt;第十五次缔约方大会</h1>
        <p>&lt;生物多样性公约&gt;缔约方大会第十五次会议以"生态文明:共建地球生命共同体"
为主题,旨在倡导推进全球生态文明建设,强调人与自然是生命共同体,强调尊重自然、顺应自然和保护
自然,努力达成公约提出的到 2050 年实现生物多样性可持续利用和惠益分享,实现"人与自然和谐共
生"的美好愿景。会议于 2021 年 10 月 11-15 日和 2022 年上半年分两阶段在中国昆明举行。
```

```
        </p>
        <aside>
         &lt;生物多样性公约 &gt;(Convention on Biological Diversity)
         是一项保护地球生物资源的国际性公约,于 1992 年 6 月 1 日由联合国环境规划署发起的政
府间谈判委员会第七次会议在内罗毕通过,1992 年 6 月 5 日,由签约国在巴西里约热内卢举行的联合国
环境与发展大会上签署。
        </aside>
    </section>
</body>
</html>
```

程序运行结果如图 3-13 所示。

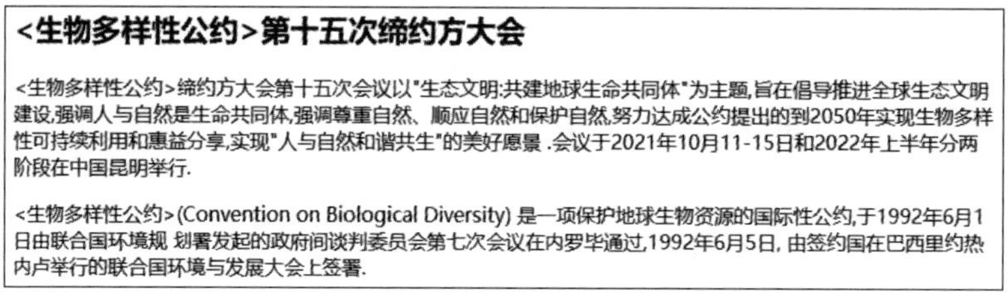

<生物多样性公约>第十五次缔约方大会

<生物多样性公约>缔约方大会第十五次会议以"生态文明:共建地球生命共同体"为主题,旨在倡导推进全球生态文明建设,强调人与自然是生命共同体,强调尊重自然、顺应自然和保护自然,努力达成公约提出的到2050年实现生物多样性可持续利用和惠益分享,实现"人与自然和谐共生"的美好愿景 .会议于2021年10月11-15日和2022年上半年分两阶段在中国昆明举行.

<生物多样性公约>(Convention on Biological Diversity) 是一项保护地球生物资源的国际性公约,于1992年6月1日由联合国环境规 划署发起的政府间谈判委员会第七次会议在内罗毕通过,1992年6月5日, 由签约国在巴西里约热内卢举行的联合国环境与发展大会上签署.

图 3-13 <aside>标签实例

3.3.7 <hgroup>标签

<hgroup>标签用于对网页或区段(section)的标题进行组合,而对标题的样式没有影响。可使用<figcaption>元素为元素组添加标题。

【例 3-14】 <hgroup>标签实例。

```
<!DOCTYPE html>
<html>
<head>
    <meta charset = "UTF - 8">
    <title>Document</title>
</head>
<body>
    <section>
        <figcaption>古诗三首</figcaption>
        <hgroup>
            <h1>晓出净慈寺送林子方</h1>
            <h2>绝句</h2>
        </hgroup>
    </section>
</body>
</html>
```

程序运行效果如图 3-14 所示。

古诗二首

晓出净慈寺送林子方

绝句

图 3-14 <hgroup>标签实例

3.3.8 <figure>标签

<figure>标签规定独立的流内容(如图像、图表、照片、代码等),内容应该与主内容相关,但如果被删除,则不应对文档流产生影响。可使用 figcaption 元素为 figure 添加标题(caption)。

【例 3-15】 <figure>标签实例。

```
<!DOCTYPE html>
<html>
<head>
    <meta charset="UTF-8">
    <title>Document</title>
</head>
<body>
    <section>
        <article>
            <header><h1>&lt;滕王阁 &gt;</h1></header>
            <p>&lt;滕王阁 &gt;是唐代诗人王勃创作的一首七言古诗。这首诗附在作者的名篇&lt;滕王阁序 &gt;后,概括了序的内容。首联点出滕王阁的形势并遥想当年兴建此阁时的豪华繁盛的宴会的情景;颔联紧承第二句写画栋飞上了南浦的云,珠帘卷入了西山的雨,表现了阁的高峻;颈联由空间转入时间,点出了时日的漫长,很自然地生出了风物更换季节,星座转移方位的感慨,引出尾联;尾联感慨人去阁在,江水永流,收束全篇。全诗在空间、时间双重维度展开对滕王阁的吟咏,笔意纵横,穷形尽象,语言凝练,感慨遥深。气度高远,境界宏大,与&lt;滕王阁序 &gt;真可谓双璧同辉,相得益彰。</p>
            <figure>
                <img src="tengwangge.jpg" width="400" height="300" />
                <figcaption>图 3-15 滕王阁</figcaption>
            </figure>
        </article>
    </section>
</body>
</html>
```

程序运行效果如图 3-15 所示。

<滕王阁 >

<滕王阁 >是唐代诗人王勃创作的一首七言古诗.这首诗附在作者的名篇<滕王阁序 >后,概括了序的内容.首联点出滕王阁的形势并遥想当年兴建此阁时的豪华繁盛的宴会的情景;颔联紧承第二句写画栋飞上了南浦的云,珠帘卷入了西山的雨,表现了阁的高峻;颈联由空间转入时间,点出了时日的漫长,很自然地生出了风物更换季节,星座转移方位的感慨,引出尾联;尾联感慨人去阁在,江水永流,收束全篇.全诗在空间、时间双重维度展开对滕王阁的吟咏,笔意纵横,穷形尽象,语言凝练,感慨遥深.气度高远,境界宏大,与<滕王阁序 >真可谓双璧同辉,相得益彰.

图3-15 滕王阁

图 3-15 <figure>标签运行效果

3.3.9 <figcaption>标签

<figcaption>标签定义 figure 元素的标题(caption),应该被置于 figure 元素的第一个或最后一个子元素的位置。

```
<figure>
    <figcaption>黄浦江上的的卢浦大桥</figcaption>
    <img src = "shanghai_lupu_bridge.jpg" width = "350" height = "234" />
</figure>
```

3.3.10 <footer>标签

<footer>标签定义文档或节的页脚。footer元素应当含有其包含元素的信息。页脚通常包含文档的作者、版权信息、使用条款链接、联系信息等,一个文档中可以使用多个footer元素。

```
<footer>
    <p>版 权 所 有</p>
    <p>Copyright 81301897 3 2021 all rights reserved</p>
</footer>
```

3.3.11 <dialog>标签

<dialog>标签定义对话框或窗口。目前只有Chrome和Safari支持该标签,所以用得不多。属性open指示这个对话框是激活的和能互动的。当这个open特性没有被设置,对话框不应该显示给用户。例如,<dialog open>这是打开的对话窗口</dialog>,可以用JavaScript来控制dialog的三个方法,具体使用见表3-3。

表3-3 dialog的三个方法

名　称	说　明
show	显示dialog元素(跟open属性控制一样)
showModal	显示dialog元素,并且全屏居中,并带有黑色透明遮罩
close	隐藏dialog元素

【例3-16】 dialog元素的控制实例。

```
<!DOCTYPE html>
<html>
<head>
    <meta charset = "UTF - 8">
    <title>dialog对话框</title>
</head>

<body>
    <dialog>
        <p>Greetings, one and all!</p>
        <button onclick = "hideDialog()">隐藏对话框</button>
    </dialog>
    <button onclick = "showDialog()">显示对话框</button>
    <script>
        let dialog = document.querySelector("dialog")
        //显示对话框
        function showDialog() {
            dialog.show();
```

```
        }
        function hideDialog() {
            dialog.close();
        }
    </script>
</body>
</html>
```

程序运行效果为在页面上显示对话框，当单击后显示如图 3-16 所示，单击“隐藏对话框”按钮则关闭对话框。

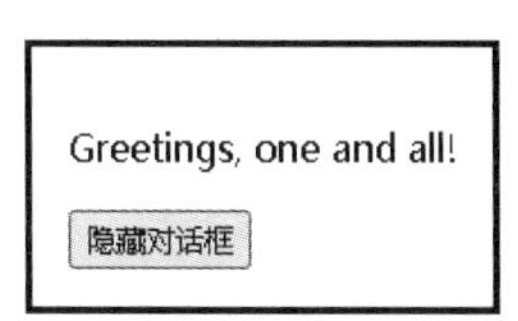

图 3-16　对话框属性

3.3.12　<bdi>和<bdo>标签

如果页面中混合了从左到右书写的文本(如大多数语言所使用的拉丁字符)和从右到左书写的文本(如阿拉伯或希伯来语字符)，就可以使用 bdo 元素和 bdi 元素。<bdi>标签是用来使一段文本脱离其父元素的文本方向设置，在发布用户评论或其他无法完全控制的内容时，该标签很有用处。bdi 是“Bi-directional Isolation”的缩写，<bdi>标签允许用户设置一段文本，使其脱离其父元素的文本方向设置。

【语法】

```
<bdi dir = "auto">内容</bdi>
```

内容文本方向将是 dir 属性指定的方向。属性值为 ltr 时，文本按从左向右显示；属性值为 rtl 时，文本从右向左；默认属性值为 auto。

bdo 是 Bi-Directional Override 的缩写，<bdo>标签用来覆盖默认的文本方向。其属性为 dir，取值为 ltr 和 rtl。

当确知文本的书写方向时，使用 bdo 元素非常方便。但有时候，并不能确定文本的书写方向，这时就要使用 bdi 元素。bdi 元素用于定义一块文本，使其脱离其父元素的文本方向设置，在无法预知某些文本的书写方向时，让浏览器来自动判断，并使用正确的文本书写方向。

假设要展示每个用户发帖数，用户名的信息是从数据库获取的，而用户来自世界各地，就无法准确知道用户名的书写方向，这时，就要将用户名放到 bdi 元素中。

【例 3-17】　<bdi>标签实例。

```
<!DOCTYPE html>
<html>
<head>
    <meta charset = "UTF - 8">
    <title>bdi</title>
</head>
<body>
    <ul>
        <li>User <bdi>jcranmer</bdi>: 12 posts. </li>
        <li>User <bdi>hober</bdi>: 5 posts. </li>
        <li>User <bdi>إيان</bdi>: 3 posts. </li>
    </ul>
</body>
</html>
```

运行结果如图 3-17 所示。

由于阿拉伯文的书写方向是从右到左，如果不使用 bdi 元素，双向算法就会把冒号和数字 3 放在“User”的旁边，而不是“posts”的旁边，阿拉伯文的用户名就会使文本变得难以理解。

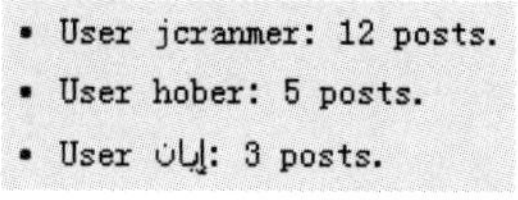

- User jcranmer: 12 posts.
- User hober: 5 posts.
- User إيان: 3 posts.

图 3-17 使用 bdi 元素

【例 3-18】 不使用 bdi 元素的案例。

```
<!DOCTYPE html>
<html>
<head>
    <meta charset = "UTF - 8">
    <title>无 bdi</title>
</head>
<body>
    <ul>
        <li>User jcranmer : 12 posts.</li>
        <li>User hober : 5 posts.</li>
        <li>User إيان 3 posts.</li>
    </ul>
</body>
</html>
```

- User jcranmer: 12 posts.
- User hober: 5 posts.
- User 3 :إيان posts.

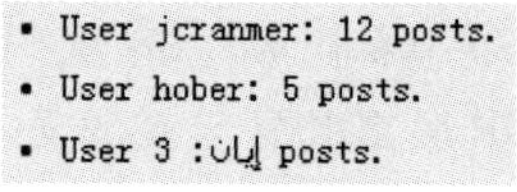

图 3-18 不使用 bdi 元素

运行结果如图 3-18 所示。

由此可知，如果在某个上下文中，文本的内容是自动生成的，却又不知道某些文本的书写方向时，bdi 元素就特别有用。

【例 3-19】 <bdi>和<bdo>标签实例。

```
<!DOCTYPE html>
<html>
<head>
    <meta charset = "UTF - 8">
    <title>Document</title>
</head>
<body>
    <ul>
        <li>Username <bdo dir = "ltr">Bill</bdo>:80 points</li>
        <li>Username <bdo dir = "rtl">Steve</bdo>: 78 points</li>
    </ul>
    <ul>
        <li>Username <bdi dir = "ltr">Bill</bdi>:80 points</li>
        <li>Username <bdi dir = "rtl">Steve</bdi>: 78 points</li>
        <li>Username <bdi dir = "auto">Tom</bdi>: 56 points</li>
    </ul>
    <ul>
        <li>User <bdi>jcranmer</bdi>: 12 posts.</li>
        <li>User <bdi>hober</bdi>: 5 posts.</li>
        <li>User <bdi>إيان</bdi>: 3 posts.</li>
    </ul>
    <ul>
        <li>User jcranmer: 12 posts.</li>
        <li>User hober: 5 posts.</li>
        <li>User إيان</bdi>: 3 posts.</li>
    </ul>
```

```
</body>
</html>
```

程序运行结果如图 3-19 所示。

- Username Bill:80 points
- Username 78 :evetS points

- Username Bill:80 points
- Username Steve: 78 points
- Username Tom: 56 points

- User jcranmer: 12 posts.
- User hober: 5 posts.
- User إيان: 3 posts.

- User jcranmer: 12 posts.
- User hober: 5 posts.
- User 3 :إيان posts.

图 3-19　<bdi>和<bdo>标签运行结果

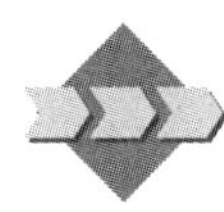

3.4　HTML5 多媒体标签

3.4.1　<video>标签

<video>标签定义视频，如电影片段或其他视频流。可以在开始标签和结束标签之间放置文本内容，常用的属性和取值见表 3-4。

表 3-4　<video>标签常用的属性和取值

属　　性	值	描　　述
autoplay	autoplay	如果出现该属性，则视频在就绪后马上播放
controls	controls	如果出现该属性，则向用户显示控件，如“播放”按钮
height	pixels	设置视频播放器的高度
loop	loop	如果出现该属性，则当媒介文件完成播放后再次开始播放
muted	muted	规定视频的音频输出应该被静音
poster	URL	规定视频下载时显示的图像，或者在用户单击“播放”按钮前显示的图像
preload	preload	如果出现该属性，则视频在页面加载时进行加载，并预备播放。如果使用"autoplay"，则忽略该属性
src	url	要播放的视频的 URL
width	pixels	设置视频播放器的宽度

【例 3-20】　<video>标签实例。

```
<!DOCTYPE html>
<html>
<head>
    <metachar set = "UTF - 8">
    <title>video</title>
</head>
<body>
    <video src = "英语.mp4" controls = "true" poster = "English.jpg">
    </video>
</body>
</html>
```

程序运行结果如图 3-20 所示。

图 3-20 <video>标签实例

网页使用了<video>标签进行视频播放，由于播放的视频涉及版权问题，所以有时需要禁止<video>标签自带的下载功能，有种做法是屏蔽掉<video>标签域的右键操作。仅靠前端代码是做不到真正屏蔽的，就算屏蔽了“另存”下载，用户也可以在浏览器的临时缓存文件夹中找到已经播放过的视频文件。

3.4.2 <audio>标签

audio 元素用于在文档中嵌入音频内容，可以包含一个或多个音频资源。这些音频资源可以使用 src 属性或者 source 元素来进行描述：浏览器将会选择最合适的一个来使用。也可以使用 MediaStream 将这个元素用于流式媒体。<audio>标签定义声音，比如音乐或其他音频流。<audio>标签常用的属性和取值见表 3-5。

表 3-5 <audio>标签常用的属性和取值

属　　性	值	描　　述
autoplay	autoplay	如果出现该属性，则音频在就绪后马上播放
controls	controls	如果出现该属性，则向用户显示控件，比如“播放”按钮
loop	loop	如果出现该属性，则每当音频结束时重新开始播放
muted	muted	规定视频输出应该被静音
preload	preload	如果出现该属性，则音频在页面加载时进行加载，并预备播放。如果使用"autoplay"，则忽略该属性
src	url	要播放的音频的 URL

1. audio 元素单独使用

```
<audio src="someaudio.wav">
    您的浏览器不支持<audio>标签。
</audio>
```

2. audio 与 source 元素混合使用

在嵌套的 source 元素的 src 属性上设置嵌入音轨，而非直接在 audio 元素上设置。通过这种方法可以同时在 type 属性上包含文件的 MIME 类型，这通常很有用，因为浏览器就能立即决策：自己究竟是能够播放该文件，还是不能播放该文件。例如：

```
<audio controls>
    <source src="foo.wav" type="audio/wav"> Your browser does not support the <code> audio
</code> element.
</audio>
```

3. audio 与多个 source 元素混合使用

包含多个 source 元素时，如果能够播放，浏览器就会试图去加载第一个 source 元素；如果不行，再加载第二个 source 元素；如果不行，再加载第三个 source 元素。例如：

```
<audio controls>
      <source src="foo.opus" type="audio/ogg; codecs=opus"/>
      <source src="foo.ogg" type="audio/ogg; codecs=vorbis"/>
      <source src="foo.mp3" type="audio/mpeg"/>
</audio>
```

3.4.3 <source>标签

<source>标签为 video 和 audio 媒介元素定义媒介资源，允许规定可替换的视频/音频文件供浏览器根据它对媒体类型或者编解码器的支持进行选择。<source>的属性如表 3-6 所示。

表 3-6 <source>标签常用的属性和取值

属　性	值	描　述
media	media query	规定媒体资源的类型，供浏览器决定是否下载
src	url	规定媒体文件的 URL
type	numeric value	规定媒体资源的 MIME 类型

其中，media 的取值和含义如表 3-7 所示。

表 3-7 media 的取值和含义

值	含　义
all	默认。适用于所有设备
aural	语音合成器
braille	盲文点字反馈设备
handheld	手持设备(小型屏幕、有限带宽)
projection	投影仪
print	打印预览模式/打印页面
screen	计算机屏幕
tty	电传打字机以及类似的使用等宽字符网格的媒体
tv	电视机类型设备(低分辨率、有限的滚屏能力)

【例 3-21】 <source>标签使用实例。

```
<!DOCTYPE html>
<html>
<head>
```

```
        <meta charset = "UTF - 8">
        <title> source </title>
    </head>

    <body>
        <section>
            <audio controls>
                <source src = "images/Test_15.mp3" type = "audio/mpeg" media = "screen and (min -
    width:320px)" />
            </audio>
        </section>
        <section>
            <audio controls>
                <source src = "images/Test_15.mp3" type = "audio/mpeg" media = "handheld" />
            </audio>
        </section>
    </body>
    </html>
```

程序运行效果如图 3-21 所示。

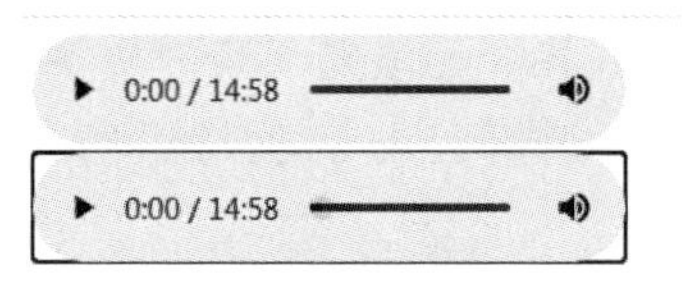

图 3-21 <source>标签运行效果

3.4.4 <track>标签

<track>标签为 audio 和 video 媒体元素规定外部文本轨道，常用的属性和取值见表 3-8。用于规定字幕文件或其他包含文本的文件，当媒体播放时，这些文件是可见的。

表 3-8 <track>标签常用的属性和取值

属　性	值	描　述
default	default	规定该轨道是默认的，假如没有选择任何轨道
kind	captions chapters descriptions metadata subtitles	表示轨道属于什么文本类型
label	label	轨道的标签或标题
src	url	规定元素媒体文件的 URL
srclang	language_code	轨道的语言，若 kind 属性值是"subtitles"，则该属性是必需的

3.4.5 <embed>标签

网页中常见的多媒体文件包括动画文件、音频文件、视频文件等。如果要正确浏览嵌入了这些文件的网页，就需要在客户端的计算机中安装相应的播放软件。使用<embed>标签可以将多媒体文件嵌入到网页中，常用的属性和取值如表 3-9 所示。

表 3-9　<embed>标签常用的属性和取值

属　　性	值	描　　述
height	pixels	设置嵌入内容的高度
src	url	嵌入内容的 URL
type	type	定义嵌入内容的类型
width	pixels	设置嵌入内容的宽度

【语法】

```
<embed src = "多媒体文件的地址" width = "嵌入内容的宽度" height = "嵌入内容的高度" type = "MIME_
type" />
```

src 属性可以设置多媒体文件所在的路径，可以是相对路径或绝对路径。通过 width 属性可以设置嵌入内容的宽度，height 属性可以设置嵌入内容的高度。type 属性规定被嵌入内容的 MIME 类型，不同类型的后缀名可以参考 https://www.w3school.com.cn/media/media_mimeref.asp。例如，<embed src="helloworld.swf" type="application/x-shockwave-flash" />，嵌入一个 Flash 动画。

【例 3-22】 <embed>标签实例。

```
<!DOCTYPE html>
<html>
    <head>
        <meta charset = "UTF-8" />
        <title> embed </title>
    </head>
    <body>
        <h1>一年级英语</h1>
        <div>
        <embed src = "英语.mp4" width = "400" height = "300" />
        </div>
    </body>
</html>
```

程序运行效果如图 3-22 所示。

图 3-22　<embed>标签运行效果

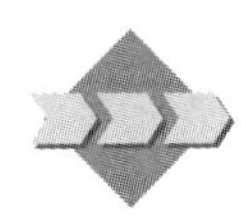

3.5 HTML5状态标签

3.5.1 <meter>标签

<meter>标签定义已知范围或分数值内的标量测量，也被称为gauge(尺度)，常用的属性和取值如表3-10所示。meter定义预定义范围内的度量、状态标签(实时状态显示：气压、气温)。<meter>标签的效果很像进度条，但是它不作为进度条来使用。如果要表示进度条，通常使用<progress>标签。

表3-10 <meter>标签常用的属性和取值

属性	值	描述
form	form_id	规定meter元素所属的一个或多个表单
high	number	规定被视作高的值的范围
low	number	规定被视作低的值的范围
max	number	规定范围的最大值
min	number	规定范围的最小值
optimum	number	规定度量的优化值
value	number	必需。规定度量的当前值

【例3-23】 <meter>标签实例。

```
<!DOCTYPE html>
<html lang="zh-CN">
<head>
    <meta charset="UTF-8" />
    <title>meter</title>
</head>
<body>
    <label for="f1">比例1</label>
    <meter id="f1" value="3" min="0" max="10">3/10</meter><br>
    <label for="f2">比例2</label>
    <meter id="f2" value="0.6">60%</meter>
    <br>
    <label for="f3">比例3</label>
    <meter id="f3" min="0" max="20" optimum="34">5</meter>
    <br>
</body>
</html>
```

程序运行效果如图3-23所示。

比例1
比例2
比例3

图3-23 <meter>标签实例

3.5.2 <progress>标签

<progress>标签标示任务的进度。<progress>标签与JavaScript一同使用可显示任务的进度。<progress>标签不适合用来表示度量衡(例如，磁盘空间使用情况或查询结果)。如需表示度量衡，应使用<meter>标签代替。<progress>标签常用属性和取值如表3-11所示。

表 3-11 <progress>标签常用的属性和取值

属　　性	值	描　　述
max	number	规定任务一共需要多少工作
value	number	规定已经完成多少任务

【例 3-24】 <progress>标签实例。

```
<!DOCTYPE html>
<html lang="zh-CN">
<head>
    <meta charset="UTF-8" />
</head>
<body>
    <progress value="0" max="100">您的浏览器不支持 progress 元素</progress>
    <br />
    <input type="button" value="开始" onclick="goprogress()" />
    <script>
        function goprogress() {
            var pro = document.getElementsByTagName("progress")[0];
            gotoend(pro, 0);
        }
        function gotoend(pro, value) {
            var value = value + 1;
            pro.value = value;
            if (value < 100) {
                setTimeout(function () { gotoend(pro, value); }, 20)
            } else {
                setTimeout(function () { alert("任务完成") }, 20);
            }
        }
     </script>
</body>
</html>
```

程序运行效果如图 3-24 所示。

图 3-24 <progress>标签实例

3.5.3 <mark>标签

<mark>标签定义有标记的文本，为黄色选中状态，即突出显示部分文本。

【例 3-25】 <progress>标签实例。

```
<!DOCTYPE html>
<html lang="zh-CN">
<head>
    <meta charset="UTF-8" />
    <title>mark</title>
</head>
<body>
    <h1>滕王阁</h1>
    <p>【唐】王勃</p>
    <p>滕王高阁临江渚，佩玉鸣鸾罢歌舞。</p>
```

```
    <p>画栋朝飞南浦云,珠帘暮卷西山雨。</p>
    <p>闲云潭影日悠悠,物换星移几度秋。</p>
    <p>阁中帝子今何在?槛外长江<mark>空自流</mark>。</p>
</body>
</html>
```

程序运行效果如图 3-25 所示。

滕王阁

【唐】王勃

滕王高阁临江渚,佩玉鸣鸾罢歌舞.

画栋朝飞南浦云,珠帘暮卷西山雨.

闲云潭影日悠悠,物换星移几度秋.

阁中帝子今何在?槛外长江空自流.

图 3-25 <mark>标签实例

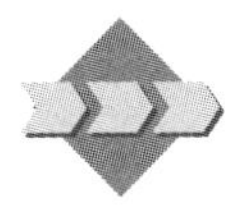

3.6 HTML5 菜单标签

HTML5 的 menu 属性目前有很多浏览器都不支持,可以使用 JavaScript 代替。

3.6.1 <menu>标签

<menu>标签定义命令的列表或菜单,用于上下文菜单、工具栏以及用于列出表单控件和命令。常用的属性和取值见表 3-12,使用 CSS 来设置菜单列表的样式。

表 3-12 <menu>标签常用的属性和取值

属 性	值	描 述
label	text	规定菜单的可见标签
type	popup toolbar	规定要显示哪种菜单类型

3.6.2 <menuitem>标签

<menuitem>标签定义用户可以从弹出菜单调用的命令/菜单项目,常用的属性和取值见表 3-13。仅 Firefox 8.0 以及更高的版本支持<menuitem>标签。

表 3-13 <menuitem>标签常用的属性和取值

属 性	值	描 述
checked	checked	规定在页面加载后选中命令/菜单项目。仅适用于 type="radio"或 type="checkbox"
default	default	把命令/菜单项设置为默认命令
disabled	disabled	规定命令/菜单项应该被禁用
icon	URL	规定命令/菜单项的图标
open	open	定义 details 是否可见
label	text	必需。规定命令/菜单项的名称,以向用户显示

续表

属　性	值	描　述
radiogroup	groupname	规定命令组的名称，命令组会在命令/菜单项本身被切换时进行切换。仅适用于 type="radio"
type	checkbox command radio	规定命令/菜单项的类型。默认是"command"

3.6.3　<command>标签

<command>标签可以定义命令按钮，如单选按钮、复选框或按钮，常用的属性和取值见表 3-14。只有当 command 元素位于 menu 元素内时，该元素才是可见的，否则不会显示这个元素，但是可以用它规定键盘快捷键。只有 Internet Explorer 9(更早或更晚的版本都不支持)支持<command>标签。

表 3-14　<command>标签常用的属性和取值

属　性	值	描　述
checked	checked	定义是否被选中。仅用于 radio 或 checkbox 类型
disabled	disabled	定义 command 是否可用
icon	URL	定义作为 command 来显示的图像的 URL
label	text	为 command 定义可见的 label
radiogroup	groupname	定义 command 所属的组名。仅在类型为 radio 时使用
type	checkbox command radio	定义该 command 的类型。默认是"command"

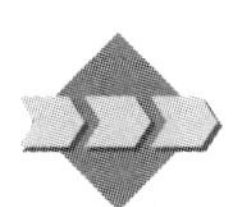

3.7　<ruby>注释标签

<ruby>标签用于标记定义、注释或音标。<ruby>以及<rt>标签一同使用时，ruby 元素由一个或多个字符(需要一个解释/发音)和一个提供该信息的 rt 元素组成。<rt>标记定义对 ruby 的注释内容文本，显示在上方。<rp>告诉那些不支持 Ruby 元素的浏览器如何去显示，支持 ruby 元素的浏览器不会显示 rp 标签元素的内容。

【例 3-26】　<ruby>标签实例。

```
<!DOCTYPE html>
<html lang="zh-CN">
<head>
    <meta charset="UTF-8" />
    <title>ruby,rp 和 rt</title>
</head>
<body>
    <ruby>
        滕<rp>(</rp>
        <rt>téng</rt>
```

```
        <rp>)</rp>
        王 <rp>(</rp>
        <rt> wáng </rt>
        <rp>)</rp>
        阁 <rp>(</rp>
        <rt> gé </rt>
        <rp>)</rp>
    </ruby>
</body>
</html>
```

显示效果如图 3-26 所示。

téngwánggé
滕 王 阁

图 3-26 <ruby>标签实例

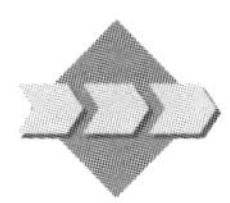

3.8 <canvas> API 画图

<canvas>是 HTML5 新增的一个使用 JavaScript 脚本绘制图像的元素，可以用来制作照片集或者制作简单的动画，甚至可以进行实时视频处理和渲染。

3.8.1 canvas 的基本元素

<canvas>标签定义图形，如图表和其他图像。<canvas>标签只是图形容器，必须使用脚本来绘制图形。例如，<canvas id="tutorial" width="300" height="300" style="border：1px solid red;"></canvas>。

支持<canvas>的浏览器会只渲染<canvas>标签，而忽略其中的替代内容。不支持<canvas>的浏览器则会直接渲染替代内容，用文本替换。所以可以在标签内添加内容提示用户浏览器是否支持<canvas>标签。

<canvas>看起来和<img>标签一样，只是<canvas>只有两个可选的属性 width、height 属性，而没有 src 和 alt 属性。

如果不给<canvas>设置 width、height 属性时，则默认 width=300px，height=150px。可以使用 css 属性设置宽高，但是如果宽高属性和初始比例不一致，会出现扭曲。所以，建议不要使用 css 属性来设置<canvas>的宽高。

【例 3-27】 <canvas>标签实例。

```
<!DOCTYPE html>
<html lang="zh-CN">
<head>
    <meta charset="UTF-8" />
    <title> canvas </title>
</head>
<body>
    <canvas id="myCanvas"></canvas>
    <script type="text/JavaScript">
        var canvas = document.getElementById('myCanvas');
```

```
        var ctx = canvas.getContext('2d');
        ctx.fillStyle = '#FF0000';
        ctx.fillRect(0, 0, 80, 100);
    </script>
</body>
</html>
```

图 3-27 <canvas>标签实例

显示效果如图 3-27 所示。

3.8.2 canvas 设置画布绘制状态

图形的基本元素是路径，路径是通过不同颜色和宽度的线段或曲线相连形成的不同形状的点的集合。一旦路径生成，就能通过描边或填充路径区域来渲染图形。需要使用的方法如下。

beginPath()：新建一条路径，路径一旦创建成功，图形绘制命令指向生成的路径，如 ctx.beginPath()；//新建一条路径。

moveTo(x1, y1)：把画笔移动到指定的坐标(x1, y1)。相当于设置路径的起始点坐标，如 ctx.moveTo(50, 50)；//把画笔移动到指定的坐标。

lineTo(x2,y2)：绘制一条从(x1,y1)到指定坐标(x2,y2)的直线，如果(x1,y1)和(x2,y2)两点坐标一样则什么都不发生。例如，ctx.lineTo(200, 80)；//绘制一条从当前位置到指定坐标(200,80)的直线。

closePath()：闭合路径之后，图形绘制命令又重新指向到上下文中。如果绘制了两条线，这两条线不在一条直线上时，使用 closePath()会自动连接成一个三角形。

stroke()：通过线条来绘制图形轮廓，stroke()不会自动闭合路径。

以上步骤完成之后可以通过 fill()方法将闭合路径内部填充。例如：

```
ctx.beginPath();            //新建一条路径
ctx.moveTo(50, 50);         //把画笔移动到指定的坐标
ctx.lineTo(200, 80);        //绘制一条从当前位置到指定坐标(200,80)的直线
ctx.lineTo(100, 80);        //闭合路径。会拉一条从当前点到 path 起始点的直线。如果当前点与起
                            //始点重合,则什么都不做
ctx.closePath();
ctx.stroke();               //绘制路径
ctx.fill();
```

得到填充好的闭合路径。此外，填充的颜色可以通过 fillStyle()方法来设置。

不仅可以设置路径图案的外观，也可以设置路径本身的属性，通过不同的方式，能将路径的颜色改变，还有路径的线宽，以及线段末端样式(线段末端以方块、圆形结束)等属性，都可以通过相应的方法和属性改变。

改变路径颜色 strokeStyle=color。

改变路径线宽 linestyle=x(x 默认为 1.0 且只能为正值)。

改变线条末端样式 lineCap=type，有三个值：butt 表示线段末端以方形结束，round 表示线段末端以圆形结束，square 表示线段末端以方形结束，但是增加了一个宽度和线段相同，高度是线段厚度一半的矩形区域。

渐变可以填充于矩形、圆形、线条、文本等，各种形状可以自己定义不同的颜色。以下有两种不同的方式来设置 canvas 渐变。

createLinearGradient(x,y,x1,y1)——创建线条渐变。

createRadialGradient(x,y,r,x1,y1,r1)——创建一个径向/圆渐变。

使用渐变对象时,必须使用两种或两种以上的停止颜色。

addColorStop()方法指定颜色停止,参数使用坐标来描述,可以是0～1。

使用渐变时,先设置 fillStyle 或 strokeStyle 的值为渐变,然后绘制形状,如矩形、文本或一条线。

```
createLinearGradient(x0,y0,x1,y1) ——创建线条渐变
//x0,渐变开始点的 x 坐标
//y0,渐变开始点的 y 坐标
//x1,渐变结束点的 x 坐标
//y1,渐变结束点的 y 坐标
createLinearGradient()——创建一个线性渐变,使用渐变填充矩形.
```

【例 3-28】 canvas 的渐变填充。

```
<!DOCTYPE html>
<html lang="zh-CN">
<head>
    <meta charset="UTF-8" />
    <title>canvas 画布</title>
    <script>
        function draw() {
            var canvas = document.getElementById('myCanvas');
            if (!canvas.getContext) return;
            var ctx = canvas.getContext("2d");
            //创建渐变
            var grd = ctx.createLinearGradient(0, 0, 200, 0);
            grd.addColorStop(0, "red");
            grd.addColorStop(1, "white");
            //填充渐变
            ctx.fillStyle = grd;
            ctx.fillRect(10, 10, 150, 80);
        }
    </script>
</head>
<body>
    <canvas id="myCanvas"></canvas>
    <script>
        draw();
    </script>
</body>
</html>
```

程序运行效果如图 3-28 所示。

使用 createRadialGradient(x0,y0,r0,x1,y1,r1)创建一个径向渐变,使用径向渐变填充矩形。

图 3-28 渐变结果

```
//x0,渐变的开始圆的 x 坐标;y0,渐变的开始圆的 y 坐标;r0,开始圆的半径
//x1,渐变的结束圆的 x 坐标;y1,渐变的结束圆的 y 坐标;r1,结束圆的半径
```

【例 3-29】　径向渐变使用实例。

```
<!DOCTYPE html>
<html lang="zh-CN">
<head>
    <meta charset="UTF-8" />
    <title>canvas 画布</title>
    <script>
        function draw() {
            var canvas = document.getElementById('myCanvas');
            if (!canvas.getContext) return;
            var ctx = canvas.getContext("2d");
            //创建渐变
            var grd = ctx.createRadialGradient(75, 50, 5, 90, 60, 100);
            grd.addColorStop(0, "red");
            grd.addColorStop(1, "white");
            //填充渐变
            ctx.fillStyle = grd;
            ctx.fillRect(10, 10, 150, 80);
        }
    </script>
</head>
<body>
    <canvas id="myCanvas"></canvas>
    <script>
        draw();
    </script>
</body>
</html>
```

图 3-29　径向渐变结果

程序运行效果如图 3-29 所示。

保存和恢复绘制状态。save()和 restore()方法是用来保存和恢复 canvas 状态的，都没有参数，是绘制复杂图形时必不可少的操作。

save()：canvas 状态存储在栈中，每当 save()方法被调用后，当前的状态就被推送到栈中保存。一个绘画状态包括：当前应用的变形(即移动、旋转和缩放)；strokeStyle，fillStyle，globalAlpha，lineWidth，lineCap，lineJoin，miterLimit，shadowOffsetX，shadowOffsetY，shadowBlur，shadowColor，globalCompositeOperation 的值；当前的裁切路径(clipping path)。可以调用任意多次 save()方法，类似数组的 push()方法。

restore()：上一个保存的状态从栈中弹出，所有设定都恢复，类似数组的 pop()方法。

【例 3-30】　保存和恢复实例。

```
<!DOCTYPE html>
<html lang="zh-CN">
<head>
    <meta charset="UTF-8" />
    <title>canvas 画布</title>
    <script>
        function draw() {
            var canvas = document.getElementById('myCanvas');
                if(!canvas.getContext) return;
```

```
                var ctx = canvas.getContext("2d");
                ctx.fillRect(0, 0, 150, 150);              //使用默认设置绘制一个矩形
                ctx.save();                                //保存默认状态
                ctx.fillStyle = 'red'                      //在原有配置基础上对颜色做改变
                ctx.fillRect(15, 15, 120, 120);            //使用新的设置绘制一个矩形
                ctx.save();                                //保存当前状态
                ctx.fillStyle = '#FFF'                     //再次改变颜色配置
                ctx.fillRect(30, 30, 90, 90);              //使用新的配置绘制一个矩形
                ctx.restore();                             //重新加载之前的颜色状态
                ctx.fillRect(45, 45, 60, 60);              //使用上次的配置绘制一个矩形
                ctx.restore();                             //加载默认颜色配置
                ctx.fillRect(60, 60, 30, 30);              //使用加载的配置绘制一个矩形
        }
    </script>
</head>
<body>
    <canvas id="myCanvas"></canvas>
    <script>
        draw();
    </script>
</body>
</html>
```

程序运行效果如图 3-30 所示。

可以发现,矩形的 fillStyle 共变化了 4 次。先是保存 fillStyle 默认的黑色填充颜色将其设置成了红色,然后再次保存红色的填充色,变更为白色。之后使用 restore()重新加载了上一次 save()的红色填充色,重置了填充色。最后再次使用 restore()把最开始保存的黑色设为填充物的颜色。

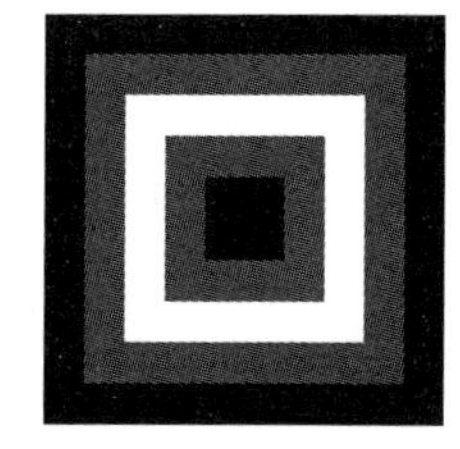

图 3-30　保存和恢复结果

3.8.3　canvas 绘制图像

drawImage()方法用于在画布上绘制图像、画布或视频。drawImage()方法也能够绘制图像的某些部分,以及/或者增加或减少图像的尺寸。

在画布上定位图像的方法如下。

```
context.drawImage(img,x,y);                          //在画布上定位图像,并规定图像的宽度和高度
context.drawImage(img,x,y,width,height);             //剪切图像,并在画布上定位被剪切的部分
context.drawImage(img,sx,sy,swidth,sheight,x,y,width,height);
//img,规定要使用的图像、画布或视频
//sx 可选。开始剪切的 x 坐标位置
//sy 可选。开始剪切的 y 坐标位置
//swidth 可选。被剪切图像的宽度
//sheight 可选。被剪切图像的高度
//x,在画布上放置图像的 x 坐标位置
//y,在画布上放置图像的 y 坐标位置
//width 可选。要使用的图像的宽度(伸展或缩小图像)
//height 可选。要使用的图像的高度(伸展或缩小图像)
```

【例 3-31】　canvas 绘制视频图像实例。

```
<!DOCTYPE html>
<html lang="zh-CN">
<head>
    <meta charset="UTF-8" />
    <title>canvas 画布</title>
</head>
<body>
    <video id="video1" controls width="270" autoplay>
        <source src="英语.mp4" type='video/mp4'>
    </video>
    <p>画布 (代码在每 20 毫秒绘制当前的视频帧):</p>
    <canvas id="myCanvas" style="border:1px solid #d3d3d3;"></canvas>
    <script>
        var v = document.getElementById("video1");
        var c = document.getElementById("myCanvas");
        ctx = c.getContext('2d');
        v.addEventListener('play', function () {
            var i = window.setInterval(function () {
                ctx.drawImage(v, 5, 5, 260, 125)
            }, 20);
        }, false);
        v.addEventListener('pause', function () {
            window.clearInterval(i);
        }, false);
        v.addEventListener('ended', function () {
            clearInterval(i);
        }, false);
    </script>
</body>
</html>
```

canvas 每隔 20ms 绘制当前的视屏帧,以显示视频,如图 3-31 所示。

画布 (代码在每20毫秒绘制当前的视频帧):

图 3-31 canvas 绘制视频图像

【例 3-32】 canvas 绘制图像实例。

```
<!DOCTYPE html>
<html lang="zh-CN">
<head>
    <meta charset="UTF-8" />
    <title>canvas 画布</title>
</head>
<body>
    <p>要使用的图片:</p>
    <img id="flower" src="baidu.png" style=
"width: 250px;height: 300px;">
    <p>画布:</p>
    <canvas id="myCanvas06" width="250" height=
"300" style=" border: 1px solid # d3d3d3;" >
</canvas>
    <canvas id="myCanvas0602" width="250"
height="300" style="border:1px solid #d3d3d3;">
```

```
        </canvas>
        <script>
            var c = document.getElementById("myCanvas06");
            var ctx = c.getContext("2d");
            var c2 = document.getElementById("myCanvas0602");
            var ctx2 = c2.getContext("2d");
            var img = document.getElementById("flower");
            img.onload = function () {
                ctx.drawImage(img, 10, 10, 150, 180);
                //按照 150 * 180 大小绘制图片
                ctx2.drawImage(img, 120, 50, 220, 200, 10, 10, 220, 200);
                //在图片的(120,50)点处剪切一张 220 * 200 大小的截图放在 canvas 画布的(10,10)的
                //位置处
            }
        </script>
    </body>
    </html>
```

程序运行的结果如图 3-32 所示。

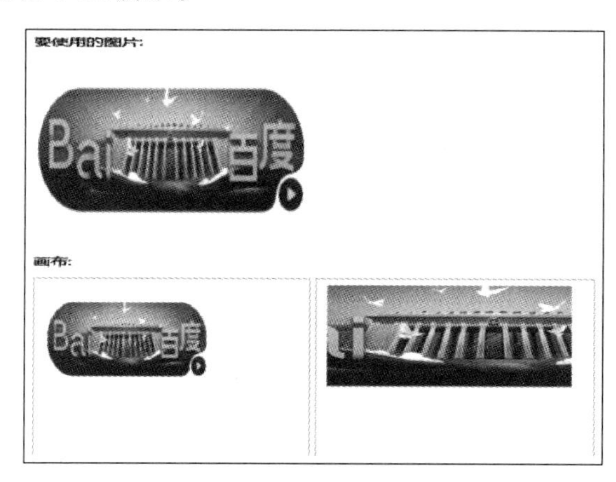

图 3-32　canvas 绘制图像

3.8.4　canvas 绘制图形

绘制圆弧有以下两个方法。

```
arcTo(x1, y1, x2, y2, radius)
```

根据给定的控制点和半径画一段圆弧，最后再以直线连接两个控制点。绘制的弧形是由两条切线所决定的。

第 1 条切线：由起始点和控制点 1 决定的直线。

第 2 条切线：由控制点 1 和控制点 2 决定的直线。

其实绘制的圆弧就是与这两条直线相切的圆弧。

```
arc(x, y, r, startAngle, endAngle, anticlockwise)
```

以(x,y)为圆心，以 r 为半径，从 startAngle 弧度开始到 endAngle 弧度结束。anticlosewise 是布尔值，true 表示逆时针，false 表示顺时针(默认是顺时针)。

这里的度数都是指弧度，radians=(Math.PI/180) * degrees//角度转换成弧度。

【例 3-33】 canvas 绘制弧线。

```
<!DOCTYPE html>
<html lang="zh-CN">
<head>
    <meta charset="UTF-8" />
    <title>canvas 画布</title>
</head>
<body>
    <canvas id="myCanvas0701" width="250" height="300" style="border:1px solid #d3d3d3;">
</canvas>
    <canvas id="myCanvas0702" width="250" height="300" style="border:1px solid #d3d3d3;">
</canvas>
    <script>
        function draw() {
            var c = document.getElementById("myCanvas0701");
            if (!c.getContext) return;
            var ctx = c.getContext("2d");
            var c2 = document.getElementById("myCanvas0702");
            if (!c2.getContext) return;
            var ctx2 = c2.getContext("2d");
            ctx.beginPath();
            ctx.moveTo(50, 50);
            //参数 1、2:控制点 1 坐标,参数 3、4:控制点 2 坐标,参数 5:圆弧半径
            ctx.arcTo(200, 50, 200, 200, 100);
            ctx.lineTo(200, 200)
            ctx.stroke();
            ctx.beginPath();
            ctx.rect(50, 50, 10, 10);
            ctx.rect(200, 50, 10, 10)
            ctx.rect(200, 200, 10, 10)
            ctx.fill();
            ctx2.beginPath();
            ctx2.arc(50, 200, 150, 0, (Math.PI * 3) / 2, true);
            ctx2.stroke();
        }
        draw();
    </script>
</body>
</html>
```

程序运行的结果如图 3-33 所示。

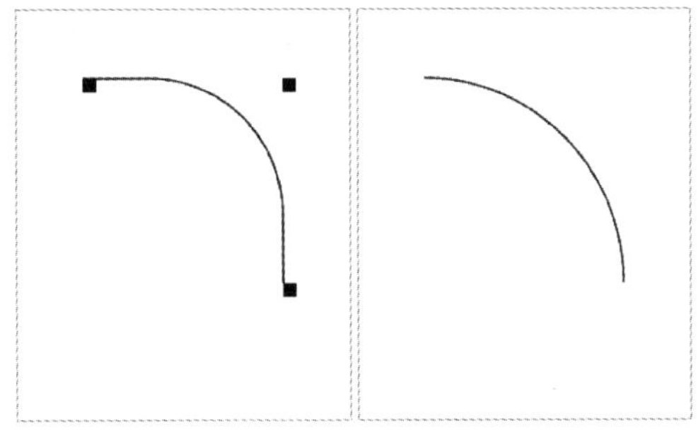

图 3-33 canvas 绘制弧线

3.8.5 canvas 绘制文本

canvas 提供了以下两种方法来渲染文本。

fillText(text, x, y)：在指定的(x,y)位置填充指定的文本。

strokeText(text, x, y)：在指定的(x,y)位置绘制文本边框。

【例 3-34】 canvas 绘制文本实例。

```
<!DOCTYPE html>
<html lang="zh-CN">
<head>
    <meta charset="UTF-8" />
    <title>canvas 画布</title>
</head>
<body>
    <canvas id="MyCanvas08" width="650px" height="300px" style="border: 1px solid red;" >
</canvas>
    <script>
       function draw() {
         var canvas = document.getElementById('MyCanvas08');
         if(!canvas.getContext) return;
         var ctx = canvas.getContext("2d");
         ctx.font = "30px sans-serif";
         ctx.fillText("5G 网络升级进行时 独立组网将成未来主旋律", 10, 100);
         ctx.strokeText("老人最担心支付安全'折中'方式可解决", 10, 200);
           }
           draw();
    </script>
</body>
</html>
```

程序运行的结果如图 3-34 所示。

此外，还可以给文本添加样式。

font = value：当前用来绘制文本的样式。这个字符串使用和 CSS font 属性相同的语法。默认的字体是 10px sans-serif。

5G网络升级进行时 独立组网将成未来主旋律

老人最担心支付安全“折中”方式可解决

图 3-34 canvas 绘制文本

textAlign = value：文本对齐选项。可选的值包括：start、end、left、right 和 center，默认值是 start。

textBaseline = value：基线对齐选项。可选的值包括：top、hanging、middle、alphabetic、ideographic、bottom，默认值是 alphabetic。

direction = value：文本方向。可能的值包括：ltr、rtl、inherit，默认值是 inherit。

3.8.6 canvas 特效

canvas 有如下多个与阴影相关的属性。

shadowOffsetX：阴影在 X 轴上的偏移量，单位为像素。默认值为 0，阴影位于图形正下方，阴影是不可见的。大于 0 时向右偏移，小于 0 时向左偏移。阴影偏移量越大，产生的阴影也越大，同时会感觉绘制的图形在画布上浮得也越高。

shadowOffsetY：阴影在Y轴上的偏移量，单位为像素。默认值为0，阴影位于图形正下方，阴影是不可见的。大于0时向下偏移，小于0时向上偏移。阴影偏移量越大，产生的阴影也越大，同时会感觉绘制的图形在画布上浮得也越高。

shadowColor：阴影的颜色，其默认值为完全透明的黑色。因此，如果没有把该属性设置为不透明，则阴影是不可见的。该属性只能设置为一个表示颜色的字符串，不能使用渐变或图案。使用半透明的阴影可以产生很逼真的阴影效果，因为透过阴影还能看到背景。

shadowBlur：阴影的模糊值。是一个与像素无关的值，被用于高斯模糊方程中，以便对阴影进行模糊化处理。默认值为0，表示产生一个清晰的阴影。该值越大，表示阴影越模糊。

根据canvas规范，只有在满足以下两个条件时，浏览器才会绘制阴影：一是指定了一个非全透明的shadowColor属性值；二是shadowOffsetX、shadowOffsetY、shadowBlur三个属性至少有一个不是0。

<canvas>可以设置透明度。

globalAlpha属性设置或返回绘图的当前透明值(alpha或transparency)。

globalAlpha属性值必须是介于0.0(完全透明)～1.0(不透明)的数字。

context.globalAlpha=number// number取值区间为0.0～1.0，默认值为1.0。

事实上，<canvas>标签的本质就是一张图片，但是这个图片是作为一块“画布”，同时可以使用多种方法或者更改相应属性作为“画笔”来绘制这张“画布”，通过图片的剪切、透明度和大小以及文字的大小、颜色，透明度的设置等就可以完成想要的图片的合成。

3.8.7 canvas图形几何变化

位移translate(x,y)：将canvas画布进行位移显示。将坐标原点移动到(x,y)的位置，translate将原点移动之后，如果再次调用translate进行移动，那么会依照上一个translate移动之后的位置作为原点参考。

缩放scale(sx,sy)：将canvas画布进行缩放显示。sx缩放当前绘图的宽度(1=100%，0.5=50%，2=200%，以此类推)。sy缩放当前绘图的高度(1=100%，0.5=50%，2=200%，以此类推)。

旋转rotate(deg)：将canvas画布进行旋转显示。旋转角度deg，以弧度计。如需将角度转换为弧度，可使用degrees×Math.PI/180公式进行计算。

【例3-35】 canvas的几何变换实例。

```
<!DOCTYPE html>
<html lang="zh-CN">
<head>
    <meta charset="UTF-8" />
    <title>canvas画布</title>
</head>
<body>
    <canvas id="MyCanvas09" width="600px" height="600px" style="border: 1px solid red;">
</canvas>
    <script>
        function draw() {
            var canvas = document.getElementById('MyCanvas09');
            if (!canvas.getContext) return;
            var ctx = canvas.getContext("2d");
```

```
            var img = document.getElementById("flower");
            ctx.globalAlpha = 0.7;                   //设置透明度
            ctx.shadowOffsetX = 20;
            ctx.shadowOffsetY = 20;
            ctx.shadowColor = "blue";
            ctx.shadowBlur = 20;                     //设置阴影
            ctx.font = "50px sans - serif"           //设置字体大小
            ctx.fillText("社会·法治", 10, 100);
            ctx.save();                              //保存 canvas 画布设置
            ctx.translate(70, 70);                   //将原点位移到原来坐标系(70,70)的位置
            ctx.fillStyle = 'red';
            ctx.fillText("社会·法治", 10, 100);      //红色字体为位移之后字体
            ctx.save();
            ctx.fillStyle = 'yellow';
            ctx.rotate(50 * Math.PI / 180);
            ctx.fillText("社会·法治", 10, 200);      //黄色字体为旋转之后字体
            ctx.restore();
            ctx.scale(2, 2);
            ctx.fillStyle = 'pink';
            ctx.fillText("社会·法治", 10, 200);      //粉色字体为缩放之后字体
        }
        draw();
    </script>
</body>
</html>
```

程序运行的结果如图 3-35 所示。

图 3-35 canvas 几何变换

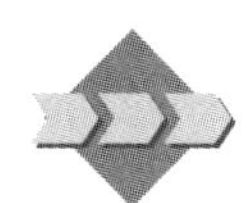

3.9 HTML5 地理定位

Geolocation 模块管理设备位置信息，用于获取地理位置信息，如经度、纬度等。经过 plus.geolocation 可获取设备位置管理对象。虽然 W3C 已经提供标准 API 获取位置信息，但在某些平台存在差别或未实现，为了保持各平台的统一性，定义此规范接口获取位置信息。

3.9.1 使用地理定位

HTML5 的地理定位是通过 Geolocation API（地理位置应用程序接口）提供的一个可以准确知道浏览器用户当前位置的方法。目前很多浏览器都有内置的 API，该 API 提供的用户地理位置信息包括经纬度、海拔、精确度和速度等信息。其位置的获取是通过收集用户周围的

无线热点和 PC 的 IP 地址，然后浏览器把这些信息发送给默认的位置定位服务提供者，也就是谷歌位置服务，由它来计算位置。最后用户的位置信息就在请求的网站上被共享出来。

为获取用户的地理位置信息，需要使用多个资源，不同资源对位置精确度的贡献是不一样的。对于桌面浏览器，通常使用 Wi-Fi(误差 20m)，或者 IP 位置(受城市的档次影响，会出错)。对于手机设备，倾向于使用测量学技术，例如 GPS(误差 10m，只能在户外使用)，Wi-Fi 或者是 GSM/CDMA 站点的 ID(误差 1000m)。

获取三维地理坐标信息的方式有 GPS(Global Positioning System，全球定位系统)。

目前世界上在用或在建的第 2 代全球卫星导航系统(GNSS)有：美国的 Global Positioning System(GPS)，苏联/俄罗斯的 Global Navigation Satellite System(GLONASS)，欧盟(欧洲是不准确的说法，包括中国在内的诸多国家也参与其中)的 Galileo satellite navigation system(GALILEO)，中国的 BeiDou(COMPASS) Navigation Satellite System (BDS)，日本的 Quasi-Zenith Satellite System(QZSS)，印度的 India Regional Navigation Satellite System(IRNSS)。以上 6 个系统中国都能使用。

也可以通过 Wi-Fi 定位获取三维地理坐标信息，但仅限于室内。

此外，可以通过手机信号定位：通过运营商的信号塔定位。对于拥有 GPS 的设备，如 iPhone，地理定位更加精确。可使用 getCurrentPosition()方法来获得用户的位置。

【例 3-36】 HTML5 的地理定位实例。

```
<!DOCTYPE html>
<html lang="zh-CN">
<head>
    <meta charset="UTF-8" />
    <title>地理定位</title>
</head>
<body>
    <p id="Location">单击这个按钮，获得您的位置：</p>
    <button onclick="getLocation()">试一下</button>
    <div id="mapholder"></div>
    <script>
        function getLocation() {
            if (navigator.geolocation) {
                navigator.geolocation.getCurrentPosition(showPosition);
            } else {
                x.innerHTML = "Geolocation is not supported by this browser.";
            }
        }
        function showPosition(position) {
            x.innerHTML = "Latitude: " + position.coords.latitude +
                "<br />Longitude: " + position.coords.longitude;
        }
    </script>
</body>
</html>
```

程序运行的结果如图 3-36 所示，单击“试一下”按钮，再单击“了解你的位置”对话框中的“允许”按钮，将得到如图 3-37 所示的位置信息。

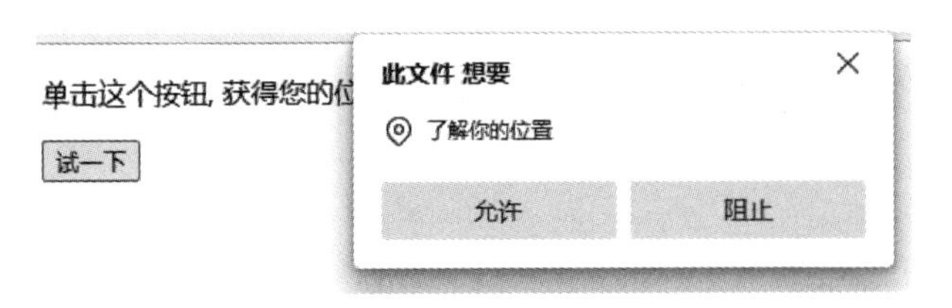

图 3-36　地理定位结果

单击这个按钮, 获得您的位置:
试一下
Latitude: 31.2998
Longitude: 120.5853

图 3-37　位置信息

3.9.2　处理地理定位错误

getCurrentPosition()方法的第二个参数用于处理错误，它规定当获取用户位置失败时运行的函数。

【例 3-37】 getCurrentPosition()的错误处理。

```
<!DOCTYPE html>
<html lang="zh-CN">
<head>
    <meta charset="UTF-8" />
    <title>地理定位</title>
</head>
<body>
    <p id="demo">单击这个按钮,获得您的坐标:</p>
    <button onclick="getLocation()">试一下</button>
    <script>
        var x = document.getElementById("demo");
        function getLocation() {
            if (navigator.geolocation) {
                navigator.geolocation.getCurrentPosition(showPosition, showError);
            } else {
                x.innerHTML = "Geolocation is not supported by this browser.";
            }
        }
        function showPosition(position) {
            x.innerHTML = "经度: " + position.coords.latitude +
                "<br />纬度: " + position.coords.longitude;
        }
        function showError(error) {
            switch (error.code) {
                case error.PERMISSION_DENIED:
                    x.innerHTML = "User denied the request for Geolocation."
                    break;
                case error.POSITION_UNAVAILABLE:
                    x.innerHTML = "Location information is unavailable."
                    break;
                case error.TIMEOUT:
                    x.innerHTML = "The request to get user location timed out."
                    break;
                case error.UNKNOWN_ERROR:
                    x.innerHTML = "An unknown error occurred."
                    break;
```

```
            }
        }
    </script>
</body>
</html>
```

程序运行的结果如图 3-38 所示。

经度: 31.2998
纬度: 120.5853
试一下

图 3-38 返回的位置信息

3.9.3 指定地理定位选项

若 geolocation . getCurrentPosition()返回数据成功,则返回一个对象,包括 latitude、longitude 和 accuracy,详情如表 3-15 所示。

表 3-15 getCurrentPosition()的返回值

属　　性	描　　述
coords. latitude	十进制数的纬度
coords. longitude	十进制数的经度
coords. accuracy	位置精度
coords. altitude	海拔,海平面以上以 m 计
coords. altitudeAccuracy	位置的海拔精度
coords. heading	方向,从正北开始以(°)计
coords. speed	速度,以 m/s 计
timestamp	响应的日期/时间

3.9.4 监控位置

watchPosition()返回用户的当前位置,并继续返回用户移动时的更新位置。clearWatch()停止 watchPosition()方法。下面的例子展示了 watchPosition()方法,需要一台精确的 GPS 设备来测试该例(如 iPhone)。

【例 3-38】 监控位置实例。

```
<!DOCTYPE html>
<html lang="zh-CN">
<head>
    <meta charset="UTF-8" />
    <title>地理定位</title>
</head>
<body>
    <p id="demo">单击这个按钮,获得您的坐标:</p>
    <button onclick="getLocation()">试一下</button>
    <script>
        var x = document.getElementById("demo");
        function getLocation() {
            if (navigator.geolocation) {
                navigator.geolocation.watchPosition(showPosition);
            }
            else { x.innerHTML = "Geolocation is not supported by this browser."; }
        }
        function showPosition(position) {
```

```
            x.innerHTML = "Latitude: " + position.coords.latitude +
                "<br />Longitude: " + position.coords.longitude;
        }
    </script>
</body>
</html>
```

3.9.5 地理定位的社会问题

1. 数据保护

地理位置属于用户的隐私信息之一，因此浏览器不会直接把用户的地理位置信息呈现出来，当需要获取用户地理位置信息的时候，浏览器会询问用户，是否愿意透露自己的地理位置信息。如果选择不共享，则浏览器不会做任何事情。如果一不小心对某个站点共享了地理位置，也可以随时将其取消。如果使用 Microsoft Edge 浏览器，可通过以下路径设置：Set 选项→Cookie 和网站权限→所有权限→位置，如图 3-39 所示。进入后可以设置访问前询问、阻止和允许，也可以删除允许的网址，如图 3-40 所示。如果使用 Chrome 浏览器，则在地址栏的第 1 个图标处选择继续允许或禁止使用位置信息，如图 3-41 所示。

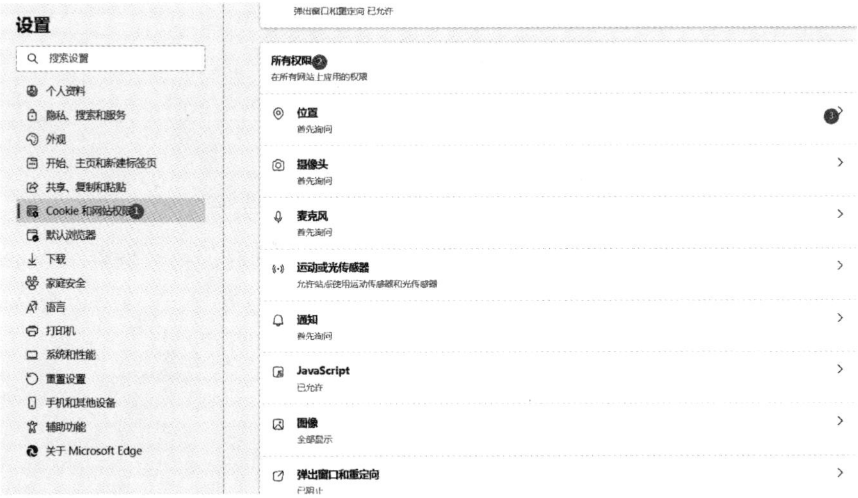

图 3-39　Microsoft Edge 浏览器的位置权限菜单

图 3-40　Microsoft Edge 浏览器的位置权限操作

图 3-41 Chrome 浏览器的位置权限操作

2. 法律问题

新修订的《中华人民共和国测绘法》于 2017 年 7 月 1 日起正式实施。新修订的测绘法在维护国家地理信息安全和对个人信息的保护、加强卫星导航定位基准站管理、促进测绘成果社会化应用等方面进行了修改完善。

作为国家重要的基础性、战略性信息资源，地理信息与国家的安全息息相关。技术的进步让地理信息采集与传输更加便捷，与此同时也暴露出诸多安全隐患，因此，新测绘法把维护国家地理信息安全作为重要立法目的，在国家地理信息采集、管理、使用、保密等方面均做出规定，对于泄漏国家秘密地理信息构成犯罪的，追究刑事责任。此外，个人地理信息也首次纳入法律保护，明确提出了地理信息生产、利用单位及各互联网地图服务提供者收集、使用用户个人信息的，应当遵守法律、行政法规关于个人的信息保护。

为促进全社会使用正确表达国家版图的地图，新修订的测绘法规定，地图的编制、出版、展示、登载及更新应当遵守国家有关地图编制标准、地图内容表示、地图审核的规定；互联网地图服务提供者应当使用经依法审核批准的地图，建立地图数据安全管理制度，加强对互联网地图新增内容的核校，提高服务质量。

3. 能源问题

getCurrentPosition()方法的电池消耗很低，只使用一次 GPS。每 2min 调用一次 getCurrentPosition()，对有些用户可能已经足够了。但是使用 watchPosition()时比较耗电，GPS 基本上会一直尝试不断地获取新位置。

4. 权限问题

尽管 HTML5 提供了地理定位功能，但是由于中国大陆不能直接访问到 Google 的服务器，因此会一直处于加载状态，无法获得数据。可以通过高德地图提供的 API 使用：首先注册账号，申请成为地图开发者，获取密码，然后创建应用。

高德地图 JSAPI 是一套 JavaScript 语言开发的地图应用编程接口，移动端、PC 端一体化设计，一套 API 兼容众多系统平台。目前 JSAPI 免费开放使用，提供了 2D、3D 地图模式，满足绝大多数开发者对地图展示、地图自定义、图层加载、点标记添加、矢量图形绘制的需求，同时也提供了 POI 搜索、路线规划、地理编码、行政区查询、定位等众多开放服务接口。高德地图的使用请参考 https://lbs.amap.com/api/JavaScript-api/summary。

第 1 步，准备工作。在 https://console.amap.com/dev/index 注册开发者账号，成为高德开放平台开发者。登录之后，进入“应用管理”页面“创建新应用”。为应用添加 key，“服务平台”一项选择“Web 端(JSAPI)”，设置域名白名单(可选项，建议设置)。添加成功后，可获取到 key 值和安全密钥(注意：自 2021 年 12 月 2 日升级，升级之后，新增 key 必须配备安全密钥一起使用)。

第 2 步,在代码中添加。在页面上添加 JSAPI 的入口脚本标签,并将其中的“申请的 key 值”替换为刚刚申请的 key:

```
<script type="text/JavaScript"
src="https://webapi.amap.com/maps?v=1.4.15&key=您申请的 key 值"></script>
```

添加 HTML <div>标签作为地图容器,同时为该<div>指定 id 属性:

```
<div id="container"></div>
```

为地图容器指定高度、宽度 CSS:

```
#container {width:300px; height: 180px; }
```

强烈建议用 JSAPI key 搭配代理服务器并携带安全密钥转发(安全)。引入地图 JSAPI 脚本之前增加代理服务器设置脚本标签,设置代理服务器域名或地址,并用代理服务器域名或地址将“代理服务器域名或地址”替换为代理服务器域名或 IP 地址。这个设置必须是在 JSAPI 的脚本引入之前进行设置,否则设置无效。

```
<script type="text/JavaScript">
        window._AMapSecurityConfig = {
            serviceHost:'您的代理服务器域名或地址',
//例如:serviceHost:'http://10.28.73.10:80',}
</script>
```

不建议 JSAPI key 搭配静态安全密钥以明文设置(不安全)。引入地图 JSAPI 脚本之前设置 JSAPI 安全密钥的脚本标签,并将安全密钥“您申请的安全密钥”替换为自己的安全密钥。这个设置必须是在 JSAPI 的脚本加载之前设置,否则设置无效。

```
<script type="text/JavaScript">
        window._AMapSecurityConfig = {
            securityJsCode:'您申请的安全密钥',
        }
</script>
```

第 3 步,快速上手。快速了解地图、图层、点标记、矢量图形、信息窗体、事件的最基本使用方法。

简单创建一个地图只需要一行代码,构造参数中的 container 为准备阶段添加的地图容器的 id,创建的同时可以给地图设置中心点、级别、显示模式、自定义样式等属性。

```
<script>
        var map = new AMap.Map('container', {
        zoom:11,                            //级别
        center: [116.397428, 39.90923],     //中心点坐标
        viewMode:'3D'                       //使用 3D 视图
    });
        </script>
```

【例 3-39】 基于高德地图接口的实例。

```
<!Doctype html>
<html>
```

```
<head>
    <meta charset = "UTF - 8" />
    <script type = "text/JavaScript"          //通过注册得到一个 key
        src = "https://webapi.amap.com/maps?v = 1.4.15&key = a93c09a573446a8efee92635ce32 *** ">
       </script>
    <style>
        #container {
            width: 600px;
            height: 880px;
        }
    </style>
    <script type = "text/JavaScript">          //方法 1,使用 Open with Live Server 得到 IP 和端口
   window._AMapSecurityConfig = {serviceHost:'http://127.0.0.1:5500',
//例如:serviceHost:'http://10.28.73.10:80',
            }
      </script>
    <script type = "text/JavaScript">
        window._AMapSecurityConfig = {         //方法 2:直接使用密钥
            securityJsCode:'b9e03abb82f4cfa5660ea9a513a7 **** ',
        }
     </script>
</head>
<body>
    <div id = "container"></div>
    <script>
        var map = new AMap.Map('container', {
            zoom: 11,                          //级别
            center: [116.397428, 39.90923],    //中心点坐标
            viewMode: '3D'                     //使用 3D 视图
        });
    </script>
</body>
</html>
```

程序运行结果如图 3-42 所示。

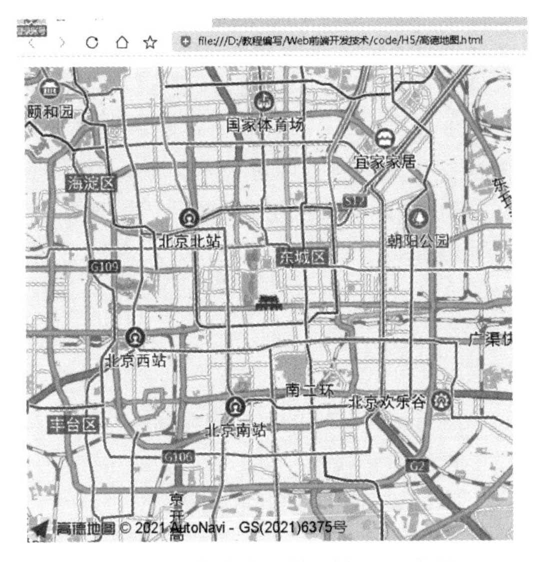

图 3-42　高德地图接口的 Web 应用

3.9.6 中国北斗导航地图的地理定位

中国北斗卫星导航系统(BeiDou Navigation Satellite System,BDS)是中国自行研制的全球卫星导航系统,也是继 GPS、GLONASS 之后的第三个成熟的卫星导航系统。北斗卫星导航系统(BDS)和美国 GPS、俄罗斯 GLONASS、欧盟 GALILEO,是联合国卫星导航委员会已认定的供应商。

北斗卫星导航系统由空间段、地面段和用户段三部分组成,可在全球范围内全天候、全天时地为各类用户提供高精度、高可靠定位、导航、授时服务,并且具备短报文通信能力,已经初步具备区域导航、定位和授时能力,定位精度为 dm、cm 级别,测速精度 0.2m/s,授时精度 10ns。

2020 年 7 月 31 日上午,北斗三号全球卫星导航系统正式开通。全球范围内已经有 137 个国家与北斗卫星导航系统签下了合作协议。随着全球组网的成功,北斗卫星导航系统未来的国际应用空间将会不断扩展。

2020 年 12 月 15 日,北斗导航装备与时空信息技术铁路行业工程研究中心成立。

2021 年 5 月 26 日,在中国南昌举行的第十二届中国卫星导航年会上,中国北斗卫星导航系统主管部门透露,中国卫星导航产业年均增长达 20%以上。截至 2020 年,中国卫星导航产业总体产值已突破 4000 亿元。

中国高度重视北斗系统的建设发展,自 20 世纪 80 年代开始探索适合国情的卫星导航系统发展道路,形成了“三步走”发展战略。

第一步建设北斗一号系统。1994 年,启动北斗一号系统工程建设。2000 年,发射两颗地球静止轨道卫星,建成系统并投入使用,采用有源定位体制,为中国用户提供定位、授时、广域差分和短报文通信服务。2003 年发射第三颗地球静止轨道卫星,进一步增强系统性能。

第二步建设北斗二号系统。2004 年,启动北斗二号系统工程建设;2012 年年底,完成 14 颗卫星(5 颗地球静止轨道卫星、5 颗倾斜地球同步轨道卫星和 4 颗中圆地球轨道卫星)发射组网。北斗二号系统在兼容北斗一号系统技术体制基础上,增加无源定位体制,为亚太地区用户提供定位、测速、授时和短报文通信服务。

第三步建设北斗三号系统。2009 年,启动北斗三号系统建设。从 2017 年年底开始,北斗三号系统建设进入了超高密度发射。2018 年年底,完成 19 颗卫星发射组网,完成基本系统建设,向全球提供服务。截至 2022 年 11 月,北斗卫星导航系统共有 45 颗卫星在轨提供服务。北斗三号系统继承北斗有源服务和无源服务两种技术体制,能够为全球用户提供基本导航(定位、测速、授时)、全球短报文通信、国际搜救服务,中国及周边地区用户还可享有区域短报文通信、星基增强、精密单点定位等服务。

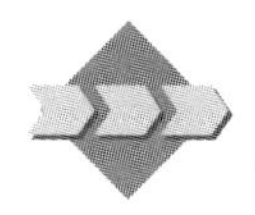

习题

1. 比较 localStorage 和 sessionStorage 的区别和联系。
2. 比较 datalist 和 select 的区别和联系。
3. 比较 output、meter 和 progress 的区别和联系。
4. 使用高德地图接口获取地理位置。
5. 使用 canvas API 画一个红色的五角星。

CSS样式设计基础

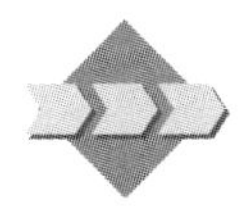

4.1 CSS 简介

4.1.1 CSS 的诞生

1993 年年初，浏览器 Mosaic 1.0 还没有发布，还没有什么方法可以给 HTML 添加样式。1993 年 6 月，Robert Raisch 在 www-talk 的邮件列表中给出了一个提案，创建了一个样式信息的格式"，取名 RRP，目的是作为"一系列指导渲染的指示或者建议的集合"，而不是作为标准。RRP 并不支持如今所用的"层叠"样式表。Mosaic 的创始人知道 RRP 提案，但是并没有在 Mosaic 中实现。

后来，生于中国台湾的魏培源(Pei-Yuan Wei)花了四天时间写出了图形化的浏览器 ViolaWWW，创建了一个样式表语言，支持某种嵌套式的结构，这已经用在了今天的 CSS 之中。ViolaWWW 浏览器用了有层次嵌套性的样式表，率先支持用< link >标签引用外部样式表。但各家浏览器互不兼容，为此，1994 年 W3C 万维网联盟开始提供网络标准化建议。

4.1.2 CSS 的发展历程

1996 年，W3C 便提出了一个定义 CSS 的草案，很快这个草案成为一个被广泛采纳的标准。CSS1 定义了许多简单文本格式化属性，还定义了颜色、字体和边框、级联的原理、CSS 与 HTML 之间的链接机制等属性。

1998 年，W3C 又在原有草案的基础上进行了扩展，建立了 CSS2 规范功能。CSS2 使网络开发者能够使用 CSS 布置页面，为特定输出设备创建样式表，对于页面的接收样式部分具有精细的控制。CSS2 包含且扩展了 CSS1 中的所有属性和已经定义的值。

CSS3 是最新版本，朝着模块化发展。以前的规范模块比较大而且复杂。所以，把它分解为一些小的模块，如表 4-1 所示，包括盒子模型、列表模型、超链接方式、语言模块、背景和边框、文字效果、多栏布局等。

表 4-1 CSS3 各模块的规范情况

时间	名称	最后状态	模块
1999.01.27—2019.08.13	文本修饰模块	候选推荐	css-text-decor-3
1999.06.22—2018.10.18	分页媒体模块	工作草案	css-page-3
1999.06.23—2019.10.15	多列布局	工作草案	css-multicol-1
1999.06.22—2018.06.19	颜色模块	推荐	css-color-3
1999.06.25—2014.03.20	命名空间模块	推荐	css-namespaces-3
1999.08.03—2018.11.06	选择器	推荐	selectors-3
2001.04.04—2012.06.19	媒体查询	推荐	css3-mediaqueries
2001.05.17—2020.12.22	文本模块	候选推荐	css-text-3
2001.07.13—2021.02.11	级联和继承	推荐	css-cascade-3
2001.07.13—2019.06.06	取值和单位模块	候选推荐	css-values-3
2001.07.26—2020.12.22	基本盒子模型	候选推荐	css-box-3
2001.07.31—2018.09.20	字体模块	推荐	css-fonts-3
2001.09.24—2020.12.22	背景和边框模块	候选推荐	css-backgrounds-3
2002.02.20—2020.11.17	列表模块	工作草案	css-lists-3
2002.05.15—2020.08.27	行内布局模块	工作草案	css-inline-3
2002.08.02—2018.06.21	基本用户界面模块	推荐	css-ui-3
2003.05.14—2019.08.02	生成内容模块	工作草案	css-content-3
2003.08.13—2019.07.16	语法模块	候选推荐	css-syntax-3
2004.02.24—2014.10.14	超链接显示模块	工作组笔记	css3-hyperlinks
2005.12.15—2015.03.26	模板布局模块	工作组笔记	css-template-3
2006.06.12—2014.05.13	分页媒体模块生成内容	工作草案	css-gcpm-3
2008.08.01—2014.10.14	Marquee 模块	工作组笔记	css3-marquee
2009.07.23—2020.12.17	图像模块	候选推荐	css-images-3
2010.12.02— 2019.12.10	书写模式	推荐	css-writing-modes-3
2011.09.01—2020.12.08	条件规则模块	候选推荐	css3-conditionalr
2012.02.07—2020.05.19	定位布局模块	工作草案	css-position-3
2012.02.28—2018.12.04	片段模块	候选推荐	css-break-3
2012.06.12—2020.04.21	盒子排列模块	工作草案	css-align-3
2012.09.27—2020.12.18	宽高大小模块	工作草案	css-sizing-3
2012.10.09—2017.12.14	计数器风格	候选推荐	css-counter-styles-3
2013.04.18—2020.06.03	溢出模块	工作草案	css-overflow-3
2014.02.20—2020.12.18	显示类型模块	候选推荐	css-display-3

CSS4 的规范仍在制定中,直至现在 CSS4 也只有极少数功能被部分浏览器支持。

CSS 从 1996 年至今不断升级新技术和新产品。特别是 CSS3 有很多模块经历了少则几年,多则 20 年的修改提升,体现了精心打造、精工制作的理念,更体现了不断吸收最前沿的技术,创造出新成果的追求的工匠精神。

4.1.3 CSS 的作用

CSS 是 W3C 协会为弥补 HTML 在显示属性设定上的不足而制定的一套扩展样式标准。CSS 重新定义了 HTML 中原来文字的显示式样,并增加了一些新概念,例如,类、层等。CSS 还可以处理文字重叠、定位等,它提供了更丰富的样式。同时,CSS 可集中进行样式管理,允许将样式定义单独存储于样式文件中，把显示的内容和样式定义分离，便于多个文件共享。使用 CSS 可以很方便地管理显示格式方面的工作，它能够对网页上的元素精确地定位，让网页设计者在网页上自由控制文字图片，使它们按要求显示；它还能够实现把网页上的内容结构和格式控制相分离。浏览者想要看的是网页上的内容结构，而为了让浏览者更好地看到这些信息，就要通过格式控制来帮忙。内容结构和格式控制相分离使得网页可以仅由内容构成，而将所有网页的格式控制指向某个 CSS 样式表文件。这样就带来两方面的好处：简化了网页的格式代码，外部的样式表还可被浏览器保存在缓存里，从而加快下载的速度；只要修改保存着网站格式的 CSS 样式表文件，就可以改变整个站点的风格特色，在改页面数量庞大的站点时，显得格外有用，避免了一个一个地修改网页，大大减少了重复的工作量。

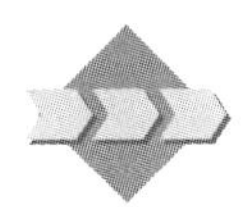

4.2 CSS 语法与使用

4-2 表格样式

4.2.1 CSS 定义语法

CSS 是一种格式化网页颜色、字体、间隔、定位以及边距等几十种属性的标准方法。可通过 Style 应用于 HTML 标记中，但篇幅限制，本书只讨论其中常见的几个属性，包括字体、颜色、背景等。CSS 样式表是由许多样式规则组成的，用来控制网页元素的显示方式。

【语法】

```
选择符{属性 1:值 1;属性 2:值 2;…}
```

规则由选择符以及紧跟其后的一系列“属性：值”对组成，所有“属性：值”对用“{}”包括，各“属性：值”对之间用分号“；”分隔。例如：

```
p{color:red; font - size:20pt}
```

其中，p 是选择符：color:red，font-size:20pt 是“属性：值”对，表示所有< p >标签中的文字颜色为红色、大小为 20 点。

样式属性值有以下几条规则：

(1) 如果属性的值由多个单词组成，则必须在值上加引号，如字体的名称经常是几个单词的组合：p{font-family：'sans serif'}；

(2) 属性值不区分大小写，如 small、Small、SMALL、smALL 都是一样的；

(3) 当属性值没有具体的单位表示物理意义时，就用数值表示，数值可以是整数或小数，可以是正数或负数；

(4) 用数值指定长度时，后面用两个字符组成单位的缩写，数字和单位之间不能用空格隔开。

常见的长度单位名称如表 4-2 所示，这些长度是近似值，取决于屏幕分辨率。

表 4-2 常见的长度单位

名称	像素	点	厘米	毫米	12 点活字
全称	pixel	point	centiment	millimeter	pica
缩写	px	pt	cm	mm	pc

相对长度 em,ex 分别表示当前字体的大小和字母 x 的高度。百分比类型的属性值表示相对于前面使用过的尺寸的百分比值。许多属性值可以被后代元素继承,如 font-size。如果定义< body >标签的字体大小为< body font-size:5px >,则文档中所有元素的字体大小默认都会继承这个值。也有部分属性是不能被继承的,如背景色、边距等。

4.2.2 CSS 的使用

CSS 规则由 Web 浏览器解释,HTML 和 CSS 标准对浏览器应该如何显示这些规则做了明确规定,但是它们并非总是遵守这些规定。用 CSS 设计网页,用户不但需要知道这些标准,还要理解浏览器的特性和缺点会如何影响 Web 设计。

如果浏览器在编写时,就让它理解所遇到的情况,那么它就会根据规范尝试显示相应的内容。如果浏览器不知道遇到的情况,就会忽略它。这两种选择可以认为是“正确执行”。否则,浏览器可能错误执行。浏览器可能对遇到的情况迷惑不解,以一些非标准的方式显示,甚至会崩溃,虽然这很少发生。当然,上述错误是用户不希望看到的,也是问题的根源。

级联样式表从开始就设计成能合理地退化处理。意思就是,如果因为某些原因不能识别 CSS 规则,页面仍然可用,仍然可以访问其内容。因为显示与内容是分开的,虽然在删除显示效果后不是很漂亮,但内容应该能够独立显示。

网页添加样式表的方法有 4 种:链入外部样式表、导入外部样式表、联入样式表和内联样式。联入样式表和内联样式是将 CSS 的功能组合于 HTML 文件之内,而链接及导入外部样式表则是将 CSS 功能以文件方式独立于 HTML 文件之外,然后再通过链接或导入的方式将 HTML 文件和 CSS 文件链接在一起。

1. 链入外部样式表

链入外部样式表是把样式表保存为一个 CSS 文件,标记放置在 HTML 文档头部,在 HTML 的< head >里添加 link 标记链接到这个 CSS 文件。外部样式表由样式规则或声明组成,并且只能以.css 为扩展名。

【语法】

```
< link rel = "样式与文档", href = "css 文件", type = "", media = "输出媒体">
```

其中,rel 属性表明样式表将以何种方式与 HTML 文档结合。一般取值 stylesheet,指定一个外部的样式表。href 属性指出 CSS 文件的地址,如果样式文件和 HTML 文件不是放在同路径下,则要在 href 里加上完整路径。type 属性指出样式类别,通常取值为 text/css。media 是可选的属性,表示使用样式表的网页将用什么媒体输出,取值范围包括:(默认)输出到计算机屏幕;print,输出到打印机;projection,输出到投影仪等。

一个外部样式表文件可以应用于多个页面。当改变样式表文件后,所有页面的样式都随之而改变。在制作大量相同样式页面的网站时非常有用,不仅减少了重复的工作量,而且有利于以后的修改、编辑。同时大多数浏览器会保存外部样式表在缓冲区,从而浏览时可减少重复下载代码,避免展示网页时的延迟。

【例 4-1】 链入外部样式表实例。

```
<! DOCTYPE html >
< html lang = "zh - CN">
< head >
```

```
    < meta charset = "UTF - 8" version = '1' />
    < link rel = "stylesheet" href = "MyFirst.css" type = "text/css" media = "screen">
</head >
< body >
    < h1 > HarmonyOS 软件简介</h1 >
    < p > OpenHarmony 是开放原子开源基金会(OpenAtom Foundation)旗下开源项目,定位是一款面向全场景的开源分布式操作系统。</p >
    < span class = "mytext"> OpenHarmony 在传统的单设备系统能力的基础上,创造性地提出了基于同一套系统能力、适配多种终端形态的理念,支持多种终端设备上运行,第一个版本支持 128KB～128MB 设备上运行,欢迎参加开源社区一起持续演进。针对设备开发者,OpenHarmony 采用了组件化的设计方案,可以根据设备的资源能力和业务特征进行灵活裁剪,满足不同形态的终端设备对于操作系统的要求。可运行在百 KB 级别的资源受限设备和穿戴类设备,也可运行在百 MB 级别的智能家用摄像头 / 行车记录仪等相对资源丰富的设备。</span >
</body >
</html >
```

其中 link—css. css 文件内容为：

```
h1{font - family:"隶书","宋体";color:#28ca5e}
p{background - color:rgb(234, 239, 241);color:#032670}
.mytext{font - family:"宋体";font - size:14pt;color:rgb(0, 4, 255)}
```

运行效果如图 4-1 所示。

HarmonyOS软件简介

OpenHarmony 是开放原子开源基金会(OpenAtom Foundation) 旗下开源项目,定位是一款面向全场景的开源分布式操作系统.

OpenHarmony 在传统的单设备系统能力的基础上,创造性地提出了基于同一套系统能力、适配多种终端形态的理念,支持多种终端设备上运行,第一个版本支持128KB~128MB设备上运行,欢迎参加开源社区一起持续演进.针对设备开发者,OpenHarmony 采用了组件化的设计方案,可以根据设备的资源能力和业务特征进行灵活裁剪,满足不同形态的终端设备对于操作系统的要求.可运行在百 KB 级别的资源受限设备和穿戴类设备,也可运行在百 MB 级别的智能家用摄像头 / 行车记录仪等相对资源丰富的设备.

图 4-1　链入外部样式表效果

2. 导入外部样式表

导入外部样式表是指在 HTML 文件头部的< style >…</style >标记之间,利用 CSS 的@import 声明引入外部样式表。“@importlink-css. css;”表示导入 link-css. css 样式表,注意使用时外部样式表的路径,和链入外部样式表方法相似,但导入外部样式表输入方式更有优势,因为除引用的外部样式外,还可添加本页面的其他样式。注意：@import 声明必须放在样式表的开头部分,其他 CSS 规则应仍然包括在 style 元素中。

【例 4-2】 导入外部样式表实例。

```
<! DOCTYPE html >
< html lang = "zh - CN">

< head >
  < meta charset = "UTF - 8" />
  < style >
    <!-- @import "MyFirst.css";
     -->
     #my {
```

```
        color:
      blue;
      }
    </style>
</head>

<body>
  <h1>HarmonyOS 软件简介</h1>
  <p>OpenHarmony 是开放原子开源基金会(OpenAtom Foundation)旗下开源项目,定位是一款面向全场景的开源分布式操作系统。</p>
  <span class="mytext">OpenHarmony 在传统的单设备系统能力的基础上,创造性地提出了基于同一套系统能力、适配多种终端形态的理念,支持多种终端设备上运行,第一个版本支持 128KB~128MB 设备上运行,欢迎参加开源社区一起持续演进。</span>
  <p id="my">针对设备开发者,OpenHarmony 采用了组件化的设计方案,可以根据设备的资源能力和业务特征进行灵活裁剪,满足不同形态的终端设备对于操作系统的要求。可运行在百 KB 级别的资源受限设备和穿戴类设备,也可运行在百 MB 级别的智能家用摄像头 / 行车记录仪等相对资源丰富的设备。
</p>
</body>
</html>
```

程序运行效果如图 4-2 所示。

HarmonyOS软件简介

OpenHarmony 是开放原子开源基金会(OpenAtom Foundation) 旗下开源项目,定位是一款面向全场景的开源分布式操作系统.

OpenHarmony 在传统的单设备系统能力的基础上,创造性地提出了基于同一套系统能力、适配多种终端形态的理念,支持多种终端设备上运行,第一个版本支持128kB~128MB设备上运行,欢迎参加开源社区一起持续演进.

针对设备开发者,OpenHarmony 采用了组件化的设计方案,可以根据设备的资源能力和业务特征进行灵活裁剪,满足不同形态的终端设备对于操作系统的要求.可运行在百kB级别的资源受限设备和穿戴类设备,也可运行在百MB级别的智能家用摄像头 / 行车记录仪等相对资源丰富的设备.

图 4-2 导入外部样式表效果

3. 联入样式表

<style>标记将样式表联入 HTML 文件的头部,type 属性用于指出样式类别,通常取值为 text/css。有些低版本的浏览器不能识别<style>标记,这意味着低版本的浏览器会忽略<style>标记里的内容,直接以源代码的方式在网页上显示设置的样式表。为了避免这种情况发生,可用加 HTML 注释的方式(<! --注释-->)隐藏内容而不让它显示。联入样式表的作用范围是本 HTML 文件。

【例 4-3】 联入样式表实例。

```
<!DOCTYPE html>
<html lang="zh-CN">
<head>
  <meta charset="UTF-8" version='1'/>
  <style>
    h1 {
      background-color: darkgray;
    }
    p {
      background-color: antiquewhite;
```

```
    }
    .mytext {
      color: blue;
    }
  </style>
</head>
<body>
  <h1>HarmonyOS 软件简介</h1>
  <p>OpenHarmony 是开放原子开源基金会(OpenAtom Foundation)旗下开源项目,定位是一款面向全场景的开源分布式操作系统。</p>
  <span class = "mytext"> OpenHarmony 在传统的单设备系统能力的基础上,创造性地提出了基于同一套系统能力、适配多种终端形态的理念,支持多种终端设备上运行,第一个版本支持 128K~128M 设备上运行,欢迎参加开源社区一起持续演进。</span>
</body>
</html>
```

程序运行效果如图 4-3 所示。

HarmonyOS软件简介

OpenHarmony 是开放原子开源基金会(OpenAtom Foundation) 旗下开源项目,定位是一款面向全场景的开源分布式操作系统.

OpenHarmony 在传统的单设备系统能力的基础上,创造性地提出了基于同一套系统能力、适配多种终端形态的理念,支持多种终端设备上运行,第一个版本支持 128K~128M 设备上运行,欢迎参加开源社区一起持续演进.

图 4-3　联入样式表效果

4. 内联样式

内联样式混合在 HTML 标记里使用,可以很简单地对某个元素单独定义样式。内联样式的使用即直接在 HTML 标记里加入样式参数,内容就是 CSS 的属性和值。此时样式定义的作用范围仅限于此标记范围之内。style 属性是随 CSS 扩展出来的,它可以应用于任意 body 元素(包括 body 本身),除了 basefont、param 和 script。还应注意,若要在一个 HTML 文件中使用内联样式,可以在文件头部对整个文档进行单独的样式表语言声明,即<meta http-equiv= "Content-Type" content = "text/css">。

内联样式向标记中添加太多属性及内容,因此对于网页设计者来说很难维护,更难阅读。而且由于它只对局部起作用,因此必须对所有需要的标签都做设置,这样就失去了 CSS 在控制页面布局方面的优势。所以,内联样式主要用于样式仅适用于单个页面的情况,应尽量减少使用内联样式。

【例 4-4】　内联样式实例。

```
<!DOCTYPE html>
<html lang = "zh - CN">
<head>
      <meta charset = "UTF - 8" />
</head>
<body>
      <h1 style = "font - family: '隶书', '宋体';color: #ff8800"> HarmonyOS 软件简介</h1>
    <p style = "color:darkgrey; background - color:yellow"> OpenHarmony 是开放原子开源基金会(OpenAtom Foundation)旗下开源项目,定位是一款面向全场景的开源分布式操作系统。</p>
   <span style = "font - family: '宋体';font - size:14pt"> OpenHarmony 在传统的单设备系统能力的
```

```
基础上,创造性地提出了基于同一套系统能力、适配多种终端形态的理念,支持多种终端设备上运行,第一个版本支持 128K～128M 设备上运行,欢迎参加开源社区一起持续演进。</span>
</body>
</html>
```

程序运行效果如图 4-4 所示。

HarmonyOS软件简介

OpenHarmony 是开放原子开源基金会(OpenAtom Foundation) 旗下开源项目,定位是一款面向全场景的开源分布式操作系统.

OpenHarmony 在传统的单设备系统能力的基础上,创造性地提出了基于同一套系统能力、适配多种终端形态的理念,支持多种终端设备上运行,第一个版本支持 128K~128M 设备上运行,欢迎参加开源社区一起持续演进.

图 4-4　内联样式效果

5. 多重样式表的叠加

有时会遇到这样一种情况：几个不同的样式使用了同一个选择器,此时 CSS 会对各属性值进行叠加处理,遇到冲突的地方会以最后定义的为准。依照后定义优先的原则,优先级最高的是内联样式,联入样式表、导入外部样式表、链入外部样式表之间则是最后定义的优先级高。

链入外部样式表中定义了 h3 选择符的 color、text-align 和 font-size 属性：

```
h3 {color: red;text - align: left;font - size: 8pt;}
```

在内部样式表里也定义了 h3 选择符的 text-align 和 font-size 属性：

```
h3 {text - align: right; font - size: 20pt;}
```

那么这个页面叠加后的样式就是：

```
color: red; text - align: right; font - size: 20pt;
```

即标题 3 的文字颜色为红色；向右对齐；尺寸为 20 号字。字体颜色从外部样式表里保留下来,而对齐方式和字体尺寸都有定义时,按照后定义优先的原则。

4.2.3　选择符

CSS 中有 HTML 标记类选择符、具有上下文关系的 HTML 标记类选择符、用户自定义类选择符、用户定义的 ID 选择符、虚元素和虚类。

1. HTML 标记类选择符

直接用 HTML 标记或 HTML 元素名称作为选择符。例如：

```
td, input, select, body {font - family:verdana;font - size;e;12px;}
form, body {margin: 0; padding: 0 }
select, body, textarea {background and: #fff; font - size:12px;}
select (font - size: 13px; }
img {border: none}
a {text - decoration: underline; cursor: pointer; }
h1{color: #ff0000}
```

2. 具有上下文关系的 HTML 标记类选择符

如果要为位于某个元素内的元素设置特定的样式规则需要选择有上下文关系的 HTML

标记,例如,如果只想使位于 h1 标记符的 b 标记符具有特定的属性,应使用的格式为:

```
h1 b{color:blue}
```

元素之间以空格分,表示只有位于 h1 标记内的 b 元素具有蓝色属性。

【例 4-5】 具有上下文关系的 HTML 标记类选择。

```
<!DOCTYPE html >
< html >
< head >
   < title > CSS 选择符问题 </title >
   < style type = text/css >
      input {
         color: blue;
      }
      div input {
         color: red
      }
      div span b {
         color: yellow
      }
   </style >
</head >
< body >
   < input type = "text" value = "change me" />
   < br >
   < div >
      < input type = "text" value = "change me"> < br >
      < span > I'm a < b > good </b > student </span >
   </div >
</body >
</html >
```

图 4-5　具有上下文关系的样式效果

程序运行效果如图 4-5 所示。

3. 用户自定义类选择符

使用类选择符能够对相同的标记分类并定义成不同的样式。定义类选择符时,在定义类的名称前面加一个点号;假如想要两个不同的段落,一个段落向右对齐,一个段落居中,可以先定义两个类:

```
p.right:{text - align:right}
.center:{text - align:center}
```

.符号后面的 right 和 center 为类名。类的名称可以是用户自定义的任意英文单词或以英文开头的与数字的组合,一般以其功能和效果简要命名。如果要用在不同的段落里,只要在 HTML 标记里加入前面定义的类:

```
< p class  =  "right">这个段落向右对齐的</p >
< p class  =  "center">这个段落是居中排列的</p >
```

用户自定义类选择符的一般格式是:

```
selector .classname {prop party:value; … }
```

定义类选择符还有一种用法：在选择符中省略 HTML 标记名，把几个不同元素定义成相同的样式。例如：. center{ text align：center}，自定义 center 类选择符为文字居中排列。这样可以不限定 HTML 标记，而将其应用到任何元素上，比如将 h1 元素和 p 元素(都设为 center 类，使这两个元素的文字居中显示：

```
<h1 class = "center">这个标题是居中排列的</h1>
<p class = "center">这个段落也是居中排列的</p>
```

这种省略 HTML 标记的类选择符是最常用的 CSS 方法，可以很方便地在任意元素上套用预先定义好的类样式。但是要注意前面的“. ”号不能省略。

4. 用户定义的 ID 选择符

【语法】

```
#IDname{property:value; … }
```

其中，IDname 为某个标记 ID 属性的值。ID 选择符的用途及概念和类选择符相似，不同之处在于同一个 ID 选择符样式只能在 HTML 文件内被应用一次，而类选择符样式则可以多次被应用。

5. 虚元素

有两个特殊的虚元素选择符，用于 p、div、span 等块级元素的首字母和首行效果，它们是 first-letter 和 first-line。不过有些浏览器不支持这两个虚元素。

【语法】

```
选择符:first-letter{property: value; … }
选择符:first-line{property: value; … }
选择符.类:first-letter{property: value ; … }
选择符.类:first-line{property: value; … }
```

【例 4-6】 首字母和首行样式实例。

```
<!DOCTYPE html>
<html lang = "zh-CN">
<head>
  <meta charset = "UTF-8" />
  <style>
    p:first-letter {
      float:left;
      font-size: 2em;
    }
    p:first-line {
      color: red;
    }
  </style>
<body>
  <p>OpenHarmony 是开放原子开源基金会(Open Atom Foundation)旗下开源项目,定位是一款面向全场景的开源分布式操作系统。</p>
  <p>OpenHarmony 在传统的单设备系统能力的基础上,创造性地提出了基于同一套系统能力、适配多
```

```
种终端形态的理念,支持多种终端设备上运行,第一个版本支持 128K～128M 设备上运行,欢迎参加开源
社区一起持续演进。</p>
</body>
</html>
```

程序运行效果如图 4-6 所示。

OpenHarmony 是开放原子开源基金会(Open Atom Foundation) 旗下开源项目,定位是一款面向全场景的开源分布式操作系统.

OpenHarmony 在传统的单设备系统能力的基础上,创造性地提出了基于同一套系统能力、适配多种终端形态的理念,支持多种终端设备上运行,第一个版本支持 128K~128M 设备上运行,欢迎参加开源社区一起持续演进.

图 4-6 首字母和首行样式效果

6. 虚类

对于超链接 a 标记使用虚类方式设置不同类型访问链接的显示方式。

【语法】

```
选择符:虚类{property:value; … }
```

定义虚类的方法和常规类很相似,但有两点不同：一是连接符是冒号而不是句点：二是虚类有预先定义好的名称,也就是链接可处在 4 种不同的状态下,即 link、visited、active、hover,分别代表未访问的链接、已访问的链接、活动链接(即单击链接后)和鼠标停留在链接上。

【例 4-7】 超级链接的虚类样式实例。

```
<!DOCTYPE html>
<html>
<head>
<title>CSS 伪类示例</title>
<style type="text/css">
  a:link {font-size: 18pt; font-family:隶书; text-decoration:none}   /*未访问的链接*/
  a:visited {font-size:18pt;font-family:宋体;text-decoration:line-through}/*已访问的链
接*/
  a:hover {font-size: 18pt; font-family:黑体;text-decoration:overline} /*鼠标在链接上 */
  a:active {font-size:18pt; font-family:幼圆; text-decoration:underline} /*活动链接*/
</style>
</head>
<body>
<a href="http://www.www.cslg.cn">计算机学院</a>
</body>
</html>
```

计算机学院

(a)

计算机学院

(b)

计算机学院

(c)

计算机学院

(d)

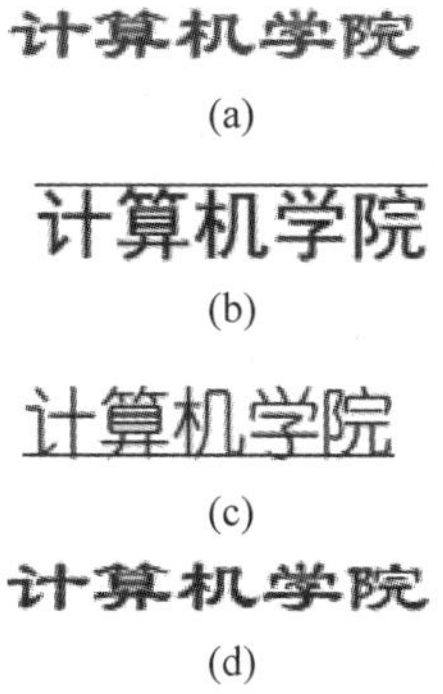

图 4-7 超级链接的虚类样式效果

运行程序,得到如图 4-7(a)所示的样式,鼠标进入区域后如图 4-7(b)所示,单击区域后如图 4-7(c)所示,访问之后呈现如图 4-7(d)所示的结果。

根据层叠顺序,在定义这些链接样式时,一定要按照 a:link,a:visited,a:hover,a:active 的顺序书写。

还可以将伪类和类选择符及其他选择符组合起来使

用，其形式如下：

```
选择符.类:伪类{property:value; … }
```

可以在同一个页面中作出几组不同的链接效果。

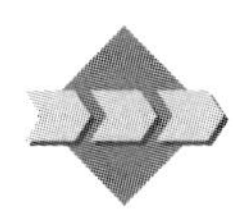

4.3 CSS 样式设计

4.3.1 字体样式

文本的字体属性是最常用的样式，包括多种字体(font-family)、字体大小(font-size)、字体变化(font-variant)、字体风格(font-style)、字体粗细(font-weight)、字体综合设置(font)属性。

字体族 font-family：是指字体名称，浏览器利用字体列表中能够支持的第 1 个字体显示文本。

【语法】

```
font - family:第 1 个字体名称,第 2 个字体名称, …,第 n 个字体名称
```

如果浏览器支持第 1 个字体，则用这种字体显示；否则，判断第 2 个字体是否支持，如果支持这种字体，则用第 2 个字体；否则判断第 3 个字体，以此类推。

font-family 的属性值可以指定一个通用的字体，常见的通用字体如表 4-3 所示。每个浏览器都有自己的字体，可以把通用字体放到属性指定的最后字体，如果浏览器不支持指定的字体，可以从相同类别字体中选择一种可用的字体，如 font-family：Arial，Helvetica，Futura。

如果一个字体的名称不止一个单词，那么整个字体名称需要加单引号，如 font-family：'Times New Roman'。

表 4-3 通用字体

通用字体名称	对 应 字 体	通用字体名称	对 应 字 体
serif	Times New Roman，Garamond	fantasy	Critter，Cottonwood
sans-serif	Arial，Helvetica	monospace	Courier，Prestige
cursive	Caflisch Script，Zapf-Chancery		

字体大小(font-size)：字体大小分为两种：绝对大小和相对大小。字体大小的绝对值单位有：点、12 点活字、像素，或用关键字 xx-small、x-small、small、medium、large、x-large、xx-large 表示。字体大小的相对值有 smaller 和 larger。它们是根据父元素的字体大小调整子元素的字体大小，具体调整的程度取决于浏览器。也可以用百分比值调整子元素的大小，不同浏览器用百分比的相对大小是一样的。用 cm 为单位表示相对大小，如 font-size:120%和 font-size:1.2em 是等价的。

字体变体 font-variant：设置小型大写字母的字体显示文本，所有的小写字母均会被转换为大写，但是所有使用小型大写字体的字母与其余文本相比，其字体尺寸更小。可能的取值如下。

normal：默认取值，表示浏览器会显示一个标准的字体。

small-caps：浏览器会显示小型大写字母的字体。

字体风格 font-style：设置使用斜体、倾斜或正常字体。可能的取值如下。

normal：默认取值，表示浏览器显示一个标准的字体样式。

italic：浏览器会显示一个斜体的字体样式。

oblique：浏览器会显示一个倾斜的字体样式。

后两者的显示效果差不多，都是向右倾斜，italic 的字体衬线稍微长一点。

字体粗细 font-weight：用于设置显示元素的文本中所用的字体加粗情况。数字值 400 相当于关键字 normal，700 等价于 bold，可能的取值有 100，200，300，400，500，600，700，800，900。每个数字值对应的字体加粗必须至少与下一个最小数字一样细，而且至少与下一个最大数字一样粗。可能的取值如下。

normal：默认值，表示定义标准的字符。

bold：表示定义粗体字符。

bolder：表示定义更粗的字符。

lighter：表示定义更细的字符。

或 100，200，300，400，500，600，700，800，900 中的一个值。

字体综合设置 font：简写属性在一个声明中可设置所有字体属性。简写属性用于一次设置元素字体的两个或更多方面，至少要指定字体大小和字体系列。font 各个属性的顺序很重要，font-family 必须放到最后，font-size 为倒数第二，其他属性可有可无，位于 font-size 之前。

【例 4-8】 字体样式的综合运用。

```
<!DOCTYPE HTML>
<HTML>
<head>
    <title>字体样式的综合运用</title>
    <Meta charset = "UTF - 8" />
    <style type = "text/CSS">
    p.myp1 { font - size:xx - small;font - family:sans - serif, serif,Helvetica, sans - serif; }
    p.myp7 { font - size:small;font - family:sans - serif, serif,Helvetica, sans - serif; }
    p.myp2 { font - size:xx - large ;font - family: Arial,Helvetica,sans - serif; }
    p.myp3{font - size:1.0em; font - variant:small - caps}
    p.myp4{font - size:1.2em; font - style:oblique}
    p.myp8{font - size:1.2em; font - style:italic}
    p.myp5{font - weight:bolder; font - size:1.2em; font - style:oblique}
    p.myp9{font - weight:900; font - size:1.0em; font - style:normal}
    p.myp6{ font: italic 900 1.1em 'Times New Roman'}
    p.myp10{ font: 'Times New Roman' bold 1.1em }
</style>
</head>
<body>
    <p class = "myp1"> 100 年来,几代考古人筚路蓝缕、不懈努力,取得一系列重大考古发现(xx -
small) </p>
    <p class = "myp7"> 100 年来,几代考古人筚路蓝缕、不懈努力,取得一系列重大考古发现(x -
small) </p>
    <p class = "myp2"> 展现了中华文明起源、发展脉络、灿烂成就和对世界文明的重大贡献(xx -
large) </p>
    <p class = "myp3"> ALL POSSIBLE VALUES </p>
  <p class = "myp4"> 为更好认识源远流长、博大精深的中华文明发挥了重要作用 </p>
  <p class = "myp8"> 为更好认识源远流长、博大精深的中华文明发挥了重要作用 </p>
  <p class = "myp5">为更好认识源远流长、博大精深的中华文明发挥了重要作用 </p>
```

```
    <p class = "myp9">为更好认识源远流长、博大精深的中华文明发挥了重要作用 myp9 </p>
    <p class = "myp6">为更好认识源远流长、博大精深的中华文明发挥了重要作用 </p>
    <p class = "myp10">为更好认识源远流长、博大精深的中华文明发挥了重要作用 myp10 </p>
</body>
</HTML>
```

程序运行结果如图 4-8 所示。

100年来，几代考古人筚路蓝缕、不懈努力，取得一系列重大考古发现(xx-small)

展现了中华文明起源、发展脉络、灿烂成就和对世界文明的重大贡献(xx-large)

ALL POSSIBLE VALUES

为更好认识源远流长、博大精深的中华文明发挥了重要作用

为更好认识源远流长、博大精深的中华文明发挥了重要作用

为更好认识源远流长、博大精深的中华文明发挥了重要作用

图 4-8 字体样式效果

4.3.2 文本样式

设置文字之间的显示特性包括字符间隔、单词间距、文本行高、文本修饰、大小写转换。

1. 字符间隔(letter-spacing)

控制单词的字符之间的距离。

【语法】

```
letter - spacing:参数
```

参数的取值：normal,恢复到与父元素相同；任意长度属性的值,长度值为正值将会增加字母之间的距离,为负值会减少间距。

2. 单词间距(word-sapcing)

控制单词之间的距离。

【语法】

```
word - spacing:参数
```

参数的取值：normal,恢复到与父元素相同；任意长度属性的值,长度值为正值将会增加单词之间的距离,为负值会减少间距。

3. 文本行高(line-height)

行高是指上下两行基准线之间的垂直距离。

【语法】

```
line - height:参数
```

参数的取值：不带单位的数字,以 1 为基数,相当于比例关系的 100%。带长度单位的数字,以具体的单位为准。normal,恢复到与父元素相同。

【例 4-9】 文本间距样式的实例。

```
<! DOCTYPE html >
```

```
<HTML lang = "zh">
<head>
<title> Text spacing properties </title>
<Meta charset = "UTF-8" />
<style type = "text/CSS">
        p.bigtracking {letter-spacing: 0.4em;}
        p.smalltracking {letter-spacing: -0.08em;}
        p.bigbetweenwords {word-spacing: 0.4em;}
        p.smallbetweenwords {word-spacing: -0.1em;}
        p.bigleading {line-height: 2.5;}
        p.smallleading {line-height: 1.0;}
</style>
</head>
<body>
<p class = "bigtracking"> 100年来,几代考古人筚路蓝缕、不懈努力,取得一系列重大考古发现
[letter-spacing: 0.4em]</p>
<p class = "smalltracking"> 100年来,几代考古人筚路蓝缕、不懈努力,取得一系列重大考古发现
[letter-spacing: -0.08em]</p>
<p class = "bigbetweenwords"> 100年来,几代考古人筚路蓝缕、不懈努力,取得一系列重大考古发现
[word spacing: 0.4em]</p>
<p class = "smallbetweenwords"> 100年来,几代考古人筚路蓝缕、不懈努力,取得一系列重大考古发
现 [word spacing: -0.1em]</p>
<p class = "bigleading"> 100年来,几代考古人筚路蓝缕、不懈努力,取得一系列重大考古发现, [line-
height: 2.5] </p>
<p class = "smallleading"> 100年来,几代考古人筚路蓝缕、不懈努力,取得一系列重大考古发现,
[line-height: 1.0] </p>
</body>
</HTML>
```

运行程序,结果如图4-9所示。

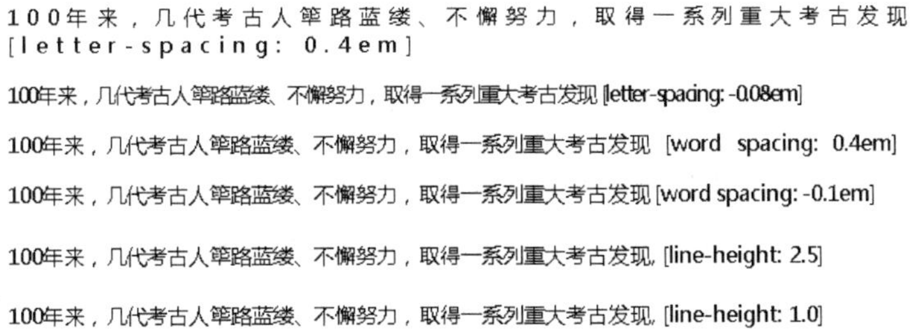

100年来,几代考古人筚路蓝缕、不懈努力,取得一系列重大考古发现 [letter-spacing: 0.4em]

100年来,几代考古人筚路蓝缕、不懈努力,取得一系列重大考古发现 [letter-spacing: -0.08em]

100年来,几代考古人筚路蓝缕、不懈努力,取得一系列重大考古发现 [word spacing: 0.4em]

100年来,几代考古人筚路蓝缕、不懈努力,取得一系列重大考古发现 [word spacing: -0.1em]

100年来,几代考古人筚路蓝缕、不懈努力,取得一系列重大考古发现, [line-height: 2.5]

100年来,几代考古人筚路蓝缕、不懈努力,取得一系列重大考古发现, [line-height: 1.0]

图4-9 文本间距样式效果

4. 文本修饰(text-decoration)

改变浏览器显示文字链接时的下画线。

【语法】

text-decoration:参数。

参数的可能取值如下。

underline:为文字加下画线。

overline:为文字加上画线。

line-through:为文字加删除线。

none：删除下画线。

【例 4-10】 文本修饰样式实例。

```
<! DOCTYPE html >
< HTML lang = "zh">
< head >
< title > Text decoration </title >
< Meta = charset = "UTF - 8"/>
< style type = "text/CSS">
            p.through {text - decoration: line - through;}
            p.over {text - decoration: overline;}
            p.under {text - decoration: underline;}
</style >
</head >
< body >
< p class = "through">
            This illustrates line - through
</p >
< p class = "over">
为更好认识源远流长、博大精深的中华文明发挥了重要作用
</p >
< p class = "under">
为更好认识源远流长、博大精深的中华文明发挥了重要作用
</p >
</body >
</HTML >
```

运行程序,结果如图 4-10 所示。

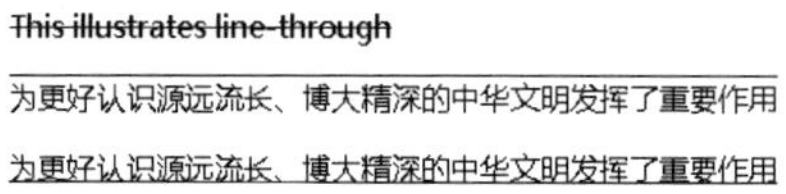

This illustrates line-through

为更好认识源远流长、博大精深的中华文明发挥了重要作用

为更好认识源远流长、博大精深的中华文明发挥了重要作用

图 4-10　文本修饰样式效果

5. 大小写转换(text-transform)

文字大小写转换使网页的设计者不用在输入文字时就完成文字大写,而是在输入完毕后,根据需要再对局部的文字设置大小写。

【语法】

text-transform:参数。

参数的可能取值: uppercase,所有文字大写显示; lowercase,所有文字小写显示; captalize,每个单词的首字母大写显示; none,不继承母体的文字变形参数。

【例 4-11】 大小写转换样式实例。

```
<! DOCTYPE html >
< HTML lang = "zh">
< head >
< title > Text decoration </title >
< Meta = charset = "UTF - 8"/>
</head >
< body >
```

```
<div style = "background:#EEEEEE;padding:10px;width:240px;">
<div id = "txt" style = "line-height: 18px; text-transform: lowercase;">请您用下面的按钮选择
这段文字的 text-transform 属性的值。看一看会发生什么,然后您就会明白这个属性的意义。希望您
喜欢这本电子书。谢谢。</div>
<div style = "background:#CCCCCC;height:24px;padding:2px;">
    < select style = "width: 180px" onchange = "txt. style. textTransform = this. options[this.
selectedIndex]. value;">
<option value = "none" selected = ""> text-transform : none </option>
<option value = "capitalize"> text-transform : capitalize </option>
<option value = "uppercase"> text-transform : uppercase </option>
<option value = "lowercase"> text-transform : lowercase </option>
</select>
</body>
</HTML>
```

运行效果如图 4-11 所示。

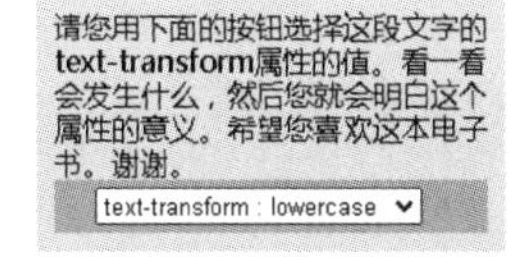

图 4-11　大小写转换样式效果

4.3.3　文本对齐

文本对齐包括文本横向排列、文本纵向排列和文本缩排。

1. 文本横向排列(text-align)

文本横向排列可以控制文本的水平对齐方式,而且不仅限于文字内容,也包括设置图片、影像资料的对齐方式。

【语法】

text-align：参数。

参数取值如下。

left：左对齐。

right：右对齐。

center：居中对齐。

justify：相对左右对齐。

text-align 是块级属性,只能用于<p>,<blockquote>,<ul>,<h1>~<h7>等标识符里。

2. 文本纵向排列(vertical-align)

文本的垂直对齐应当是相对于文本母体(或父元素)的位置而言的,不是指文本在网页里垂直对齐。例如,表格的单元格里一段文本设置垂直居中,文本将在单元格的正中显示,而不是在整个网页的正中。垂直对齐属性只对行内元素有效。

【语法】

vertical-align：参数。

参数取值如下。

top：把元素的顶端与行中最高元素的顶端对齐。

bottom：底对齐。

text-top：把元素的顶端与父元素字体的顶端对齐。

text-bottom：相对文本底对齐。

middle：中心对齐。

sub：以下标的形式显示。

super：以上标的形式显示。

rertical-align 属性只对行内元素有效。

baseline 是 vertical-align 的默认值。元素放置在父元素的基线上。vertical-align：+/-n px 表示元素相对于基线向下偏移 n 个像素。也可以使用百分比形式 vertical-align：+/- n%，通过距离升高(正值)或降低(负值)元素，“0cm”等同于“baseline”。

垂直对齐的几种位置的对比如图 4-12 所示。

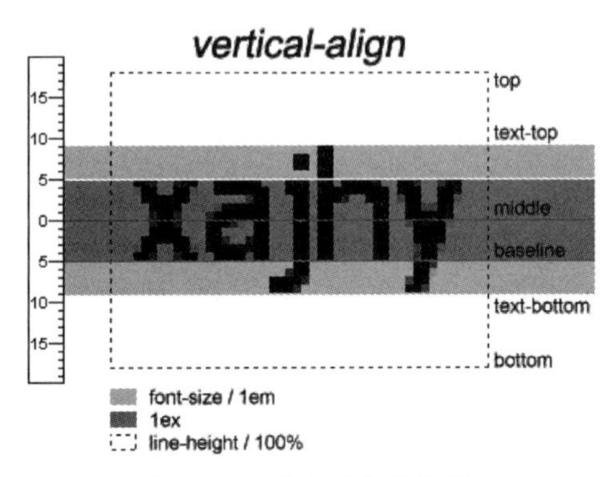

图 4-12 垂直对齐的位置

例如，.test{vertical-align:-10%;}，假设这里的.test 的标签继承的行高是 20px，则这里的 vertical-align:-10%所代表的实际值是－10%×20 ＝ 2px。

“行高”是指两行文字间基线之间的距离。基线是在英文字母中用到的一个概念，人们使用的四线格英语本每行有四条线，如图 4-13 所示，其中，底部第二条线就是基线，是 a，c，z，x 等字母的底边线。四线格从上到下对应的 vertical-align 的四个位置为：顶线、中线、基线和底线，如图 4-14 所示。

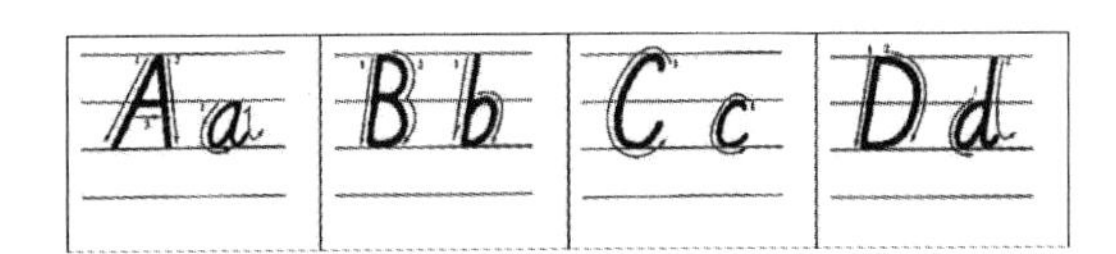

图 4-13 英文字母的四线格

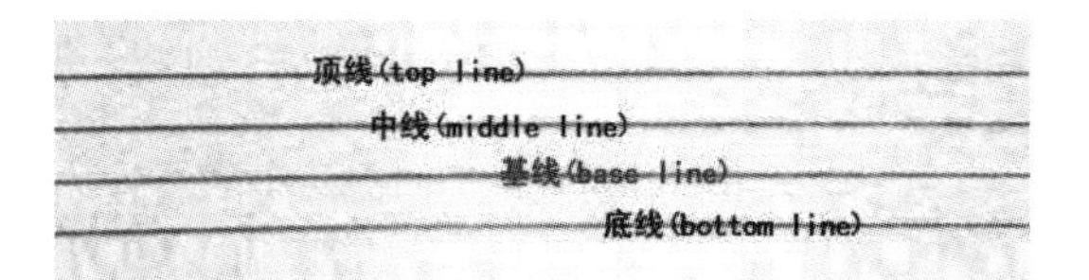

图 4-14 vertical-align 的四个位置

不同浏览器由于兼容性问题，可能效果会不一样。知道了 vertical-align 垂直对齐的含义，不少经验尚浅的人会试着使用这个属性实现一些垂直方向上的对齐效果，会发现有时候可以，有时候又不起作用。因为 display 有很多属性值，其中以 inline/inline-block/block 三个最常见。而 vertical-align 是 inline-block 依赖型元素，只有一个元素属于 inline 或是 inline-block 水平(table-cell 也可以理解为 inline-block 水平)，其 vertical-align 属性才会起作用。所以，类似下面的代码就不会起作用：

```
span{vertical - align:middle;}
div{vertical - align:middle;}
```

图片、按钮、单复选框、单行/多行文本框等 HTML 控件，在默认情况下对 vertical-align 属性起作用。

【例 4-12】 vertical-align 垂直对齐样式实例。

```
<! DOCTYPE html >
< HTML >
< head >
< style >
    . box{background:black; color:white; padding - left:20px;}
    . dot1 {display: inline - block; width: 4px; height: 4px; background: white; vertical - align:
baseline;}
    . dot2 {display: inline - block; width: 4px; height: 4px; background: white; vertical - align:
middle;}
    . dot3 {display: inline - block; width: 4px; height: 4px; background: white; vertical -
align:top;}
    . dot4 {display: inline - block; width: 4px; height: 4px; background: white; vertical - align:
text - top;}
    . dot5 {display: inline - block; width: 4px; height: 4px; background: white; vertical - align:
text - bottom;}
    . dot6 {display: inline - block; width: 4px; height: 4px; background: white; vertical - align:
bottom;}
</style >
</head >
< body >
< span class = "box">
< span class = "dot1"></span > 我是 baseline.
</span >
< span class = "box">
< span class = "dot2"></span > 我是 middle。
</span >
< span class = "box">
< span class = "dot3"></span > 我是 top。
</span >
< span class = "box">
< span class = "dot4"></span > 我是 text - top。
</span >
< span class = "box">
< span class = "dot5"></span > 我是 text - bottom。
</span >
< span class = "box">
< span class = "dot6"></span > 我是 bottom。
</span >
</body >
</HTML >
```

运行程序，结果如图 4-15 所示。

·我是baseline。 ·我是middle。 我是top。 我是text-top。 ·我是text-bottom。 ·我是bottom。

图 4-15　vertical-align 垂直对齐结果

3. 文本缩排（text-indent）

可以使文本在相对段默认值较窄的区域类显示，主要用于中文版式的首行缩进，或者将大段的引用文本和备注作成缩进的格式。

【语法】

```
text - indent:缩进距离
```

缩进距离取值：带长度单位的数字，比例关系。text-indent 也是块级属性，只能用于<p><blockquote>,<ul>,<h1>～<h7>等标识符里。

【例 4-13】 text-indent 样式。

```
<!DOCTYPE html>
<HTML>
<head>
  <meta charset = "UTF - 8" />
  <style type = "text/CSS">
    .first {text - indent:50px;}
      .second{text - indent:2 % ;}
      .third{text - indent:2cm;}
      .fourth{text - indent:2em} /* 两个字符 */
    </style>
</head>
<body>
  <p class = "first"> 豫章故郡,洪都新府。星分翼轸,地接衡庐。襟三江而带五湖,控蛮荆而引瓯越。
物华天宝,龙光射牛斗之墟;人杰地灵,徐孺下陈蕃之榻。</p>
  <p class = "second">雄州雾列,俊采星驰。台隍枕夷夏之交,宾主尽东南之美。都督阎公之雅望,棨
戟遥临;宇文新州之懿范,襜帷暂驻。十旬休假,胜友如云;千里逢迎,高朋满座。</p>
  <p class = "third">腾蛟起凤,孟学士之词宗;紫电青霜,王将军之武库。家君作宰,路出名区;童子何
知,躬逢胜饯。</p>
  <p class = "fourth">时维九月,序属三秋。潦水尽而寒潭清,烟光凝而暮山紫。</p>
</body>
</HTML>
```

运行程序，结果如图 4-16 所示。

豫章故郡,洪都新府.星分翼轸,地接衡庐.襟三江而带五湖,控蛮荆而引瓯越.物华天宝,龙光射牛斗之墟;人杰地灵,徐孺下陈蕃之榻.

雄州雾列,俊采星驰.台隍枕夷夏之交,宾主尽东南之美.都督阎公之雅望,棨戟遥临;宇文新州之懿范,襜帷暂驻.十旬休假,胜友如云;千里逢迎,高朋满座.

腾蛟起凤,孟学士之词宗;紫电青霜,王将军之武库.家君作宰,路出名区;童子何知,躬逢胜饯.

时维九月,序属三秋.潦水尽而寒潭清,烟光凝而暮山紫.

图 4-16 缩进效果

4.3.4 颜色样式

Web 页面的原始组有 17 种颜色，但是颜色数太少，没有实用价值。直接使用名字的颜色值称为命名颜色，CSS 支持 17 种合法命名的标准颜色：aqua，fuchsia，lime，olive， red，white，black，gray，maroon，orange，silver，yellow， blue，green， navy， purple， teal。

W3C 的 HTML 4.0 标准仅支持 16 种颜色：aqua，black，blue，fuchsia，gray，green，lime，maroon，navy，olive，purple，red，silver，teal，white，yellow。

另一种包含 147 种命名颜色，被浏览器广泛支持，具体名称和颜色图参看 http://www.w3school.com.cn/tags/html_ref_colornames.asp。

调试板有 216 种颜色，又称为 216 种 Web 安全颜色，之所以不是 256 种 Web 安全颜色，是因为 Microsoft 和 Mac 操作系统有 40 种不同的系统保留颜色。

(1) 前景色属性(color)，规定 font 元素中文本的颜色，有以下 3 种方法。

方法 1：color_name，规定颜色值为颜色名称的文本颜色(如“red”)。W3C 的 HTML4.0 标准仅支持 16 种颜色名，它们是：aqua、black、blue、fuchsia、gray、green、lime、maroon、navy、olive、purple、red、silver、teal、white、yellow。

方法 2：rgb_number，规定颜色值为 rgb 代码的文本颜色，如 rgb(255,0,0)。

方法 3：hex_number，规定颜色值为十六进制值的文本颜色(如“#ff0000”)。

RGB()函数可使用下述公式计算表示颜色的长整数：

$$65\,536 \times \text{Blue} + 256 \times \text{Green} + \text{Red}$$

各分量中，数值越小，亮度越低；数值越大，亮度越高。例如，RGB(0,0,0)为黑色(亮度最低)，RGB(255,255,255)为白色(亮度最高)。白色对应的十六进制值计算过程为：

$$65\,536 \times 255 + 255 \times 255 + 255 = 16\,777\,215(\text{D}) = \text{FFFFFF}(\text{H})$$

(2) 背景色属性(background-color)：

【语法】

background -color：参数。

现在专业的 Web 设计师喜欢自己定义颜色，有关 Web 配色基础的色彩设计方法可以参阅 http://www.shejidaren.com/se-cai-she-ji-fang-fa.html。很多网站提供了一些经典的配色方案，如 http://www.xin126.cn/show.asp?id=3141 上提供了 13 套 Web 页面标准配色方案，部分方案如图 4-17 所示。

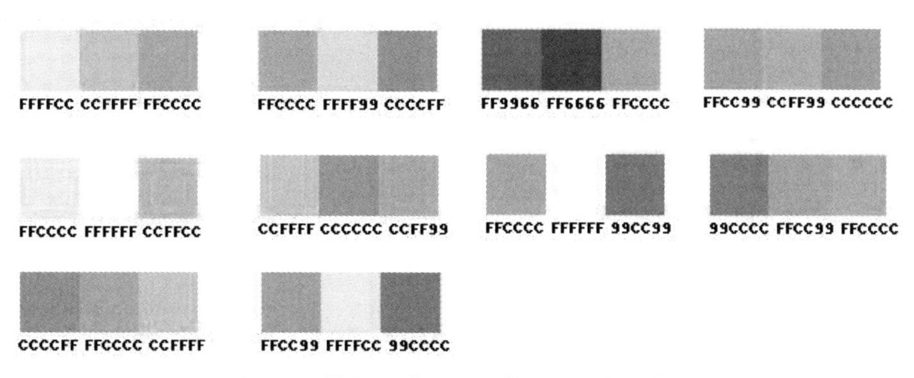

图 4-17 柔和、明亮和温和的 Web 配色方案

4.3.5 列表样式

列表标记< ol >和< ul >的显示特性包括 list-style-type、list-style-image、list-style-position、list-style 等。

(1) list-style-type：表示项目符号。

【语法】

list-style-type：参数。

参数取值如下。

无序列表的项目符号形状值：disc——实心圆点，circle——空心圆，square——实心方形。

有序列表值：decimal——阿拉伯数字，如 1,2,3,4 等。

lower-roman——小写罗马数字，如 i、ii、iii、iv 等。

upper-roman——大写罗马字母，如Ⅰ、Ⅱ、Ⅲ、Ⅳ等。

lower-alpha——小写英文字母，如a、b、c、d等。

upper-alpha——大写英文字母，如A、B、C、D等。

none——不设定。

lower-greek——小写希腊字母，如α(alpha)，β(beta)，γ(gamma)等。

(2) list-style-image：使用图像作为项目符号。

【语法】

list-style-image：url(URL)。

(3) list-style-position:设定项目符号是否在字幕里面也文字对齐。

格式：

```
list-style-position; outside/inside
```

(4) list-style：综合设置项目属性。格式：list-style：type,position。

【例4-14】 无序列表样式实例。

```
<! DOCTYPE html >
< HTML lang = "zh">
< head >
< style type = "text/css">
        ul.disc {list - style - type: disc}
        ul.circle {list - style - type: circle}
        ul.square {list - style - type: square}
        ul.none {list - style - type: none}
        ul.myimage{list - style - image: url('images/CoursePlanner.ico')}
</style >
</head >
< body >
< ul class = "disc">
< li >咖啡</li >< li >茶</li >< li >可口可乐</li ></ul >
< ul class = "circle">
< li >咖啡</li >< li >茶</li >< li >可口可乐</li ></ul >
< ul class = "square">
< li >咖啡</li >< li >茶</li >< li >可口可乐</li ></ul >
< ul class = "none">
< li >咖啡</li >< li >茶</li >< li >可口可乐</li ></ul >
< ul class = "myimage">
< li >咖啡</li >< li >茶</li >< li >可口可乐</li ></ul >
</body >
</html >
```

程序运行结果如图4-18所示。

【例4-15】 有序列表样式实例。

```
<! DOCTYPE html >
< html >
< head >
< style type = "text/css">
ol.decimal {list - style - type: decimal}
ol.lroman {list - style - type: lower - roman}
```

```
ol.uroman {list-style-type: upper-roman}
ol.lalpha {list-style-type: lower-alpha}
ol.ualpha {list-style-type: upper-alpha}
</style>
</head>
<body>
<ol class="decimal">
<li>咖啡</li><li>茶</li><li>可口可乐</li></ol>
<ol class="lroman">
<li>咖啡</li><li>茶</li><li>可口可乐</li></ol>
<ol class="uroman">
<li>咖啡</li><li>茶</li><li>可口可乐</li></ol>
<ol class="lalpha">
<li>咖啡</li><li>茶</li><li>可口可乐</li></ol>
<ol class="ualpha">
<li>咖啡</li><li>茶</li><li>可口可乐</li></ol>
</body>
</html>
```

程序运行结果如图 4-19 所示。

- 咖啡
- 茶
- 可口可乐

○ 咖啡
○ 茶
○ 可口可乐

■ 咖啡
■ 茶
■ 可口可乐

咖啡
茶
可口可乐

咖啡
茶
可口可乐

图 4-18　无序列表样式结果

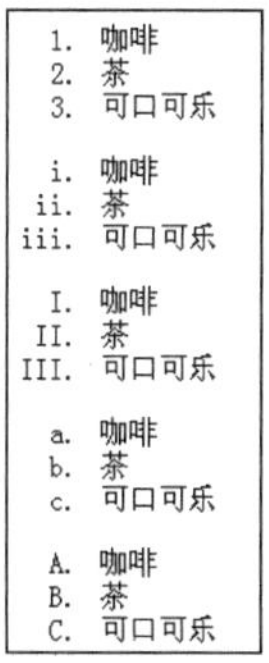

1. 咖啡
2. 茶
3. 可口可乐

i. 咖啡
ii. 茶
iii. 可口可乐

I. 咖啡
II. 茶
III. 可口可乐

a. 咖啡
b. 茶
c. 可口可乐

A. 咖啡
B. 茶
C. 可口可乐

图 4-19　有序列表样式结果

4.3.6　表格样式

1. 设置表格宽度 width、高度 height

表格的宽度和高度可以分别使用<table>标签的属性 width 和 height 设置，单位都可以用像素，width 还可以用%表示。如果要控制行高，可以用<tr>或<td>标签的属性 height 设置。

【语法】

```
<table width="宽度"height="高度">
<tr height="高度"><td>…</td></tr>
…
</table>
```

2. 设置边框样式的 border，frame 和 rule 属性

表格的边框粗细和外边框样式可以使用<table>标签的 border 和 frame 属性设置。其

中,frame 常见的属性值如表 4-4 所示;而表格内边框使用< table >标签的 rules 属性设置,rules 常见的属性值如表 4-5 所示。

【语法】

```
<table border="边框粗细"frame="外边框" rules="内边框">
<tr><td>…</td></tr>
…
</table>
```

其中,边框粗细单位是像素。

表 4-4 frame 常见属性

属性值	说　明	属性值	说　明
above	显示上边框	lhs	显示左边框
border	显示上下左右边框	rhs	显示右边框
below	显示下边框	void	不显示边框
hsides	显示上下边框	vsides	显示左右边框

表 4-5 rules 常见属性

属性值	说　明	属性值	说　明
all	显示所有内部边框	cols	仅显示列边框
groups	显示介于行列边框	rows	仅显示行边框
none	不显示内部边框		

3. 边框的颜色、宽度和线条样式

边框颜色:如 border-color:#000。

边框厚度(宽度):如 border-width:1px,使用数字+单位设置边框厚度,边框厚度必须为正值,否则设置边框 border 样式无效。

边框样式:如 border-style:solid。边框样式值如下。

none:无边框。与任何指定的 border-width 值无关。

hidden:隐藏边框。IE 不支持。

dotted:在 Mac 平台上 IE 4+与 Windows 和 UNIX 平台上 IE 5.5+为点线,否则为实线(常用)。

dashed:在 Mac 平台上 IE 4+与 Windows 和 UNIX 平台上 IE 5.5+为虚线,否则为实线(常用)。

solid:实线边框(常用)。

double:双线边框。两条单线与其间隔的和等于指定的 border-width 值。

groove:根据 border-color 的值画 3D 凹槽。

ridge:根据 border-color 的值画菱形边框。

inset:根据 border-color 的值画 3D 凹边。

outset:根据 border-color 的值画 3D 凸边。

【例 4-16】 表格内外边框属性使用。

```
<!DOCTYPE html>
```

```
<html>
<head>
<style>
        table{ border: red; border - width: 3; border - style:dotted;
       }
</style>
</head>
<body>
<p><b>注释:frame 外边框属性设置</b> rules 内边框属性</p>
<p> Table with rules = "rows":</p>
<table rules = "rows" frame = "border">
<tr><th> Month </th><th> Savings </th></tr>
<tr><td> January </td><td> $ 100 </td></tr>
</table>
<p> Table with rules = "cols":</p>
<table rules = "cols" >
<tr><th> Month </th><th> Savings </th></tr>
<tr><td> January </td><td> $ 100 </td></tr>
</table>
<p> Table with rules = "all":</p>
<table rules = "all" frame = "border" border - style = "solid" border - width = "5">
<tr><th> Month </th><th> Savings </th></tr>
<tr><td> January </td><td> $ 100 </td></tr>
</table>
</body>
</html>
```

运行结果如图 4-20 所示。

注释：frame 外边框属性设置rules 内边框属性

Table with rules="rows":

Month	Savings
January	$100

Table with rules="cols":

Month	Savings
January	$100

Table with rules="all":

Month	Savings
January	$100

图 4-20　表格边框样式结果

4. 水平和垂直对齐属性

valign 和 vertical-align 的区别：valign 代表行的垂直对齐，vertical-align 代表行内元素的垂直对齐。常用的 valign 属性值有顶端对齐（top）、居中对齐（middle）、底线对齐（bottom）、文本的底端对齐（text-bottom）、文本的顶端对齐（text-top）和基线（baseline）。

align 和 text-align 的区别：align 是行的水平对齐，text-align 是行内元素的水平对齐。常用的 align 属性值有 left、right 和 center，分别表示左对齐、右对齐和居中对齐。

【语法】

```
<table align = "">
```

align 属性规定表格相对于周围元素的对齐方式。

【语法】

```
<table>
<tr style = "height: 200px;width: 200px;text - align: right;" >
<tr height = "200px" align = "center" valign = "top" >
</table>
```

text-align 属性通过 style 规定表格行内元素的文本对齐方式。

5. 设置单元格间距与边距属性 cellspacing 和 cellpadding

在 HTML 文件中，表格中单元格的间距由< table >标签的 cellsapcing 属性值设置；表格单元格的内容与边框之间的间距由< table >标签的 cellpadding 属性值设置。

【语法】

```
<table cellspacing="单元格的间距或%" cellpadding="内容与边框的间距或%">
<tr><td>…</td></tr>
…
</table>
```

6. 设置合并边框 border-collapse 属性

【语法】

```
<style>
   table{
  border-collapse: collapse;
     }
</style>
```

【例 4-17】 表格属性使用。

```
<!DOCTYPE html>
<html>
<head>
<meta charset="UTF-8"/>
<style>
table{
border-collapse: collapse;
}
</style>
</head>
<body>
<table cellspacing="5" cellpadding="5" border="1px solid #000" align="center">
<tr height="50px" align="center" valign="top">
<td style="vertical-align: bottom;">国家</td>
<td>名称</td>
<td colspan="2">地址</td>
<td>排名</td>
</tr>
<tr>
<td>中国</td>
<td>淘宝</td>
<td colspan="2">www.taobao.com</td>
<td>32</td>
</tr>
<tr>
<td rowspan="2">美国</td>
<td>ebay</td>
<td colspan="2">www.ebay.com</td>
<td>22</td>
```

```
</tr>
<tr>
<td style = "width: 100px; height: 50px ; text - align: right; vertical - align: text - top;">
facebook</td>
<td colspan = "2" > www.facebook.com</td>
<td> 12 </td>
</tr>
<tr>
<td colspan = "5" style = "height: 60px; text - align: right; vertical - align: top;" >网站排名
</td>
</tr>
</table>
</body>
</html>
```

程序运行结果如图 4-21 所示。

如果删除表格前面的 border-collapse: collapse; 样式,则得到如图 4-22 所示的图像,边框没有合并。

图 4-21　表格合并边框样式结果

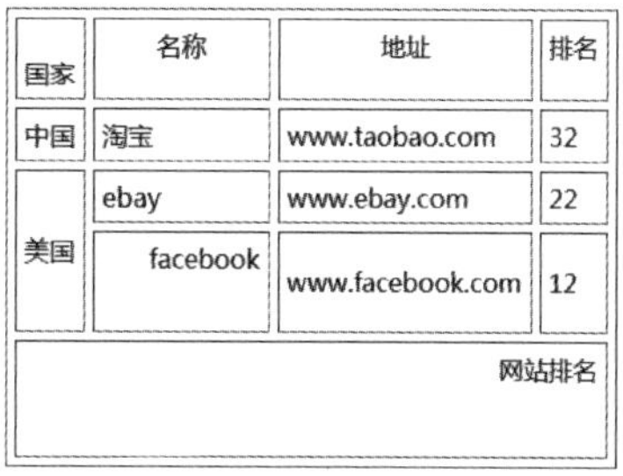

图 4-22　边框没有合并的表格样式结果

4.3.7　鼠标样式

在网页上,鼠标的形状可以表示浏览器的当前状态:平时呈箭头,指向链接时呈手型,等待网页下载时呈沙漏型。链接可以指向一个帮助文件,也可以是向前进一页或是向后退一页等。CSS 提供了多种的鼠标形状供选择,如表 4-6 所示。

表 4-6　不同的鼠标形状

参　数	鼠标形状	参　数	鼠标形状
cursor:hand	手型	cursor:crosshair	十字
cursor:wait	沙漏型	cursor:move	十字箭头
cursor:e-resize	右箭头	cursor:n-resize	上箭头
cursor:text	文本	cursor:w-resize	左箭头
cursor:help	问号	cursor:s-resize	下箭头
cursor:nw-resize	左上箭头	cursor:se-resize	右下箭头
cursor:sw-resize	左下箭头	cursor:no-drop	无法释放
cursor:auto	自动	cursor:not-allowed	禁止
cursor:progress	处理中	cursor:url('#')	用户自定义(可用动画)

其中,# = 光标文件地址,且文件格式必须为.cur 或.ani。

【语法】

```
style = "cursor:参数"
```

其中,参数如表 4-5 所示。

【例 4-18】 光标样式实例。

```
<! DOCTYPE html >
< html >
< head >
< meta http - equiv = "Content - Type" content = "text/html; charset = UTF - 8 " />
< title > CSS cursor 属性示例</title >
< style type = "text/css" media = "all">
   p # auto        {cursor: auto;}
   p # crosshair  {cursor: crosshair;}
   p # default    {cursor: default; }
   p # pointer    {cursor: pointer; }
   p # move       {cursor: move; }
   p # e - resize {cursor: e - resize;}
   p # ne - resize{cursor: ne - resize; }
   p # nw - resize{cursor: nw - resize; }
   p # n - resize {cursor: n - resize; }
   p # se - resize{cursor: se - resize; }
   p # sw - resize{cursor: sw - resize; }
   p # s - resize {cursor: s - resize;}
   p # w - resize {cursor: w - resize;}
   p # text       {cursor: text;}
   p # wait       {cursor: wait;}
   p # help       {cursor: help;}
   p # progress   {cursor: progress;}
   p              {border: 1px solid black;
                  background: lightblue;}
</style >
</head >
< body >
        < p id = "auto">有志者事竟成,破釜沉舟,百二秦关终属楚</p>
        < p id = "crosshair">有志者事竟成,破釜沉舟,百二秦关终属楚</p >
        < p id = "default">有志者事竟成,破釜沉舟,百二秦关终属楚</p >
        < p id = "pointer">有志者事竟成,破釜沉舟,百二秦关终属楚</p >
        < p id = "move">有志者事竟成,破釜沉舟,百二秦关终属楚</p >
        < p id = "e - resize">苦心人天不负,卧薪尝胆,三千越甲可吞吴</p >
        < p id = "ne - resize">苦心人天不负,卧薪尝胆,三千越甲可吞吴</p >
        < p id = "nw - resize">苦心人天不负,卧薪尝胆,三千越甲可吞吴</p >
        < p id = "n - resize">苦心人天不负,卧薪尝胆,三千越甲可吞吴</p >
        < p id = "se - resize">苦心人天不负,卧薪尝胆,三千越甲可吞吴标</p >
        < p id = "sw - resize">苦心人天不负,卧薪尝胆,三千越甲可吞吴</p >
        < p id = "s - resize">苦心人天不负,卧薪尝胆,三千越甲可吞吴</p >
        < p id = "w - resize">苦心人天不负,卧薪尝胆,三千越甲可吞吴</p >
        < p id = "text">苦心人天不负,卧薪尝胆,三千越甲可吞吴</p >
        < p id = "wait">苦心人天不负,卧薪尝胆,三千越甲可吞吴</p >
        < p id = "help">苦心人天不负,卧薪尝胆,三千越甲可吞吴</p >
        < p id = "progress">苦心人天不负,卧薪尝胆,三千越甲可吞吴</p >
    </body >
</html >
```

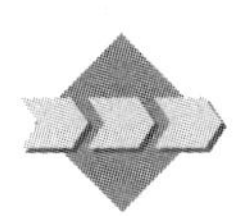

4.4 CSS 样式设计之美

许多网页设计师和开发者都曾为 Web 之美做出了贡献。CSS 允许对超文本文档的样式进行全面而完整的控制,是把控制的缰绳交到那些有能力从结构中创造美的人手上展示 CSS 的本质。在视觉意义上,网页其实就是内容与样式两部分,内容好比一个盒子,而样式则是盒子的颜色、形状和材质。今天设计师们已不满足于只为内容这个"盒子"刷上颜料,他们不仅努力创造视觉体验,更用 CSS 来丰富网页功能,让盒子的样子本身就充满吸引力。运用 CSS 创作网页样式,已成为互联网时代的一项艺术实践。

4.4.1 网页样式设计的演变

1991 年 8 月 6 日,欧洲原子核研究会(CERN)粒子实验室的 Tim Berners-Lee 成功建立了世界上第一个网站 http://info.cern.ch,该网站目前运转正常,Web 从此正式诞生。第一个互联网公开网页(http://info.cern.ch/hypertext/WWW/TheProject.html)如图 4-23 所示,页面上只有若干行文字和十多个链接。

World Wide Web

The WorldWideWeb (W3) is a wide-area hypermedia information retrieval initiative aiming to give universal access to a large universe of documents.

Everything there is online about W3 is linked directly or indirectly to this document, including an executive summary of the project, Mailing lists , Policy , November's W3 news , Frequently Asked Questions .

What's out there?
    Pointers to the world's online information, subjects , W3 servers, etc.
Help
    on the browser you are using
Software Products
    A list of W3 project components and their current state. (e.g. Line Mode ,X11 Viola , NeXTStep , Servers , Tools , Mail robot , Library)
Technical
    Details of protocols, formats, program internals etc
Bibliography
    Paper documentation on W3 and references.
People
    A list of some people involved in the project.
History
    A summary of the history of the project.
How can I help ?
    If you would like to support the web..
Getting code
    Getting the code by anonymous FTP , etc.

图 4-23 世界上第一个网页

浏览器的出现使网页设计迈进一大步,它可以让网页显示图像。互联网上第一张图片是"CERN 乐队",如图 4-24 所示,这张具有历史意义的相片拍于 1992 年 7 月 18 日 CERN 举办的音乐节后台。虽然詹纳罗当时不清楚这个所谓的"万维网"到底是什么东西,但是他还是用 Mac 计算机扫描并用 FTP 将之上传到了 CERN 的官方网站。正如詹纳罗所说:"当历史被创造时,你不知道你就在其中。"

图 4-24 互联网上第一张图片

自 1995 年开始,万维网联盟(W3C)成立,表格用于网页设计,让空白的网页变得更复杂些。网页不再是简单的纯文本,开始拥有日益丰富的样式。当构建信息时,通过

HTML 表格来排版布局流行了很长一段时间。当设计师制作花哨的布局时，为解决这个问题，最佳方法就是切片 ＋表格。当时表格也有它的好处，比如利用垂直对齐、可设置像素单位及百分比的功能来制作网格布局。

自 1995 年开始，JavaScript 扩展表现范围，可以解决 HTML 的一些局限性。那时背景图像、GIF 动画、闪字、计数器等工具迅速成为网页必需的噱头。

自 1996 年开始，Flash 实现了技术突破，打破现有网页设计上的局限，设计师在设计形状、布局、互动以及一些很棒很炫的动画时都可以在这一个工具上执行，完成后只是一个单独的文件输出，并能显示在浏览器中。用户浏览它时需要安装插件并等待 Flash 加载完成后方可浏览。Flash 的功能确实很棒，可惜它对搜索引擎不太友好了，并且消耗了大量的处理器功能。2007 年，苹果公司在发明第一个 iPhone 时就决定放弃使用它们，接着 Flash 开始没落。

1998 年，约和 Flash 同一时间，一种更好的设计结构技术 CSS 诞生了。CSS 将网站内容和表现分开，所以它的外表和格式都在 CSS 中定义。CSS 的第一个版本很不灵活，最大的问题是浏览器兼容性差，花了好几年的时间才得到改进。

2007 年是混乱的移动网格和框架时期。手机网页本身就是一个挑战，除了各种不同设备对应不同尺寸的布局，它的内容应该和小屏幕上的相同或是单独剥离出来？是否添加广告到小屏幕上？访问速度也是问题，因为内容太大，访客浏览网页慢，流量增加，从而成本也增加。第一步改进是使用栅格的概念，各种栅格系统诞生，最终 960 栅格系统胜出，而这 12 列栅格被设计师经常使用。接下来的步骤就是标准化形状、导航、按钮等常用元素，将其规范起来，以使其更简单且可重复使用。基本上就是制作一个包含其代码的视觉库。在这里，Bootstrap 和 Foundation 胜出，被用在许多网站和 App 应用上。缺点就是使用这个框架的外观往往看起来像一样的，而设计师不知道代码是如何工作的。

2010 年，响应式网页设计(Responsive Web Design)诞生。2010 年，Ethan Marcotte 提出响应式网页设计以实现不同的布局，这也是响应式网页设计的起源。技术上，依然是用 HTML 和 CSS 来编写。这意味着响应式设计可以在大量的布局中使用，主要优点就是相同的 Web 站点可以工作在桌面计算机、移动手机端，而不需要再独立一个手机端出来。

2010 年进入扁平化的时代。设计一些布局需要大量的时间，幸运的是界面上那些花哨的装饰元素(如 3D、阴影效果、纹理材质)被抛弃，并回归到根的设计，优先专注内容。精美的摄影图像、插图、排版、易于使用的布局是应该考虑的。简化可视元素仅仅是扁平化设计过程的一部分，重要的是该以内容为中心，把光泽的按钮换成图标，并使用 SVG 或图标字体。

自 2015 年以来，网页设计更加注重视角性、交互性、功能和界面一致性等良好的用户体验。网页界面设计中大量使用色彩空间理论和布局原则等，更关注用户界面设计和网页设计的交互性，以及功能和界面的一致性。

网页设计的目标是带来“成功且令人满意的体验”，成功就是指用户能高效地完成任务，令人满意是指这一过程是愉快的，而不仅是满足功能性需求，这种愉快可以表现为视觉上的愉悦，审美的享受。

4.4.2 网页设计中的视觉设计

网页设计，是以图形用户界面设计和交互设计为特点的设计系统。网页的输出端主要是计算机端和移动终端。网页的艺术设计内容可以划分为两大类：多媒体设计元素及版式设计。网页设计中的多媒体设计元素主要包括图标、图像、表格、色彩、导航、音乐、视频影像、背景、交互按钮、文本信息、链接等。网页的版式设计，是在有限的屏幕空间上将视听多媒体元素进行有机的排列组合，它在传达信息的同时，也产生感官上的美感和精神上的享受。

1. 网页中的字体

网页中行距、字距的合理安排可以使用户在浏览时更为清晰迅速地查找信息，文字字体、字号所形成的节奏和美感也是设计时要考虑的因素。因为屏幕浏览的特性，正文的中文字体一般最常选用宋体和黑体，也可选用等线体、细圆体等清秀端庄的字体。选择有衬线体要比较慎重，字号较小的情况下会产生视觉错视，就好像字体周围有模糊的像素点，影响用户阅读。衬线字体因为在笔画的起落处具有装饰线脚，在屏幕端显示效果不是那么好。在网页界面设计中，衬线字体可以适当地应用在标题字的设计中，让标题更具有美感。

2. 文字段落编排

CSS 样式设计篇、章页字体时应注意变化，按照章节层次，字号大小按一定的顺序选定，使读者阅读起来感到结构分明、条理清楚。每个层次不同的字体在统一中不乏变化，丰富视觉意味。在网页制作时采用 CSS 技术，可以有效地对页面的布局、字体、颜色、背景和其他效果实现更加精确的控制。

3. 网页色彩的搭配

根据色彩心理学理论，色彩代表了不同的情感，有着不同的象征含义。在网页配色中，一个网站中的色彩不要过于混乱，应根据网站的主题内容定义色彩体系，在统一中找对比。背景和文本信息的对比尽量要大，不要用繁复的图案图形作背景，以免影响文字的识别性。

4. 网页中的布局理念——功能优先原则

网页布局大致可分为国字型、左右布局及上下布局型、大背景封面型等。国字型是一些门户类网站常见的布局方式。上面是网站的主导航及搜索区块，通栏的滚动广告栏；中部是网站当前页面的主要内容，左侧通常会放置二级导航栏，右侧会放一些超链接或者其他功能模块；最下面是网站的一些基本信息、联系方式、版权声明等。这种结构是我们在网上见到的差不多最多的一种结构类型。左右布局一般左面是导航链接，右面是当前页面内容区。这种类型结构非常清晰，检索方便，层级结构清晰有条理。上下布局一般上面是导航链接，下面是当前页面内容区。大背景封面型：基本上出现在一些网站的首页，大背景能够更好地渲染网站的气氛，具有很好的沉浸感，这种类型的首页使用比较多，适合首页内容容量较少的页面。

5. 版式设计

第一页(首页)的版式以及下级页面的安排基本是从一而终，统一在一种格调中，这样才能构成阅读时的顺畅，形成界面整体的风格。层级页面，统一并不代表一成不变，应在统一中寻求变化。如果一个网站有较为复杂的层级页面，怎样拓展设计是关键。还要注意的是，要根据站点地图规划好不同内容页面的区分，比如用颜色、文字版面、动静区分等。

4.4.3 CSS 之美

CSS 最直接的功劳在于提高了互联网视觉设计整体水平。拜 CSS 所赐，富有美感的网站层出不穷，从门户网站、社交网站再到企业网站。与内容剥离后，CSS 的灵活性被淋漓尽致地展现。尤其是许多欧美设计师为 Joomla 等成熟 CMS 设计的个性模板，充满了探索感，件件如艺术品般精致。

与其他艺术形式一样，网页设计要想获得普遍青睐，必然要符合美的一般准则。在这方面，它接近绘画，诸如色彩搭配、形状运用、比例分割等，早已是设计师最常考虑的焦点问题。而这些对于美的演绎，事实上扮演了对访客的审美熏陶。

CSS更重要的价值在于为想创造美的设计师提供了零门槛的实践可能。包括绘画在内的一切人类艺术形式都是人自我实现的渠道。人皆有自我实现之愿望，物质生活得到一定满足时，人皆会有艺术冲动，网络时代亦不例外。WordPress的成功就与之息息相关，成千上万的博客主正是看中在独立设计样式方面的灵活性，才选择加入这条道路。

CSS3语义化的表现是设计过程更简洁和后台样式更丰富。诸如圆形边角、动态效果、元素阴影等样式变化，不再需要逐一定义。只需要一两句代码就能调用，剩下的工作全部由浏览器自行编译实现。这将进一步解放设计师，使得Web设计更像是艺术火花的碰撞，而不是枯燥的代码写作。

设计师们的作品会突破传统Web设计的边界，不仅在平面领域更出彩，而且以Web作品鲜明的交互特色，使得实用与美在Web设计中获得更深刻的融合，并诞生一些丝毫不逊于其他艺术门类的设计作品。

在美的领域，CSS的未来更令人期待。我们都知道，艺术从来与生活紧密联系。人的实践发展，将带来艺术种类与样式的不断发展。作为当下与现代人生活联系最紧密的网络世界，当然不能缺席。从这个视角看，CSS将会更艺术化。

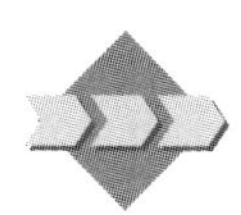

习题

1. 简要说明什么是CSS。
2. 比较几种网页添加样式的方法。
3. 比较分析字体样式和文本样式的区别。
4. 设计一个表格样式，其中，整体表格的样式：

```
font - family:"Trebuchet MS", Arial, Helvetica, sans - serif;width:100 % ;
border - collapse:collapse;
```

表格标题的样式：

```
font - size:1.1em; text - align:left; padding - top:5px; padding - bottom:4px; background - color:
# A7C942; color: # ffffff;
```

表格奇数行数据的样式：

```
color: # 000000; background-color: # EAF2D3;
```

表格偶数行数据的样式：

```
font-size:1em; border:1px solid # 98bf21; padding:3px 7px 2px 7px;
```

效果如图4-25所示。

5. 补全下面的代码，实现一个< div >元素页面布局样式，效果如图4-26所示。

```
<! DOCTYPEHTML >
< HTML >
< head >
```

Company	Contact	Country
Apple	Steven Jobs	USA
Baidu	Li YanHong	China
Google	Larry Page	USA
Lenovo	Liu Chuanzhi	China
Microsoft	Bill Gates	USA
Nokia	Stephen Elop	Finland

图 4-25 表格 CSS 样式结果

```
<Metacharset = "UTF - 8"/>
<title></title>
<style>
#header{
background - color: black;
color: white;
    (1)
padding: 5px;
         }
#nav{
line - height: 30px;
background - color: #eeeeee;
height: 300px;
width: 100px;
    (2)
padding: 5px;
         }
#section{
width: 350px;
    (3)
padding: 10px;
         }
#footer{
background - color: black;
color: white;
clear: both;
    (4)
padding: 5px;
         }
</style>
</head>
<body>
<divid = "header">
<h1>City Gallery</h1>
</div>
<divid = "nav">
            London<br>Paris<br>Tokyo<br>
</div>
<divid = "section">
<h1>London</h1>
<p>London is the capital city of England. It is the most populous city in the United Kingdom,with
a metropolitan area of over 13 million inhabitants. </p><p>Standing on the River Thames, London
has been a major settlement for two millennia, its history going back to its founding by the Romans,
```

```
who named it Londinium. </p>
</div>
<divid = "footer">
            Copyright W3School.com.cn
</div>
</body>
</HTML>
```

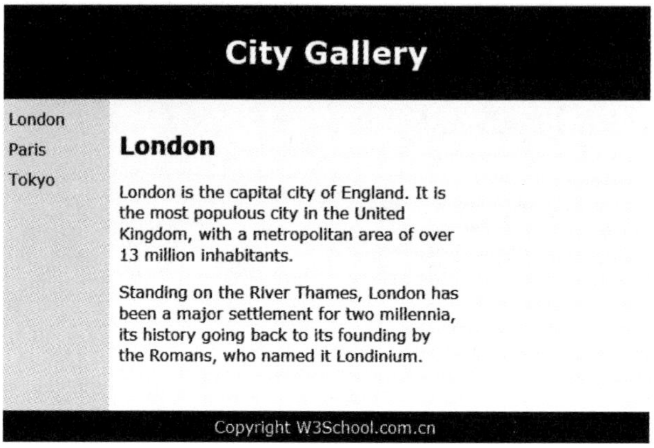

图 4-26　页面布局效果

6. 分析一个经典网站的 CSS。

CSS高级样式设计

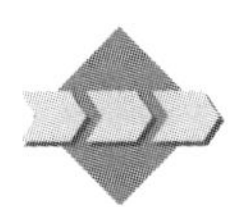

5.1 filter 滤镜

5-1 filter 滤镜

CSS3 中的 filter 滤镜属性可以改变图片等元素的可视效果。使用方法：直接给需要设置的图片添加 filter 属性。各种 filter 的功能描述如表 5-1 所示。

filter 属性语法：

```
filter: none | blur() | brightness() | contrast() | drop - shadow() | grayscale() | hue - rotate()
| invert() | opacity() | saturate() | sepia() | url();
```

滤镜的许多属性值通常使用百分比表示，如 75%；也可以使用小数来表示，如 0.75。

表 5-1 各种 filter 的功能描述

filter	描 述
none	默认值，没有效果
blur(px)	给图像设置高斯模糊。"radius"一值设定高斯函数的标准差，或者是屏幕上以多少像素融在一起，所以值越大越模糊；如果没有设定值，则默认是 0；这个参数可设置 CSS 长度值，但不接受百分比值
brightness(%)	给图片应用一种线性乘法，使其看起来更亮或更暗。如果值是 0，图像会全黑；值是 100%，则图像无变化。其他的值对应线性乘数效果。值超过 100%也是可以的，图像会比原来更亮。如果没有设定值，默认是 100%
contrast(%)	调整图像的对比度。值是 0 时，图像会全黑；值是 100%时，图像不变。值可以超过 100%，意味着会运用更低的对比。若没有设置值，默认是 100%
drop-shadow(h-shadow v-shadow blur spread color)	给图像设置一个阴影效果。阴影是合成在图像下面，可以有模糊度的，可以以特定颜色画出遮罩图的偏移版本。函数接受< shadow >(在 CSS3 背景中定义)类型的值，除了 inset 关键字是不允许的。该函数与已有的 box-shadow 属性很相似；不同之处在于，通过滤镜，一些浏览器为了更好的性能会提供硬件加速。 < shadow >参数如下： < offset-x >、< offset-y >（必需），设置阴影偏移量的两个 length 值。< offset-x >设定水平方向距离，负值会使阴影出现在元素左边。< offset-y >设定垂直方向距离，负值会使阴影出现在元素上方。如果两个值都是 0，则阴影出现在元素正后面。如果设置了< blur-radius > 和/或 < spread-radius >，会有模糊效果。

续表

filter	描　述
drop-shadow (h-shadow v-shadow blur spread color)	<blur-radius>(可选) 这是第三个 length 值,值越大,越模糊,则阴影会变得更大更淡。不允许为负值,若未设定,默认是 0(则阴影的边界很锐利)。 <spread-radius>(可选) 这是第四个 length 值,正值会使阴影扩张和变大,负值会使阴影缩小,若未设定,默认是 0(阴影会与元素一样大小)。 注意：WebKit 以及一些其他浏览器不支持第四个长度,即使加了也不会渲染。 <color>(可选) 若未设定,颜色值基于浏览器。在 Gecko(Firefox),Presto(Opera)和 Trident (Internet Explorer)中,会应用 color 属性的值。另外,如果颜色值省略,WebKit 中阴影是透明的
grayscale(%)	将图像转换为灰度图像。其值定义转换的比例。值为 100%,则完全转为灰度图像;值为 0,图像无变化;值为 0～100%,则是效果的线性乘子。若未设置,值默认是 0
hue-rotate(deg)	给图像应用色相旋转。angle 一值设定图像会被调整的色环角度值。值为 0deg,则图像无变化。若值未设置,默认值是 0deg。该值虽然没有最大值,但若超过 360deg 的值相当于又绕一圈
invert(%)	反转输入图像。值定义转换的比例,100%是完全反转,0 则图像无变化。值为 0～100%,则是效果的线性乘子。若值未设置,默认是 0
opacity(%)	转换图像的透明程度。值定义转换的比例,0%是完全透明,100%则图像无变化。值为 0～100%,则是效果的线性乘子,也相当于图像样本乘以数量。若值未设置,默认是 100%。该函数与已有的 opacity 属性很相似,不同之处在于通过 filter,一些浏览器为了提升性能会提供硬件加速
saturate(%)	转换图像饱和度。值定义转换的比例,0 是完全不饱和,100%则图像无变化。其他值则是效果的线性乘子。超过 100%的值是允许的,则有更高的饱和度。若值未设置,默认是 100%
sepia(%)	将图像转换为深褐色。定义转换的比例,100%为完全是深褐色的,0 为图像无变化。0～100%则是效果的线性乘子。若未设置,默认是 0
url()	URL 函数接受一个 XML 文件,该文件设置了一个 SVG 滤镜,且可以包含一个锚点来指定一个具体的滤镜元素。 例如：filter：url(svg-url#element-id)

【例 5-1】 滤镜样式实例。

```
<!DOCTYPE html>
<html lang="en">
<head>
  <meta charset="UTF-8">
  <title>Drop Caps with CSS</title>
  <style>
    .blur {
      /* 图片使用高斯模糊效果 */
      -webkit-filter: blur(5.5px);
      /* Chrome, Safari, Opera */
      filter: blur(5.5px);
```

```
}
.grayscale {
  /*将图像转换为灰度图像*/
  -webkit-filter: grayscale(100%);
  /* Chrome, Safari, Opera */
  filter: grayscale(100%);
}
.brightness {
  /*使图片变亮*/
  -webkit-filter: brightness(200%);
  /* Chrome, Safari, Opera */
  filter: brightness(200%);
}
.contrast {
  /*调整图像的对比度*/
  -webkit-filter: contrast(300%);
  /* Chrome, Safari, Opera */
  filter: contrast(300%);
}
.drop-shadow {
  /*给图像设置一个阴影效果*/
  -webkit-filter: drop-shadow(180px 180px 10px #10beb6);
  /* Chrome, Safari, Opera */
  filter: drop-shadow(-180px 180px 10px red);
}
.hue-rotate {
  /*给图像应用色相旋转*/
  -webkit-filter: hue-rotate(225deg);
  /* Chrome, Safari, Opera */
  filter: hue-rotate(225deg);
}
.invert {
  /*反转输入图像*/
  -webkit-filter: invert(100%);
  /* Chrome, Safari, Opera */
  filter: invert(100%);
}
.opacity {
  /*转换图像的透明程度*/
  -webkit-filter: opacity(30%);
  /* Chrome, Safari, Opera */
  filter: opacity(30%);
}
.saturate {
  /*转换图像饱和度*/
  -webkit-filter: saturate(800%);
  /* Chrome, Safari, Opera */
  filter: saturate(800%);
```

```
        }
        .sepia {
          /* 将图像转换为深褐色 */
          -webkit-filter: sepia(100%);
          /* Chrome, Safari, Opera */
          filter: sepia(100%);
        }
        .many {
          /* 综合多种 */
          -webkit-filter: contrast(200%) brightness(150%);
          /* Chrome, Safari, Opera */
          filter: contrast(200%) brightness(150%);
        }
    </style>
</head>
<body>
    <label for="raw">raw</label>
    <img src="fig1.jpg" id="raw" />
    <label for="blur">blur</label>
    <img src="fig1.jpg" id="blur" class="blur" />
    <br>
    <label for="grayscale">grayscale</label>
    <img src="fig1.jpg" id="grayscale" class="grayscale" />
    <label for="brightness">brightness</label>
    <img src="fig1.jpg" id="brightness" class="brightness" />
    <br>
    <label for="contrast">contrast</label>
    <img src="fig1.jpg" id="contrast" class="contrast" />
    <label for="drop-shadow">drop-shadow</label>
    <img src="fig1.jpg" id="drop-shadow" class="drop-shadow" />
    <br>
    <label for="hue-rotate">hue-rotate</label>
    <img src="fig1.jpg" id="hue-rotate" class="hue-rotate" />
    <label for="invert">invert</label>
    <img src="fig1.jpg" id="invert" class="invert" />
    <br>
    <label for="opacity">opacity</label>
    <img src="fig1.jpg" id="opacity" class="opacity" />
    <label for="saturate">saturate</label>
    <img src="fig1.jpg" id="saturate" class="saturate" />
    <br>
    <label for="sepia">sepia</label>
    <img src="fig1.jpg" id="sepia" class="sepia" />
    <label for="many">many</label>
    <img src="fig1.jpg" id="many" class="many" />
</body>
</html>
```

程序运行效果如图 5-1 所示。

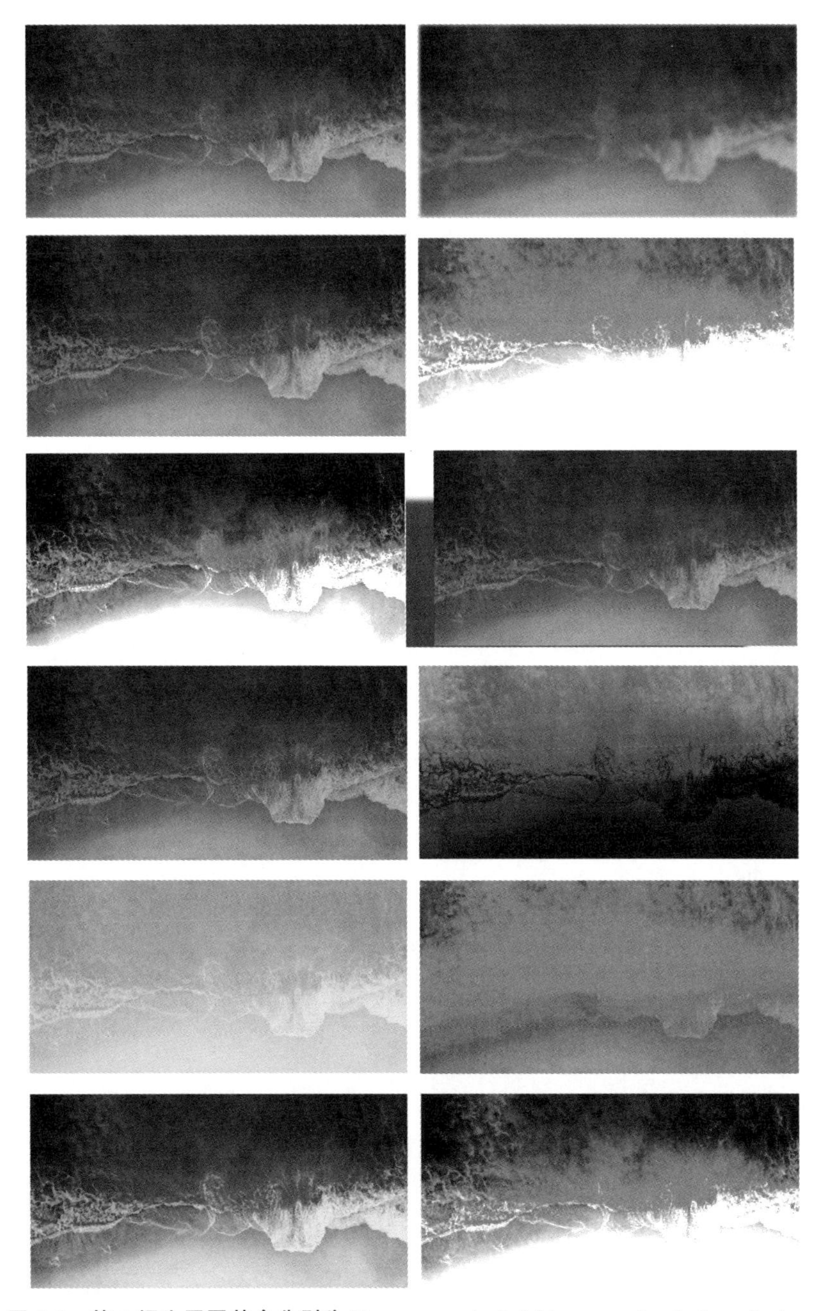

图 5-1　第 1 幅为原图其余分别为 blur、grayscale、brightness、contrast、drop-shadow、hue-rotate、invert、opacity、saturate、sepia 和混合滤镜处理后的效果图

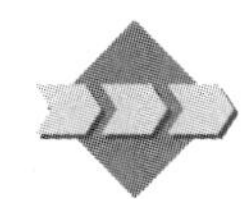

5.2　CSS3 的变形

5-2 transition 过渡

CSS3 的变形能实现移动、旋转、缩放和倾斜等。

5.2.1　translate 平移

transform 的 translate()方法用来实现元素的平移效果。

```
transform: translateX(x);            /* 沿 X 轴方向平移 */
transform: translateY(y);            /* 沿 Y 轴方向平移 */
transform: translate(x, y);          /* 沿 X 轴和 Y 轴方向同时平移 */
```

有 3 种平移：translateX()、translateY()、translate()。参数 x 表示元素在 X 轴方向上的移动距离，参数 y 表示元素在 Y 轴方向上的移动距离，两者的单位可以为 px、em 和百分比等。

【例 5-2】 transform:translate 平移实例。

```
<!DOCTYPE html>
<html>
<head>
<meta charset="UTF-8" />
<title></title>
<style type="text/css">
        /*设置原始元素样式*/
        #before{
            width:200px;
            height:200px;
            border:2px dashed rgb(128, 128, 128);
        }
        /*设置当前元素样式*/
        #after{
            width:200px;
            height:200px;
            color:white;
            background-color: rgb(30, 250, 129);
            opacity: 0.6;
            transform:translateX(20px);
        }
</style>
</head>
<body>
<div id="before">原来
<div id="after">平移</div>
</div>
</body>
</html>
```

程序运行效果如图 5-2 所示。

在实际开发中，单纯对某个元素定义平移是没有太多意义的，变形效果一般都是结合 CSS3 动画一起使用。

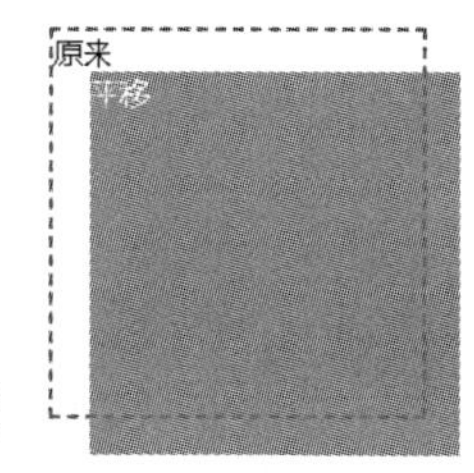

图 5-2　元素平移效果

5.2.2 scale 缩放

在 CSS3 中可以使用 transform 属性的 scale()方法来实现元素的缩放效果。

【语法】

```
transform: scaleX(x);                /* 沿 X 轴方向缩放 */
transform: scaleY(y);                /* 沿 Y 轴方向缩放 */
transform: scale(x, y);              /* 沿 X 轴和 Y 轴方向同时缩放 */
```

跟 translate()方法类似，缩放也有 3 种情况：scaleX()、scaleY()、scale()。参数 x 表示元

素在 X 轴方向的缩放倍数，参数 y 表示元素在 Y 轴方向的缩放倍数。

【例 5-3】 transform：scale 元素缩放实例。

```
<!DOCTYPE html>
<html>
<head>
<meta charset="UTF-8" />
<title></title>
<style type="text/css">
        /*设置原始元素样式*/
        #origin {
            position:absolute;
            top:30px;
            left:20%;
            width:200px;
            height:200px;
            border:2px solid red;
        }
        /*设置当前元素样式*/
        #current {
            width:200px;
            height:200px;
            color:rgb(255, 255, 255);
            background-color: rgb(30, 170, 250);
            opacity: 0.4;
            transform:scaleX(1.5);
        }
</style>
</head>
<body>
<div id="origin">原来
        <div id="current">缩放</div>
    </div>
</body>
</html>
```

程序运行效果如图 5-3 所示。

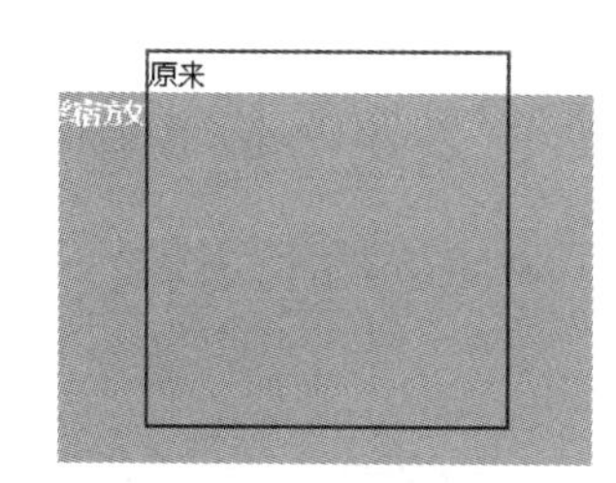

图 5-3 元素缩放效果

5.2.3 rotate 旋转

使用 transform 属性的 rotate()方法来实现元素的旋转效果。

【语法】

```
transform: rotate(angle);
```

参数 angle 表示元素相对于中心原点旋转的度数(deg)。如果度数为正，则表示顺时针旋转；如果度数为负，则表示逆时针旋转。如果没有写单位，如 transform:rotate(50)不会变化。

【例 5-4】 transform:rotate()的元素旋转实例。

```
<!DOCTYPE html>
<html>
<head>
```

```
<meta charset = "UTF - 8" />
<title></title>
<style type = "text/css">
        /* 设置原始元素样式 */
        #origin{ position:absolute;
            top:30px;
            left:20%;
            width:200px;
            height:200px;
            border:2px solid red;
        }
        /* 设置当前元素样式 */
        #current{
            width:200px;
            height:200px;
            color:rgb(255, 255, 255);
            background-color: rgb(30, 170, 250);
            opacity: 0.4;
            transform:rotate(50deg);
        }
</style>
</head>
<body>
<div id = "origin">原来
<div id = "current">旋转</div>
</div>
</body>
</html>
```

程序运行效果如图 5-4 所示。

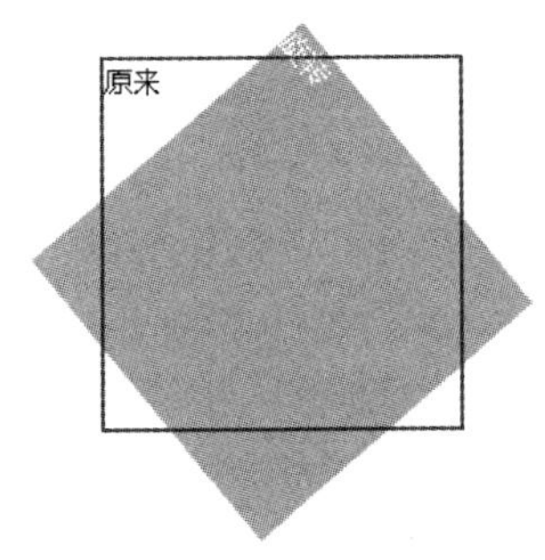

图 5-4 元素旋转效果

5.2.4 skew 斜拉

transform 的 skew()方法能实现元素的倾斜效果。

语法：

```
transform: skewX(x);            /* 沿 X 轴方向倾斜 */
transform: skewY(y);            /* 沿 Y 轴方向倾斜 */
transform: skew(x, y);          /* 沿 X 轴和 Y 轴方向同时倾斜 */
```

倾斜也有 3 种情况：skewX()、skewY()、skew()。参数 x 表示元素在 X 轴方向的倾斜度数，单位为 deg。如果度数为正，则表示元素沿 X 轴方向逆时针倾斜；如果度数为负，则表示元素沿 X 轴方向顺时针倾斜。

参数 y 表示元素在 Y 轴方向的倾斜度数，单位为 deg。如果度数为正，则表示元素沿 Y 轴方向顺时针倾斜；如果度数为负，则表示元素沿 Y 轴方向逆时针倾斜。

【例 5-5】 transform:skew()的元素斜拉实例。

```
<!DOCTYPE html>
<html>
<head>
<meta charset = "UTF - 8" />
```

```
<title></title>
<style type="text/css">
/*设置原始元素样式*/
        .origin{ position:absolute;
            top:30px; left:20px;
            width:200px;
            height:200px;
            border:2px solid red;

        }
/*设置当前元素样式*/
        .skewX{
             position:absolute;
            top:300px; left:20px;
            width:200px;
            height:200px;
            color:rgb(14, 13, 13);
            background-color: rgb(217, 250, 30);
            opacity: 0.4;
            transform:skewX(30deg);
        }
        .skewY{
            position:absolute;
            top:300px; left:320px;
            width:200px;
            height:200px;
            color:rgb(10, 10, 10);
            background-color: rgb(30, 250, 239);
            opacity: 0.4;
            transform:skewY(40deg);
        }
        .skewXY{
            position:absolute;
            top:300px; left:620px;
            width:200px;
            height:200px;
            color:rgb(20, 18, 18);
            background-color: rgb(250, 30, 48);
            opacity: 0.4;
            transform:skew(50deg,50deg);
        }
</style>
</head>
<body>
<div class="origin">原来</div>
<div class="skewX"> skewX </div>
<div class="skewY"> skewY </div>
<div class="skewXY"> skewXY </div>
</body>
</html>
```

程序运行效果如图 5-5 所示。

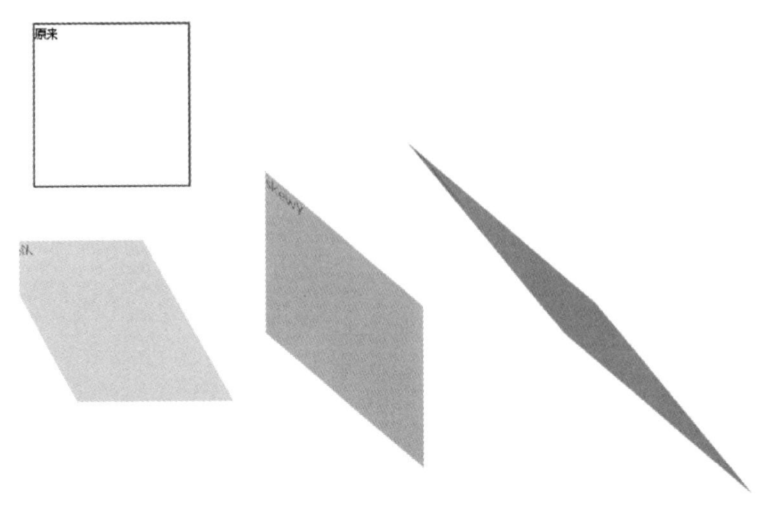

图 5-5 元素斜拉效果

5-3 animation

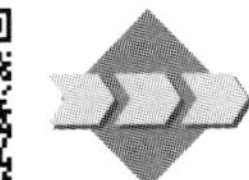

5.3 transition 过渡

transition 将元素的某一个属性从“一个值”在指定的时间内平滑地过渡到“另一个值”，从而实现动画效果，例如，渐渐显示、渐渐隐藏、动画快慢。

【语法】

```
transition: transition - property transition - duration transition - timing - funciton transition - delay;
```

其中，transition-property：none|all|property。

none：没有属性会获得过渡效果。

all：所有属性都将获得过渡效果。

property：定义应用过渡效果的 CSS 属性名称列表，也就是 transition 属性可以同时定义两组或两组以上的过渡效果，组与组之间用逗号分隔。具有过渡的 CSS 属性主要有以下几种。

颜色：color，background-color，border-bottom-color，border-top-color，border-left-color，border-right-color，outline-color 等属性。

宽度：width，max-width，border-top-width，border-bottom-width，border-left-width，border-right-width，min-width 等属性。

高度：height，max-height，line-height 等属性。

位置：right，left，bottom，top，background-position 等属性。

边框：padding，padding-left，padding-right，padding-top，padding-bottom，margin，margin-left，margin-right，margin-top，margin-bottom 等属性。

大小：font-size，font-weight，boder-spacing，letter-spacing，text-indent 等属性。

透明度：opacity，visibility，text-shadow 等属性。

transition-duration 属性需要始终设置，否则时长为 0，就不会产生过渡效果。

transition-delay：time；在过渡效果开始前等待时间，单位为 s 或 ms。

transition-timing-function 属性用来描述这个中间值是怎样计算的。通过这个函数建立一条加速度曲线，因此在整个 transition 变化过程中，变化速度可以不断改变。常见的函数如下。

```
transition-timing-function: ease /* 规定慢速开始，然后变快，然后慢速结束的过渡效果(cubic-bezier(0.25,0.1,0.25,1)) */
transition-timing-function: ease-in /* 规定以慢速开始的过渡效果(等于 cubic-bezier(0.42,0,1,1)) */
transition-timing-function: ease-out/* 规定以慢速结束的过渡效果(等于 cubic-bezier(0,0,0.58,1)) */
transition-timing-function: ease-in-out/* 规定以慢速开始和结束的过渡效果(等于 cubic-bezier(0.42,0,0.58,1)) */
transition-timing-function: linear/* 规定以相同速度开始至结束的过渡效果(等于 cubic-bezier(0,0,1,1)) */
transition-timing-function: cubic-bezier(0.1, 0.7, 1.0, 0.1)
```

/* cubic-bezier(n,n,n,n)在 cubic-bezier 函数中定义自己的值。可能的值是 0～1 的数值 */。例如：

```
transition-timing-function: step-start
transition-timing-function: step-end
transition-timing-function: steps(4, end)
transition-timing-function: ease, step-start, cubic-bezier(0.1, 0.7, 1.0, 0.1)
```

cubic-bezier() 函数定义了一个贝塞尔曲线(Cubic Bezier)。贝塞尔曲线由四个点 P_0,P_1,P_2 和 P_3 定义。cubic-bezier 参数范围如图 5-6 所示，P_0 和 P_3 是曲线的起点和终点。P_0 是(0,0)并且表示初始时间和初始状态，P_3 是(1,1)并且表示最终时间和最终状态。P_0 默认值(0,0)，P_1 动态取值(x1,y1)，P_2 动态取值(x2, y2)，P_3 默认值(1, 1)，如图 5-7 所示。需要关注的是 P_1 和 P_2 两点的取值，X 轴的取值范围是 0～1，当取值超出范围时 cubic-bezier 将失效；Y 轴的取值没有规定，当然也无须过大。

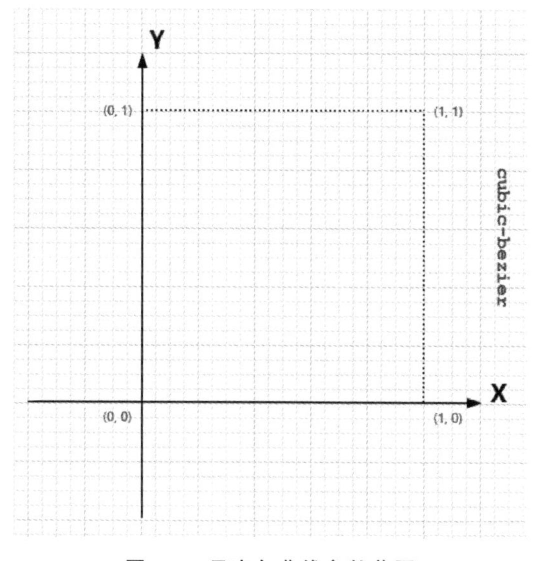

图 5-6 贝塞尔曲线参数范围

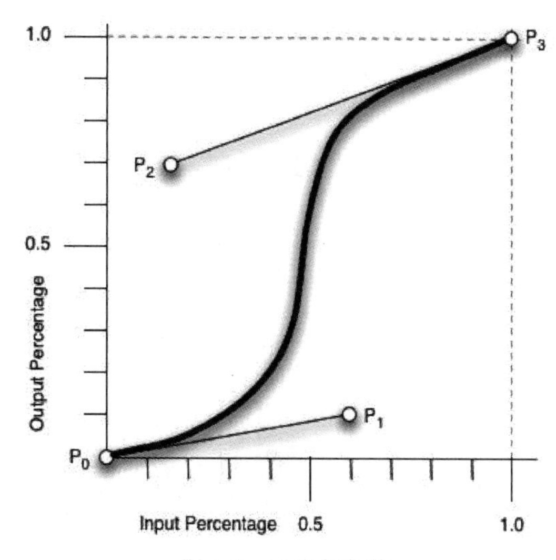

图 5-7 贝塞尔曲线

最直接的理解是，将以一条直线放在范围只有1的坐标轴中，并从中间拿出两个点来拉扯(X轴的取值区间是[0,1]，Y轴任意)，最后形成的曲线就是动画的速度曲线。

【例 5-6】 transition 的元素属性过渡实例。

```
<!DOCTYPE html>
<html>
<head>
<meta charset="UTF-8">
<title>过渡,动画效果</title>
<style>
div
{width:100px;
    height:100px;
    background-image:url(images/fall.jpg);
transition-timing-function: cubic-bezier(0.1, 0.7, 1.0, 0.1);
    transition-property: width height;
    transition-duration: 8s;
}
div:hover
{
    width:1200px;
    height:1000px;
}
</style>
</head>
<body>
<p><b>注意:</b>该属性不兼容 IE9 以及更早版本的浏览器。</p>
<div></div>
<p>鼠标移动在块上查看动画效果。</p>
</body>
</html>
```

注意: 该属性不兼容 IE9以及更早版本的浏览器.

鼠标移动在块上查看动画效果.

图 5-8 过渡的初始状态

程序运行效果如图 5-8 和图 5-9 所示。

注意: 该属性不兼容 IE9以及更早版本的浏览器.

图 5-9 过渡过程的中间状态

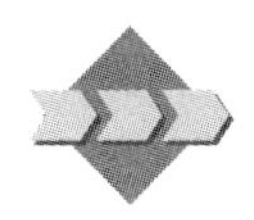

5.4　animation 动画

动画属性可以逐渐地从一个值变化到另一个值，如尺寸大小、数量、百分比和颜色。CSS 属性是可以有动画效果的，这意味着它们可以用于动画和过渡。

5.4.1　animation 简介

transition 过渡是通过初始和结束两个状态之间的平滑过渡实现动画的。animation 则是通过关键帧@keyframes 来实现更为复杂的动画效果。

对于 transition 属性来说，它只能将元素的某一个属性从一个属性值过渡到另一个属性值，只能实现一次性的动画效果。而对于 animation 属性来说，它可以将元素的某一个属性从第 1 个属性值过渡到第 2 个属性值，然后还可以继续过渡到第 3 个属性值，以此类推，可以实现连续性的动画效果。

animation 也是一个复合属性，包括 8 个子属性，主要使用前 6 个子属性。

【语法】

```
animation: animation - name animation - duration animation - timing - function animation - delay
animation - iteration - count animation - direction animation - play - state animation - fill -
mode;
```

其中，以下几个属性与 transition 过渡的属性类似。

animation-duration 属性取值是一个时间，单位为 s，可以是小数。

animation-timing-function 属性取值共有 5 种，这个跟 CSS3 过渡的 transition-timing-function 是一样的。

animation-delay 属性用来定义动画的延迟时间，单位为 s，可以为小数，其中默认值为 0s。当没有定义 animation-delay 时，动画就没有延迟时间。例如，animation-delay:2s;表示当页面打开后，动画需要延迟 2 秒才会开始执行。

animation-iteration-count 属性取值有两种：一种是“正整数”，另外一种是“infinite”。当取值是 n(正整数)时，表示动画播放 n 次；当取值为 infinite 时，表示动画播放无数次，也就是循环播放。

5.4.2　animation-name 动画名称@keyframes

关键帧的语法是以@keyframes 开头，后面紧跟着动画名称 animation-name。from 等同于 0，to 等同于 100%。百分比跟随的花括号里面的代码，代表此时对应的样式。keyframes 属性如表 5-2 所示。

【语法】

```
@keyframes animationname {
keyframes - selector {
css - styles;
}
}
```

表 5-2 keyframes 的属性

值 属 性	描 述
animationname	必需,定义动画的名称
keyframes-selector	必需,动画时长的百分比。合法的值：0～100%,from(与 0%相同),to(与 100%相同)
css-styles	必需,一个或多个合法的 CSS 样式属性

例如,颜色变化帧：

```
@keyframes mycolor {
        0{background - color:red;}
        30 % {background - color:blue;}
        60 % {background - color:yellow;}
        100 % {background - color:green;}
}
```

animation-name 调用的动画名需要和@keyframes 规则定义的动画名完全一致(区分大小写),如果不一致将不会产生任何动画效果。

【例 5-7】 animation 的动画实例。

```
<! DOCTYPE html >
< html >
< head >
< meta charset = "UTF - 8">
< title > css 实现动画</title >
< style >
div{
    background - image: url("fig1.png");
    width:300px;
    height: 300px;
    position:relative;
    animation:mymove 5s infinite;
     - webkit - animation:mymove 5s infinite; / * Safari and Chrome * /
}
@keyframes mymove{
    from {left:0px;}
    30 % {left:30px;}
    60 % {left:90px;}
    to {left:200px;}
}
</style >
</head >
< body >
< div >动起来</div >
</body >
</html >
```

上面的动画通过 animation：mymove 5s infinite 语句实现,其中,mymove 为动画名称,5s 为持续时间,infinite 为动画次数不限制。具体效果为：前 30%的时间从 0 移动到 30 个像素,30%～60%的时间为 30～90 像素,60%～100%的时间为 90～200 个像素,因此移动变化的速度不一样。程序运行效果如图 5-10 和图 5-11 所示。

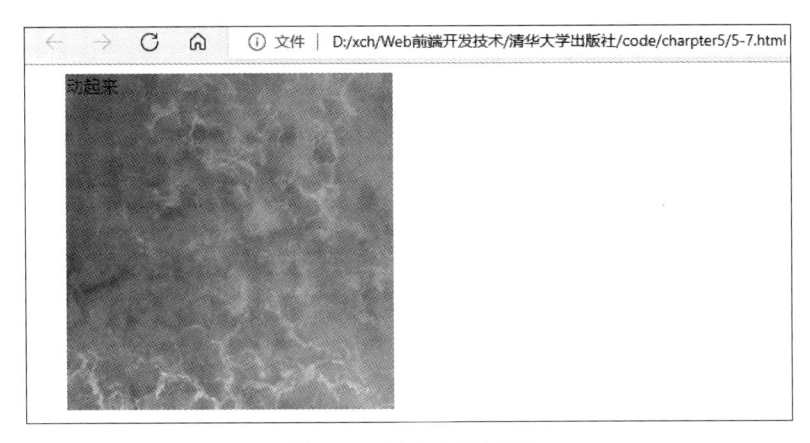

图 5-10　前 30%的某帧

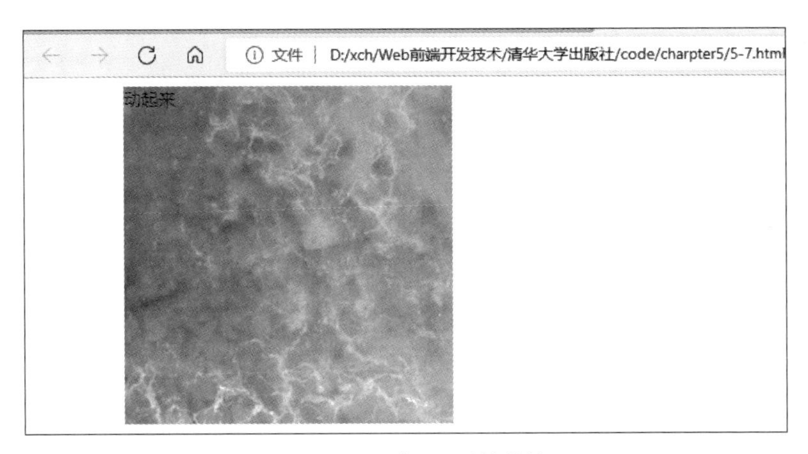

图 5-11　30%～60%的某帧

【例 5-8】　animation 同时有两个属性变换的动画实例。

```
<!DOCTYPEhtml>
<html>
<head>
    <title>Animation 同时改变多个属性的变化</title>
    <style>
        div{
        width:150px;
        height:50px;
        background:#4cff00;
        border:3pxsolid#000000;
        position:absolute;
        left:200px;
        top:300px;
        }
        /*定义一个关键帧*/
        @keyframes xiaolei {
          0 { background-color:#4cff00;
                transform: scale(0);
```

```
            }
        40% {
                background-color:#f00;
                transform: scale(1.5);
                }
        70% {
                background-color:#ffd800;
                transform: scale(2.5);
        }
            100% {
                transform: scale(3.5);
                background-color:#4cff00;
            }
        }
        div:hover{
        animation-name:xiaolei;
        animation-duration:8s;
        animation-timing-function: ease-in;
        }
    </style>
</head>
<body>
    <div>鼠标悬停,开始动画</div>
</body>
</html>
```

初始状态如图 5-12 所示，动画过程有缩放，同时颜色也在变化，如图 5-13 所示。

图 5-12　动画的初始状态

图 5-13　动画的变化过程状态

5.4.3 animation-direction 和 animation-play-state

animation-direction 属性，检索或设置对象动画在循环中是否按照方向运动，常见的播放方向取值见表 5-3。

表 5-3　animation-direction 的取值

属性值	描述
normal	正方向运动
reverse	反方向运动
alternate	动画先正方向运动再反方向运动，并持续交替运行
alternate-reverse	动画先反方向运动再正方向运动，并持续交替运行
initial	默认值
inherit	继承父元素的属性值

animation-play-state 属性用来定义动画的播放状态。有两个取值：running 为播放(默认值)，paused 为暂停。

【例 5-9】 animation 的播放方向和暂停播放实例。

```
<!DOCTYPE html>
<html>
<head>
<meta charset="UTF-8" />
<title></title>
<style type="text/css">
        @keyframes mytranslate{
            0{}
            50%{transform:translateX(160px);}
            100%{}
        }
        #ball{
            width:40px;
            height:40px;
            border-radius:20px;
            background-color:red;
            animation-name:mytranslate;
            animation-timing-function:linear;
            animation-duration:2s;
            animation-iteration-count:infinite;
        }
        #container {
            display:inline-block;
            width:200px;
            border:1px solid silver;
        }
</style>
<script>
        window.onload = function(){
            var oBall = document.getElementById("ball");
            var oBtnPause = document.getElementById("btn_pause");
            var oBtnRun = document.getElementById("btn_run");
            //暂停
            oBtnPause.onclick = function(){
                oBall.style.animationPlayState = "paused";
            };
            //播放
            oBtnRun.onclick = function(){
                oBall.style.animationPlayState = "running";
            };
        }
</script>
</head>
<body>
<div id="container">
<div id="ball"></div>
</div>
<div>
<input id="btn_pause" type="button" value="暂停" />
<input id="btn_run" type="button" value="播放" />
```

```
</div>
</body>
</html>
```

图 5-14 动画播放状态

红球在矩形框内来回移动，单击“暂停”按钮，小球则停止移动；单击“播放”按钮，小球继续移动，效果如图 5-14 所示。

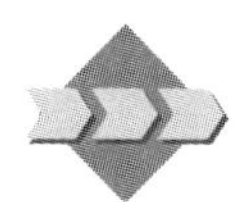

5.5 CSS 页面布局

5.5.1 display 属性

根据 CSS 规范的规定，每一个网页元素都有一个 display 属性，用于确定该元素的类型，每一个元素都有默认的 display 属性值，最常用的显示方式有 block，inline，inline-block。常见元素的默认显示方式如表 5-4 所示，但是可以通过指定其显示方式进行修改。

表 5-4 常见 CSS 元素的默认显示方式

显示方式	默认元素
行内	a，abbr，acronym，b，bdo，big，br，cite，code，dfn，em，font，i，img，input，kbd，label，q，s，samp，select，small，span，strike，strong，sub，sup，textarea，tt，u ，var
块级	header，article，aside，figure，canvas，video，audio，footer，address，blockquote，dir，div，dl，fieldset，form，h1，h2，h3，h4，h5，h6，hr，isindex，menu，noframes，noscript，ol，p，pre，table，ul
可变元素	applet，button，del，iframe，ins，map，object，script

其中 code 元素是计算机代码，在引用源码时使用，dfn 元素为定义字段，kbd 元素为定义键盘文本，samp 元素为定义范例的计算机代码，tt 元素为电传文本，dir 元素为目录列表，isindex 元素为输入提示，menu 为菜单列表。noframes 元素为 frames 的可选内容，对于不支持 frame 的浏览器显示此区块内容。noscript 是可选的脚本内容，对于不支持 script 的浏览器显示此内容。

(1) 块级元素(block)：独占一行，对宽高的属性值生效；如果不给定宽度，块级元素就默认为浏览器的宽度，即 100%宽。

【例 5-10】 block 块级元素样式实例。

```
<!DOCTYPE html>
<HTML>
<head>
<style type="text/CSS">
    div {
    border-width: 4px;
    border-color: red;
    border-style: double;
    }
    #ID1 {
    background-color:rebeccapurple;
    color: #FFF;
    height: 200px;
```

```
    width: 200px;
    }
    #ID2 {
    font: normal 14px/1.5 Verdana, sans-serif;
    height: 200px;
    width: 200px;
    background-color: rosybrown;
    }
</style>
</head>
<body>
<div>
<div id="ID1">ID1</div>
<div id="ID2">ID2</div>
        box1
</div>
</body>
</HTML>
```

程序运行效果如图 5-15 所示。

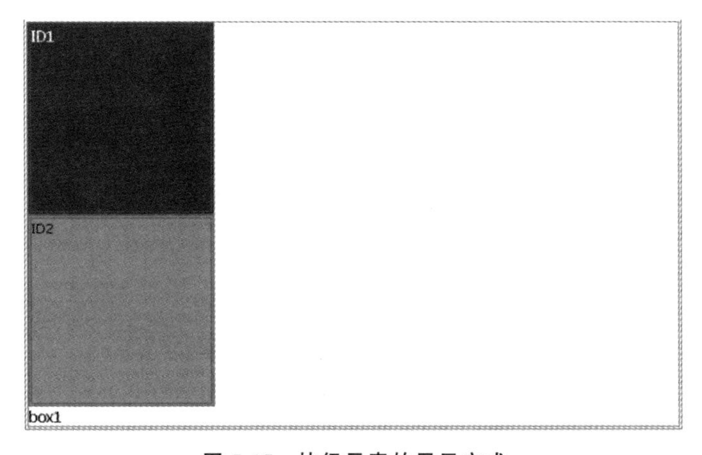

图 5-15 块级元素的显示方式

(2) 行内元素(inline)：也就是内联，可以多个标签存在一行，完全靠内容撑开宽高，任何的属性调高度都无效。因此，对行内元素设置高度、宽度、内外边距等属性，都是无效的。

【例 5-11】 inline 显示方式实例。

```
<!DOCTYPE html>
<html>
<head>
<meta http-equiv="Content-Type" content="text/html; charset=UTF-8" />
<title>CSS display:inline 实现 DIV 并排</title>
<style>
.bbb1,.bbb2,.bbb3,.bbb4{
     border-width: 2px ;
     border-color: red;
     border-style: solid;
     width: 200px;
     height: 200px;
```

```
    display:inline}
/* 4个CSS简写:共用display:inline样式 */
</style>
</head>
<body>
<div class = "bbb1">我在 bbb1 内</div>
<div class = "bbb2">我在 bbb2 内</div>
<div class = "bbb3">我在 bbb3 内</div>
<div class = "bbb4">我在 bbb4 内</div>
</body>
</html>
```

运行结果如图 5-16 所示。

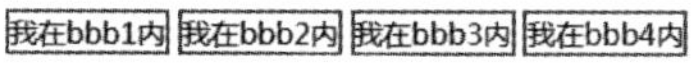

我在bbb1内 我在bbb2内 我在bbb3内 我在bbb4内

图 5-16 行内元素显示效果

(3) 行内块元素(inline-block):结合行内元素和块级元素的优点,既可以设置长宽,可以让 padding 和 margin 生效,又可以和其他行内元素并排。

【例 5-12】 inline-block 样式实例。

```
<!DOCTYPE html>
<HTML>
<head>
<style type = "text/CSS">
    div {
    border-width: 4px;
    border-color: red;
    border-style: double;
    }
    #ID1 {
    background-color:rebeccapurple;
    color:#FFF;
display: inline-block;
    height: 200px;
    width: 200px;
    }
    #ID2 {
    font: normal 14px/1.5 Verdana, sans-serif;
    height: 200px;
    width: 200px;
    background-color: rosybrown;
display: inline-block;
    }
</style>
</head>
<body>
<div>
<div id = "ID1"> ID1 </div>
<div id = "ID2"> ID2 </div>
        box1
</div>
```

```
</body>
</HTML>
```

程序运行效果如图 5-17 所示。

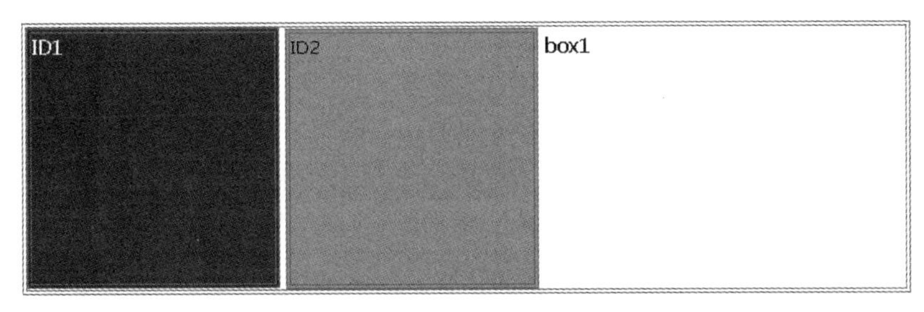

图 5-17 inline-block 行内块元素显示效果

观察图 5-17 可以发现,使用 inline-block 布局两个元素之间会有一个空白间隙。因为现在使用的是 inline-block 元素,为了方便理解,可以将 inline-block 元素看成两个文字,文字与文字之间不可能是连在一起的,肯定是有间隙的。既然知道了是文字的问题,那就将父元素 container 的字体大小设置为 0,可是这个时候会发现 left 和 right 这两个单词也没有了,这是因为 left 和 right 元素继承了父级元素的字体大小,这时候只需要分别设置 left 和 right 元素的字体大小即可。

【例 5-13】 inline-block 样式消除间隙实例。

```
<!DOCTYPE html>
<HTML>
<head>
<style>
<!-- @import "inline-block1.css"; -->
</style>
</head>
<body>
<div class = "container">
<div class = "left"> left </div>
<div class = "right"> right </div>
</div>
</body>
</HTML>
inline-block1.css 的内容为
.container {
    width: 800px;
    height: 200px;
    font-size: 0; /* 新增 */
  }
  .left {
    font-size: 14px; /* 新增 */
    background-color: red;
    display: inline-block;
    width: 200px;
    height: 200px;
  }
  .right {
```

```
    font-size: 14px; /* 新增 */
    background-color: blue;
    display: inline-block;
    width: 600px;
    height: 200px;
  }
```

程序运行效果如图 5-18 所示。

图 5-18 inline-block 样式消除间隙效果

5.5.2 盒子模型

盒子模型是 HTML 和 CSS 中最核心的内容,结合浮动、定位等技术实现布局。CSS 中所有页面元素都包含在一个矩形框内,这个矩形框就称为盒子。盒子描述了元素及属性在页面布局中所占空间大小,因此盒子可以影响其他元素的位置及大小。掌握盒子模型需要从两个方面理解：一是理解单个盒子的内部结构,二是理解多个盒子之间的关系。

盒子模型用于设置元素的边界(margin)、边界补白(padding)、边框(border)等属性值,使用这一属性的大多是块元素。W3C 组织建议把所有网页上的对象都放在一个盒子(box)中,设计师可以通过创建定义来控制这个盒子的属性,这些对象包括段落、列表、标题、图片以及层。盒子模型主要定义四个区域：内容 (content)、边框距或空白、边界和边距。内容是盒子模型中必需的部分,可以是文字、图片等元素。padding 也称页边距或补白,用来设置内容和边框之间的距离。border 可以设置内容边框线的粗细、颜色和样式等。margin 是外边距,用来设置内容与内容之间的距离。margin，padding,content,border 之间的层次、关系和相互影响的盒子模型如图 5-19 所示。

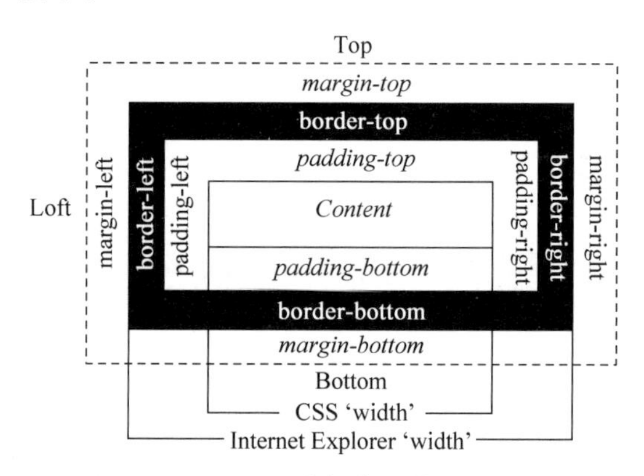

图 5-19 方框盒子模型

margin：包括 margin-top，margin-right，margin-bottom，margin-left，控制块级元素之间的距离，它们是透明不可见的。对于上右下左 margin 值均为 40px，因此代码为：

```
margin - top: 40px;margin - right: 40px;margin - bottom: 40px;margin - left: 40px;
```

根据上、右、下、左的顺时针规则，简写为 margin：40px 40px 40px 40px;。为便于记忆，请参考如图 5-20 所示的顺序书写。

当上下、左右 margin 值分别一致时，可简写为：margin：40px 50px;。

40px 代表上下 margin 值，50px 代表左右 margin 值。

当上下左右 margin 值均一致时，可简写为：margin：40px;。

当上下 margin 值不一致，而左右 margin 值均一致时，可简写为：margin：40px 50px 20px;。

40px，20px 代表上下 margin 值，50px 代表左右 margin 值。

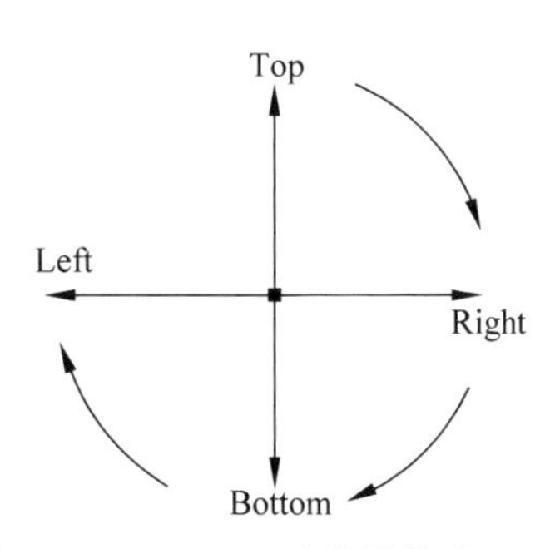

图 5-20 margin 四个位置的书写顺序

如果只提供一个数，将用于全部的四条边；如果提供两个数，第一个用于上下，第二个用于左右；如果提供三个数，第一个用于上，第二个用于左右，第三个用于下；如果提供全部四个参数值，将按上、右、下、左的顺序作用于四边。

margin 不会在绝对元素上折叠。假设有一个 margin-bottom 值为 20px 的段落。在段落后面是一个具有 30px 的 margin-top 的图片。那么段落和图片之间的空间不会是 50px(20px+30px)而是 30px(30px＞20px)。这就是所谓的 margin-collapse，两个 margin 会合并(折叠)成一个 margin。

绝对定位元素不会像那样进行 margin 的折叠，这会使它们跟预期的不一样。

【例 5-14】 margin 的样式示例。

```
<!DOCTYPE html>
<HTML>
<head>
    <style type="text/CSS">
        #ID1 {
background-color: #333;
color:#FFF;
margin:10px;
}
#ID2 {
font: normal 14px/1.5 Verdana, sans-serif;
margin:30px;
border: 1px solid #F00;
}
</style>
</head>
<body>
    <div id="ID1">
        Hello,world
        <h1 id="ID2">Margins of ID1 and ID2 collapse vertically.<br />
            元素 ID1 与 ID2 的 margins 在垂直方向折叠.</h1>
    </div>
</body>
</HTML>
```

运行程序，结果如图 5-21 所示。

Hello,world

Margins of ID1 and ID2 collapse vertically.
元素ID1与ID2的margins在垂直方向折叠.

图 5-21 margin 样式结果

padding：包括 padding-top、padding-right、padding-bottom、padding-left，控制块级元素内部 content 与 border 之间的距离。简写请参考 margin 属性的写法，如

```
body {padding: 36px;}                    //对象四边的补丁边距均为 36px
body { padding: 36px 24px; }             //上下两边补丁边距为 36px,左右两边补丁边距为 24px
body {padding: 36px 24px 18px; }         //上下两边的补丁边距分别为 36px、18px,左右两边的补丁边
                                         距均为 24px
body {padding: 36px 24px 18px 12px; }    //上、右、下、左补丁边距分别为 36px、24px、18px、12px
```

border：可以按顺序设置如下属性：border-width，border-style，border-color。如果不设置其中的某个值，也不会出问题，如 border:solid ＃ff0000；也是允许的。

(1) border-width 简写属性为元素的所有边框设置宽度，或者单独地为各边框设置宽度。只有当边框样式不是 none 时才起作用。如果边框样式是 none，边框宽度实际上会重置为 0。不允许指定负长度值。可能的 border-width 取值及其对应的描述如下。

thin：定义细的边框。

medium：默认值，定义中等的边框。

thick：定义粗的边框。

length：允许自定义边框的宽度。

(2) border-style 属性用于设置元素所有边框的样式，或者单独地为各边设置边框样式。只有当这个值不是 none 时边框才可能出现。可能的 border-style 取值及其对应的描述如下。

none：定义无边框。

hidden：与 none 相同。不过应用于表时除外，对于表，hidden 用于解决边框冲突。

dotted：定义点状边框。在大多数浏览器中呈现为实线。

dashed：定义虚线。在大多数浏览器中呈现为虚线。

solid：定义实线。

double：定义双线。双线的宽度等于 border-width 的值。

groove：定义 3D 凹槽边框。其效果取决于 border-color 的值。

ridge：定义 3D 垄状边框。其效果取决于 border-color 的值。

inset：定义 3D inset 边框。其效果取决于 border-color 的值。

outset：定义 3D outset 边框。其效果取决于 border-color 的值。

最不可预测的边框样式是 double。它定义为两条线的宽度再加上这两条线之间的空间等于 border-width 值。

(3) border-color 属性设置四条边框的颜色。此属性可设置 1～4 种颜色。border-color 属性是一个简写属性，可设置一个元素的所有边框中可见部分的颜色，或者为 4 个边分别设置不同的颜色。简写请参考 margin 属性的写法，例如：

```
border - color:red green blue pink;
```

表示上边框是红色,右边框是绿色,下边框是蓝色,左边框是粉色。

```
border - color:red green blue;
```

表示上边框是红色,右边框和左边框是绿色,下边框是蓝色。

```
border - color:dotted red green;
```

表示上边框和下边框是红色,右边框和左边框是绿色。

```
border - color:red;
```

表示所有 4 个边框都是红色。

可能的 border-color 取值及其对应的描述如下。

color_name:规定颜色值为颜色名称的边框颜色,如 red。

hex_number:规定颜色值为十六进制值的边框颜色,如#ff0000。

rgb_number:规定颜色值为 rgb 代码的边框颜色,如 rgb(255,0,0)。

transparent:默认值。边框颜色为透明。

【例 5-15】 padding 和 border 样式实例。

```
<!DOCTYPE html>
<HTML>
<head>
<style type = "text/CSS">
     #ID1 {
     background - color: #333;
     color: #FFF;
     margin:10px;
     padding:15px;
     }
     #ID2 {
     font: normal 14px/1.5 Verdana, sans - serif;
     margin:30px;
     padding:15px;
     border - width: 2px ;
     border - style:groove;
     border - color: red blue green;
     }
</style>
</head>
<body>
<div id = "ID1">要站在统筹中华民族伟大复兴战略全局和世界百年未有之大变局的高度,统筹国内国际两个大局、发展安全两件大事,</div>
<h1 id = "ID2">充分发挥海量数据和丰富应用场景优势,促进数字技术与实体经济深度融合,<br/>赋能传统产业转型升级,催生新产业新业态新模式,不断做强做优做大我国数字经济。</h1>
</body>
</HTML>
```

运行程序,结果如图 5-22 所示。

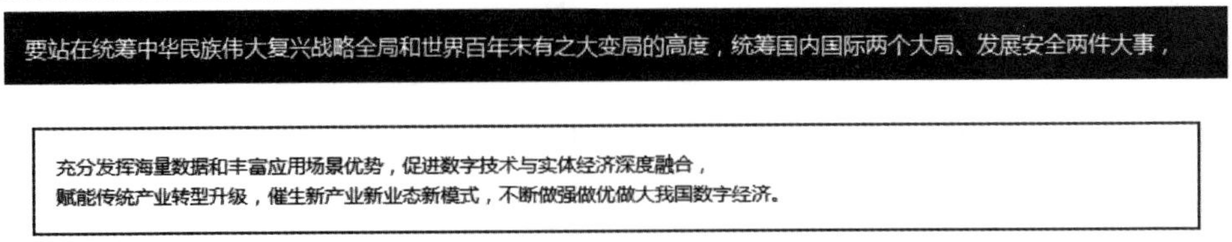

要站在统筹中华民族伟大复兴战略全局和世界百年未有之大变局的高度，统筹国内国际两个大局、发展安全两件大事，

充分发挥海量数据和丰富应用场景优势，促进数字技术与实体经济深度融合，
赋能传统产业转型升级，催生新产业新业态新模式，不断做强做优做大我国数字经济。

图 5-22　padding 和 border 样式结果

【例 5-16】 计算盒子模型元素的总宽度。

```
<! DOCTYPE html >
< HTML >
< head >
< style type = "text/CSS">
    div {
        background - color: #333;
        color: #FFF;
        margin:10px;
        padding:15px;
        border - width: 20px;
        width: 200px;
    }
</style >
</head >
< body >
< div >要站在统筹中华民族伟大复兴战略全局和世界百年未有之大变
局的高度,统筹国内国际两个大局、发展安全两件大事。</div >
< div >我的总宽度为多少?</div >
</body >
</HTML >
```

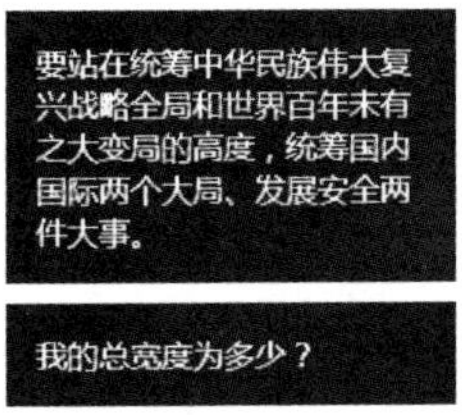

要站在统筹中华民族伟大复兴战略全局和世界百年未有之大变局的高度，统筹国内国际两个大局、发展安全两件大事。

我的总宽度为多少？

图 5-23　盒子模型的宽度

运行程序,结果如图 5-23 所示,总宽度为 200px(宽)＋10px×2(左右 margin)＋15px×2(左右 padding)＋20px×2(左右边框)＝290px。

5.5.3　标准文档流

标准文档流,指的是元素排版布局过程中,元素会默认自动从左往右,从上往下的流式排列方式。前面内容发生了变化,后面的内容位置也会随着发生变化。HTML 就是一种标准文档流文件。HTML 中的标准文档流的特点通过两种方式体现：微观现象和元素等级。

微观现象有：空白折叠现象(不管有几个空格都会展示一个空格)；文字类的元素如果排在一行会出现一种高低不齐、底边对齐效果；自动换行,元素内一行内容写满元素的 width 时会自动进行换行。

【例 5-17】 微观现象实例。

```
<! DOCTYPE html >
< HTML >
< head >
< meta charset = "UTF - 8"/>
```

```
</head>
<body>
<section>
<span>有</span><span>无</span>
</section>
<section>
<span>生</span><span>成</span>
</section>
<section>
<span>有</span>
<span>无</span>
</section>
</body>
</HTML>
```

一个空格一个回车和多个空格多个回车都会折叠成一个空格显示在页面上，折叠的空格是当前父元素的文字字体大小。

在标准流中大部分元素是区分等级的，习惯上将元素划分为几种常见的加载级别：块级元素、行内元素、行内块元素等。

标准流中的元素有自己默认的浏览器加载模式，但是加载模式不是一成不变的，后期可以通过 display 属性更改一个标签的显示模式。

display 属性更改的显示模式并没有改变标准流本质性质，页面还是只能从上往下加载，存在空白折叠现象等微观性质。要想实现更多的界面布局效果需要脱离标准流的限制。标签元素脱离标准流的方法包括：浮动、绝对定位、固定定位。

5.5.4　浮动 float 样式

在传统的印刷布局中，文本可以按照需要围绕图片。一般把这种方式称为“文本环绕”。在网页设计中，应用了 CSS 的浮动 float 属性的页面元素就像在印刷布局里面的被文字包围的图片一样。

【语法】

```
{float : none | left |right}
```

参数值：

none：对象不浮动。

left：对象浮在左边，文字下沉。

right：对象浮在右边。

【例 5-18】 float 样式实例。

```
<!DOCTYPE html>
<HTML>
<head>
    <Meta http-equiv="Content-type" content="text/HTML; charset=UTF-8" />
    <link rel="stylesheet" type="text/CSS" href="main.CSS" />
    <title>CSS FLOAT</title>
    <style type="text/CSS">
        .top {
```

```
            width:500px;                        /* div 框的宽度 */
            background: #f1f1f1;                /* div 框的背景色 */
        }
        .img {
            float:left;                         /* 图片向左浮动 */
            margin-right:10px;                  /* 图片右侧与文字的边距 */
            margin-bottom:5px;                  /* 图片下部与文字的边距 */
            width: 200px;
            height: 150px;
            border:thin dotted red;
        }
</style>
</head>
<body>
    <!-- 环绕的图片及文字,图片的 CSS 类为 img -->
    <h1>滕王阁序</h1>
    <img src="tengwangge.jpg" alt="文字环绕" class="img" />
    <div class="top">豫章故郡,洪都新府。星分翼轸,地接衡庐。襟三江而带五湖,控蛮荆而引瓯越。物华天宝,龙光射牛斗之墟;人杰地灵,徐孺下陈蕃之榻。雄州雾列,俊采星驰。台隍枕夷夏之交,宾主尽东南之美。都督阎公之雅望,棨戟遥临;宇文新州之懿范,襜帷暂驻。十旬休假,胜友如云;千里逢迎,高朋满座。腾蛟起凤,孟学士之词宗;紫电青霜,王将军之武库。家君作宰,路出名区;童子何知,躬逢胜饯。
    </div>
</body>
</HTML>
```

运行程序,结果如图 5-24 所示。

图 5-24 float 样式结果

不能在同一个属性当中同时应用定位属性和浮动。因为对使用什么样的定位方案来说两者的指令是相冲突的。如果两个属性添加到相同的元素上,CSS 会选择后面的属性。

5.5.5 元素定位

定位模式规定了一个盒子在总体的布局上应该处于什么位置以及对周围的盒子会有什么影响。定位模式包括常规文档流、浮动和 position 定位的元素。

【语法】

```
HTML 标签 { position: absolute | relative | fixed | static }
```

static 是 position 默认的属性值。任何应用了 position:static 的元素都处于常规文档流中。它处于什么位置以及它如何影响周边的元素都是由盒子模型所决定的。一个 static 定位的元素会忽略所有 top,right,bottom,left 以及 z-index 属性所声明的值。不能通过 z-index 进行层次分级。

【例 5-19】 static 位置样式实例。

```
<!DOCTYPE html>
<html>
<head>
<meta charset="UTF-8">
<title>position</title>
<style>
            * {
                padding: 0;
                margin: 0;
            }
            .static {
                position: static;
                top: 10px;
                left: 10px;
                width: 100px;
                height: 200px;
                background: yellow;
            }
</style>
</head>
<body>
<div class="static"></div>
</body>
</html>
```

运行程序,结果如图 5-25 所示。

absolute,绝对定位的元素会从常规文档流中脱离。对于包围它的元素而言,它会将该绝对定位元素视为不存在,也就是说,其在正常流中的原有位置不再存在。可以通过 top,right,bottom 和 left 四个属性来设置绝对定位元素的位置。但通常只会设置它们其中的两个:top 或者 bottom,以及 left 或者 right。它们的默认值都为 auto。

假设初始位置如图 5-26 所示,Box1 占据 left 和 top 为(0,0)的位置,下面的 Box2 为 static。

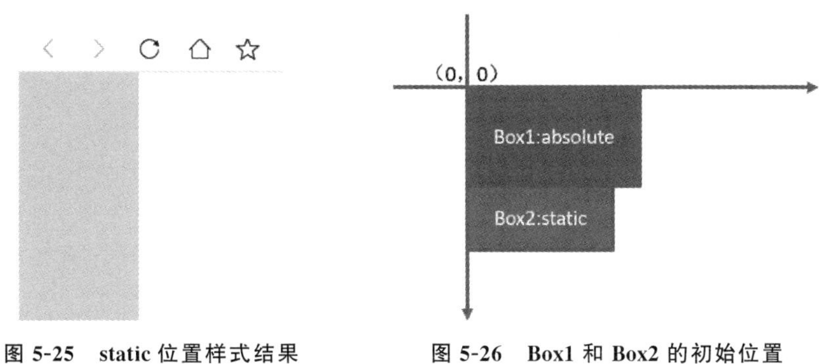

图 5-25　static 位置样式结果　　**图 5-26　Box1 和 Box2 的初始位置**

如果 Box1 的样式设置如下:

```
#box1{
position: absolute ;
top:20px;
left:20px;
}
```

Box1 会往右和往下分别平移 20px，则原来的位置将会被下面的 Box2 占据，变化后的位置如图 5-27 所示。

对于 absolute 定位的层总是相对其最近的定义为 absolute 或 relative 的父元素，也就是非 static 的父元素，而这个父元素不一定是其直接父层。如图 5-28 所示，absolute 的 div 首先查看父元素 div3，如果 div3 为 static，则查 div2。如果 div2 为非 static，则相对 div2 向右平移 20px，向下平移 20px。

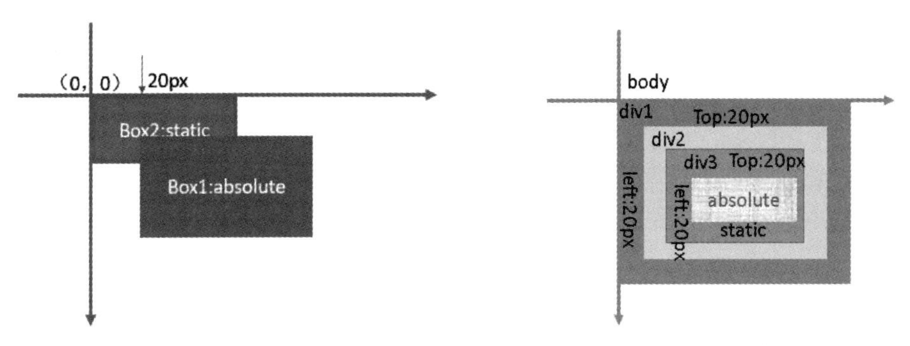

图 5-27 Box1 和 Box2 变换后的位置　　图 5-28 absolute 的相对定位

生成绝对定位的元素，相对于 static 定位以外的第一个父元素进行定位。如果不设置 left，top，right 以及 bottom，会在父元素的适当位置显示。

【例 5-20】 没有设置上下左右位置的固定样式实例。

```
<!DOCTYPE html>
<html>
<head>
<meta charset="UTF-8">
<title>position</title>
<style>
        .relative {
            width: 300px;
            height: 300px;
            border: 1px solid;
            position: relative;
            left: 100px;
            top: 100px;
        }
        .absolute {
            position: absolute;
            width: 100px;
            height: 100px;
            border: 1px solid red;
        }
</style>
```

```
</head>
<body>
<div class = "relative">
            outer
<div class = "absolute"></div>
</div>
</body>
</html>
```

运行程序,结果如图 5-29 所示。

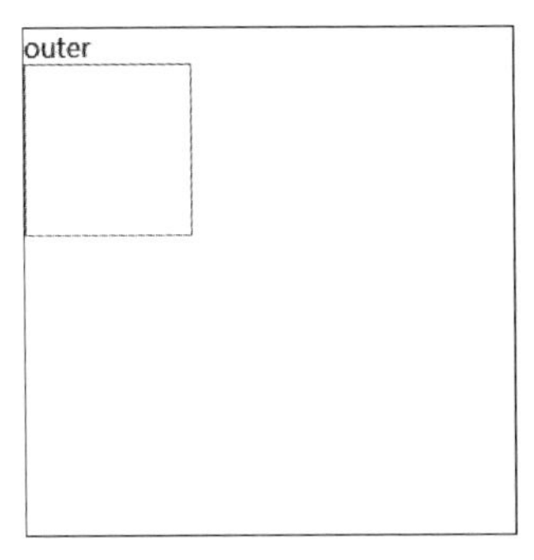

图 5-29 没有设置上下左右位置样式效果

设置了 left 将以父元素的左边界为基准,向右偏移,垂直方向和之前相同。设置了 right 将以父元素的右边界为基准,向左偏移,垂直方向和之前相同。设置了 top 将以父元素的上边界为基准,向下偏移,水平方向和之前相同。设置了 bottom,将以父元素的下边界为基准,向上偏移,水平方向和之前相同。

【例 5-21】 设置偏移位置的样式实例。

```
<!DOCTYPE html>
<html>
<head>
<meta charset = "UTF - 8">
<title>position</title>
<style>
        .relative {
            width: 300px;
            height: 300px;
            border: 1px solid;
            position: relative;
            left: 100px;
            top: 100px;
        }
        .absolute1, .absolute2, .absolute3, .absolute4, .absolute5 {
            position: absolute;
            width: 100px;
            height: 100px;
            border: 2px solid red;
        }
        .absolute2 {
            left: 60px;
            border - color: green;
        }
        .absolute3 {
            right: 10px;
            border - color: yellow;
        }
        .absolute4 {
            top: 30px;
            border - color: pink;
```

```
        }
        .absolute5 {
            bottom: 10px;
            border-color: blue;
        }
</style>
</head>
<body>
<div class="relative">
<div class="absolute1"> box1 </div>
<div class="absolute2"> box2 </div>
<div class="absolute3"> box3 </div>
<div class="absolute4"> box4 </div>
<div class="absolute5"> box5 </div>
</div>
</body>
</html>
```

运行程序,结果如图 5-30 所示。

relative 方式:以标准流的排版方式为基础,相对定位的元素根据 top、right、bottom 和 left 四个属性相对标准流位置决定自己的位置。相对定位元素离开了正常文档流,但仍然影响着围绕着它的元素,也就是说,在文档中原来的位置还在。那些元素表现得就好像这个相对定位元素仍然在正常文档流当中。假设初始位置如图 5-31 所示,Box1 占据 left 和 top 为(0,0)的位置,下面的 Box2 为 static。

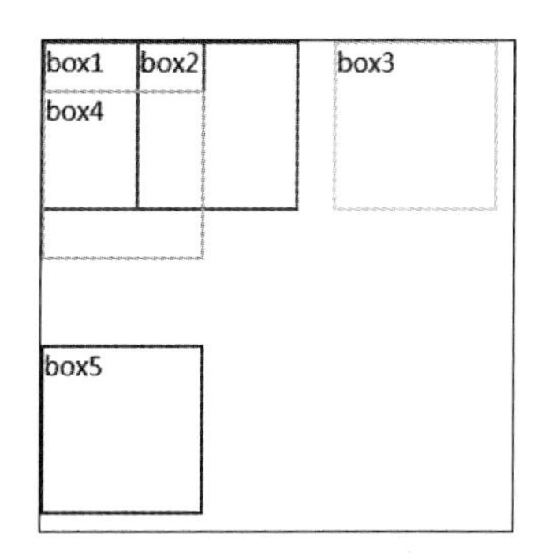

图 5-30 absolute 位置样式效果

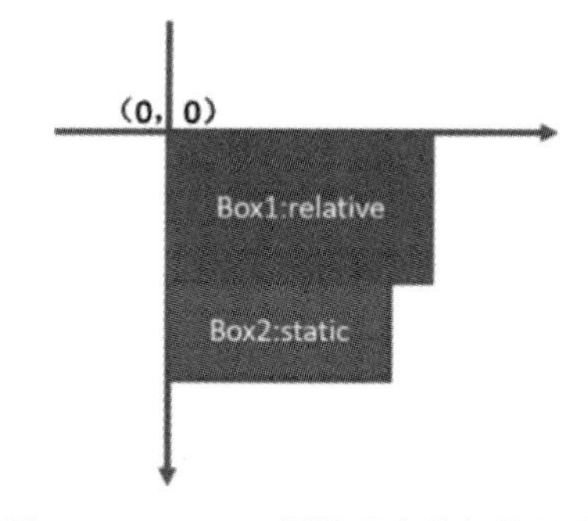

图 5-31 relative 属性元素的初始位置

设置 Box1 的样式:

```
#box1{
width:170px;
height:190px;
position: relative;
top:20px;
left:20px
}
```

Box1 发生了平移后,静态属性的 Box2 没有占领 Box1 的位置,如图 5-32 所示。

relative 定位的层总是相对其直接父元素,无论其父元素是什么定位方式,如图 5-33 所示,relative 的 div 是相对其直接父元素 div3 定位 top 和 left。

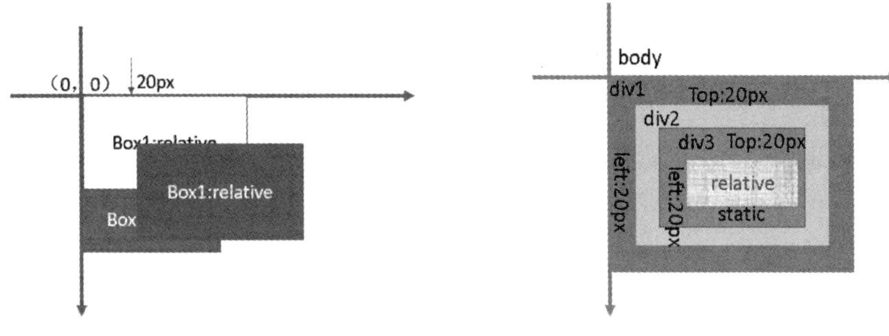

图 5-32 相对位置的原始位置依然有影响　　　　图 5-33 relative 属性定位

生成相对定位的元素,相对于其标准流正常位置进行定位。相对元素正常应该在的位置移动,元素所占的空间位置不变,但是显示的位置发生偏移。left 是向右偏移,right 是向左偏移,top 向下偏移,bottom 向上偏移。

【例 5-22】 设置 relative 的样式实例。

```
<!DOCTYPE html>
<html>
<head>
<meta charset = "UTF-8">
<title>position</title>
<style>
        * {
            padding: 0;
            margin: 0;
        }
        .div {
            width: 100px;
            height: 100px;
            border: 1px solid;
            float: left;
        }
        .relative1 {
            position: relative;
            left: 10px;
            top: 10px;
            border-color: red;
        }
        .relative2 {
            position: relative;
            right: 10px;
            bottom: 10px;
            border-color: green;
        }
</style>
</head>
<body>
<div class = "div">box1</div>
<div class = "div relative1">box2</div>
```

```
<div class = "div"> box3 </div>
<div class = "div relative2"> box4 </div>
</body>
</html>
```

程序运行效果如图 5-34 所示。一般父元素设计为 relative,子元素为 absolute,则子元素可以随父元素一起移动。

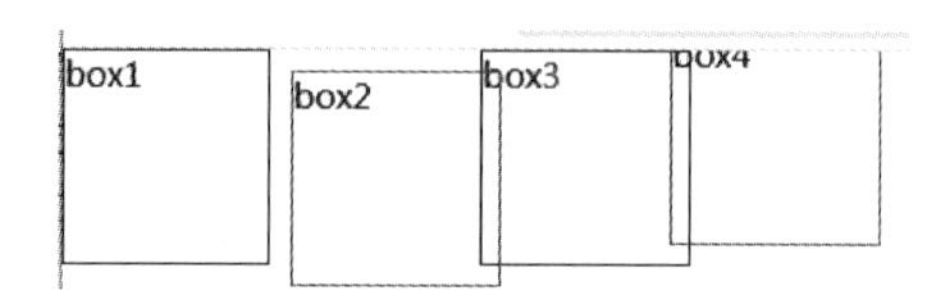

图 5-34 relative 位置样式效果

fixed,相对于浏览器窗口进行定位。元素的位置通过 top，right，bottom 和 left 属性进行规定。只和浏览器窗口有关,与父元素、文档流都无关。固定定位的行为类似于绝对定位,但也有一些不同的地方。第一个不同点,固定定位总是相对于浏览器窗口来进行定位的,并且通过 top，right，bottom 和 left 属性来决定其位置,它抛弃了它的父元素。第二个不同点是继承性,固定定位的元素是固定的。它们并不随着页面的滚动而移动。常见的案例是,左边和右边都是广告,中间为内容,广告设置为 fixed,则无论中间的内容如何变化,广告区域都不会变化,如图 5-35 所示。

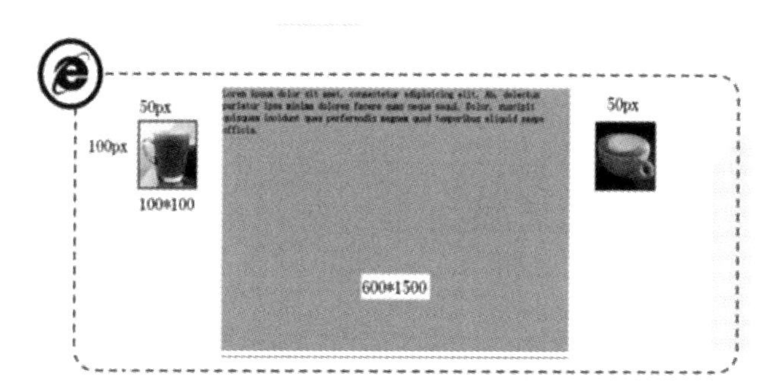

图 5-35 fixed 样式效果

【例 5-23】 设置 fixed 的样式实例。

```
<! DOCTYPE html >
< html >
< head >
< meta charset = "UTF - 8">
< title > position </title >
< style >
            * {
                padding: 0;
                margin: 0;
            }
            .fixed - outer {
                position: fixed;
                top: 20px;
                left: 20px;
                width: 50px;
```

```
            height: 50px;
            background: yellow;
            border: groove red;
        }
        .fixed - inner {
            position: fixed;
            top: 40px;
            left: 40px;
            width: 50px;
            height: 50px;
            background: red;
        }
</style>
</head>
<body>
<div class = "fixed - outer"> outer box
<div class = "fixed - inner"> inner box </div>
</div>
</body>
</html>
```

运行效果如图 5-36 所示。

图 5-36 fixed 位置样式效果

综上,4 种位置关系的定位参照物、原来的位置和新位置的关系总结如表 5-5 所示。

表 5-5 position 定位的关系总结

方　式	定位参照物	新　位　置	原来位置
static	标准文档流	top, right, bottom 和 left 无效	—
absolute	非 static 的父元素	top, right, bottom 和 left	不保留
relative	直接父元素	top, right, bottom 和 left	保留
fixed	浏览器窗口	top, right, bottom 和 left	—

5.5.6 z-index 空间中定位元素

三维空间中定位元素的属性是 z-index,打破了二维平面的约束,具有宽度和高度。z-index 属性设置元素的堆叠顺序。拥有更高堆叠顺序的元素总是会处于堆叠顺序较低的元素的前面。该属性设置一个定位元素沿 Z 轴的位置,Z 轴定义为垂直延伸到显示区的轴。如果为正数,则离用户更近,为负数则表示离用户更远。

【例 5-24】 z-index 样式实例。

```
<!DOCTYPE html>
<HTML>
<head>
    <style type = "text/CSS">
img{
position:absolute;
left:0px;
top:0px;
z - index: - 1;
```

```
}
</style>
</head>
<body>
    <h1 style="color:red">This is a heading</h1>
    <img src="images/c.jpg" />
    <p style="color:red">由于图像的 z-index 是 -1,因此它在文本的后面出现.</p>
</body>
</HTML>
```

程序运行效果如图 5-37 所示。

由图 5-38 可知,z-index 高的位于 z-index 低的上面并朝页面的上方运动。与此相反,一个低的 z-index 在高的 z-index 的下面并朝页面下方运动。所有元素的默认的 z-index 值都为 0,并且可以对 z-index 使用负值。

图 5-37 z-index 样式效果

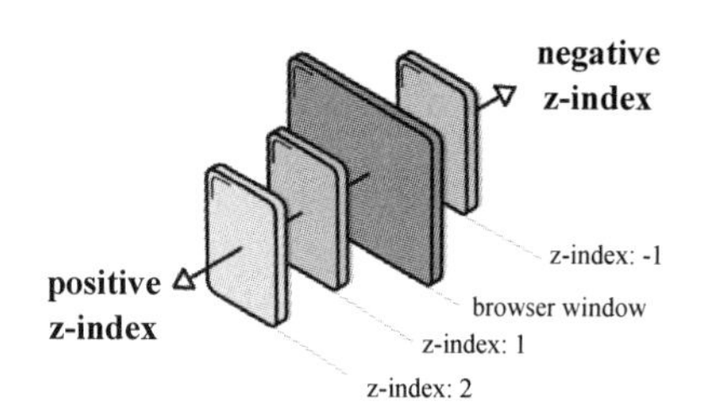

图 5-38 z-index 的上下层关系

假如只是开发简单的弹窗效果,懂得通过 z-index 来调整元素间的层叠关系就够了。但要将多个弹窗间的层叠关系给处理好,那么充分理解 z-index 背后的原理及兼容性问题就是必要的知识储备了。常接触到的 z-index 只是分层显示中的一个属性,而理解 z-index 背后的原理实质上就是要理解分层显示原理。

5.5.7 inline-block 布局和浮动布局对比

inline-block 布局和浮动布局效果类似,但也有区别。如果把 inline-block 布局修改为浮动布局,即 display: inline-block 替换为 float: left,发现 float 就会使得元素脱离文本流,且还有父元素高度坍塌的效果。

【例 5-25】 inline-block 布局修改为浮动布局实例。

```
<!DOCTYPE html>
<HTML>
<head>
    <style type="text/CSS">
    div {
    border-width: 4px;
    border-color: red;
    border-style: double;
    }
    #ID1 {
    background-color:rebeccapurple;
    color:#FFF;
float :left;
```

```
    height: 200px;
    width: 200px;
    }
    #ID2 {
    font: normal 14px/1.5 Verdana, sans-serif;
    height: 200px;
    width: 200px;
    background-color: rosybrown;
float :left;
    }
</style>
</head>
<body>
    <div>
        <div id="ID1"> ID1 </div>
        <div id="ID2"> ID2 </div>
        box1
    </div>
</body>
</HTML>
```

程序运行效果如图 5-39 所示。

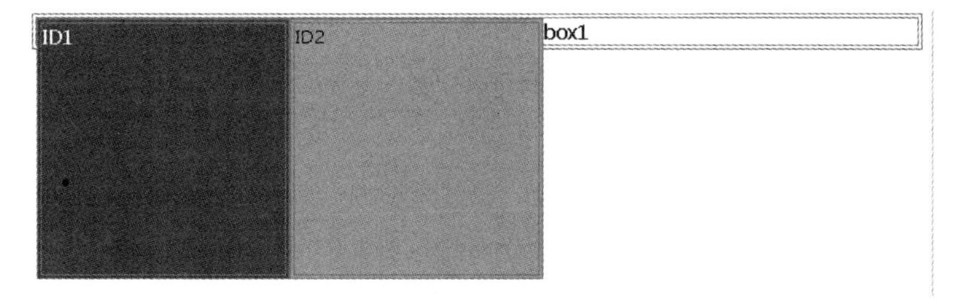

图 5-39 inline-block 布局修改为浮动布局的效果

为了克服坍塌问题,需要闭合浮动,对父元素 box1 设置 overflow:hidden。

【例 5-26】 浮动闭合实例。

```
<!DOCTYPE html>
<HTML>
<head>
    <style type="text/CSS">
        div {
    border-width: 4px;
    border-color: red;
    border-style: double;
overflow: hidden;
    }
    #ID1 {
    background-color:rebeccapurple;
    color:#FFF;
    float :left;
    height: 200px;
    width: 200px;
    }
```

```
    #ID2 {
    font: normal 14px/1.5 Verdana, sans-serif;
    height: 200px;
    width: 200px;
    background-color: rosybrown;
float :left;
    }
</style>
</head>
<body>
    <div>
        <div id="ID1"> ID1 </div>
        <div id="ID2"> ID2 </div>
        box1
    </div>
</body>
</HTML>
```

程序运行效果如图 5-40 所示。

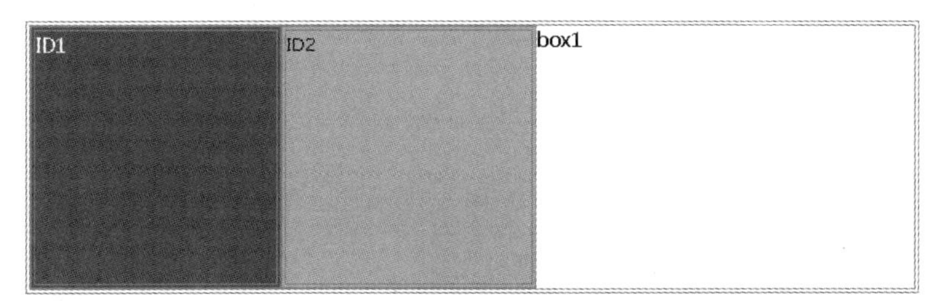

图 5-40 闭合浮动的效果

可见消除了坍塌问题，对比 inline-block 显示方式，消除了缝隙，与设置了字体大小为 0 的效果一样。浮动布局不太好的地方：参差不齐的现象，即使添加了 vertical-align:bottom 也不起作用，也是顶部对齐。

【例 5-27】 多个元素的浮动布局对齐实例。

```
<!DOCTYPE html>
<HTML>
<head>
    <style type="text/CSS">
        div {
    border-width: 4px;
    border-color: red;
    border-style: double;
    overflow: hidden;
    float :left;
    }
    #ID1 {
    background-color:rebeccapurple;
    color:#FFF;
    height: 100px;
    width: 200px;
    }
    #ID2 {
    font: normal 14px/1.5 Verdana, sans-serif;
```

```
    height: 150px;
    width: 200px;
    background-color: rosybrown;
    }
    #ID3 {
    background-color:rebeccapurple;
    color:#FFF;
    height: 200px;
    width: 200px;
    }
    #ID4 {
    font: normal 14px/1.5 Verdana, sans-serif;
    height: 250px;
    width: 200px;
    background-color: rosybrown;
    }
</style>
</head>
<body>
    <div>
        <div id="ID1">ID1</div>
        <div id="ID2">ID2</div>
        <div id="ID3">ID3</div>
        <div id="ID4">ID4</div>
        box1
    </div>
</body>
</HTML>
```

程序运行效果如图 5-41 所示。

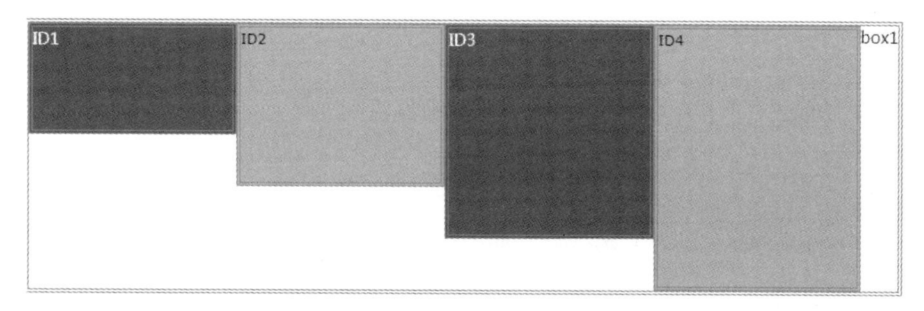

图 5-41 浮动布局的参差不齐效果

对于 inline-block 显示方式默认的情况下也是顶部对齐,效果如图 5-42 所示。

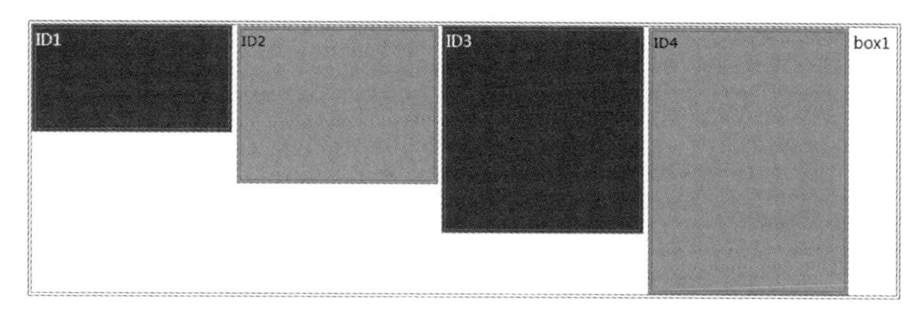

图 5-42 inline-block 的默认顶部对齐效果

但可以通过设置 vertical-align 在顶部、底部或基线对齐。

【例 5-28】 多个元素的浮动布局+vertical-align 的对齐实例。

```
<! DOCTYPE html >
< HTML >
< head >
< style type = "text/CSS">
    div {
    border - width: 4px;
    border - color: red;
    border - style: double;
    vertical - align:bottom;
    }
    # ID1 {
    background - color:rebeccapurple;
    color: # FFF;
    height: 100px;
    width: 200px;
    display: inline - block;
    }
    # ID2 {
    font: normal 14px/1.5 Verdana, sans - serif;
    height: 150px;
    width: 200px;
    background - color: rosybrown;
    display: inline - block;
    }
    # ID3 {
    background - color:rebeccapurple;
    color: # FFF;
    height: 200px;
    width: 200px;
    display: inline - block;
    }
    # ID4 {
    font: normal 14px/1.5 Verdana, sans - serif;
    height: 260px;
    width: 200px;
    background - color: rosybrown;
    display: inline - block;
    }
</style >
</head >
< body >
< div >
    < div id = "ID1"> ID1 </div >
    < div id = "ID2"> ID2 </div >
    < div id = "ID3"> ID3 </div >
    < div id = "ID4"> ID4 </div > box1
</div >
</body >
</HTML >
```

程序运行效果如图 5-43 所示。

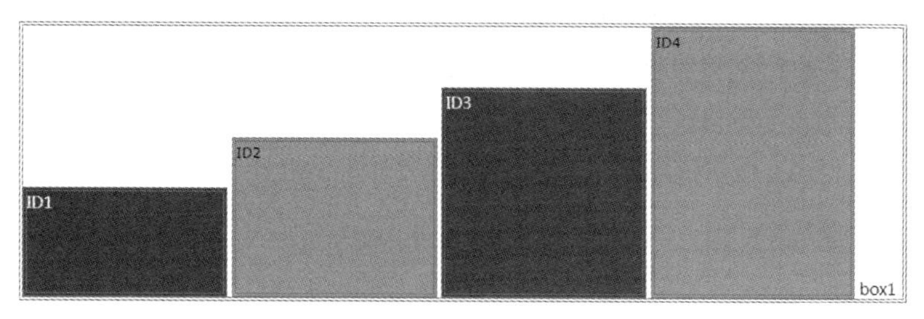

图 5-43 inline-block＋vertical-align 的底部对齐效果

综上可见，浮动布局主要用于文字环绕，而水平排列最好使用 inline-block。

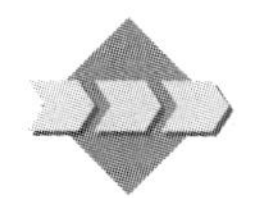

5.6 基于中国风的 Web 样式设计——文化和技术的融合

中国风设计不仅是指某个元素，它应该是一个整体，需要有自己的特色，无论设计手法如何变化，只要作品呈现出来，都会有广泛认同的中国风格设计特点。中国风格的网页样式应该是一种建立在中国文化和东方生活方式基础上的，并适应全球经济发展趋势的、有着自身独特魅力和性格的作品。

“中国风”设计的兴起最初并非起源于中国。16 世纪在欧洲产生了一种东方情调的装饰艺术风格，被称为“中国风格”或“中国风”，主要表现在装饰艺术领域，以中国人物或中国动植物、风景为题材，在色彩配置、构图形式上，也部分地借鉴了东方艺术的特色。“中国风”设计虽然血统混杂，不中不西，却具有独特的艺术魅力，它应当是设计师对民族文化理解后的一种自然情感的流露。

1998 年，美国动画大片《花木兰》在全球轰动，是美国制作团队第一次将中国元素传遍世界。

2008 年上映的美国动作喜剧动画电影《功夫熊猫》再次风靡全球，尖端的科技和超凡的想象力把中国元素演绎得出神入化，以中国功夫为主题，以中国古代为背景，其景观、布景、服装以至食物均充满中国元素。

荣膺第 55 届戛纳电影节“最佳导演奖”的韩国电影《醉画仙》，其官方网站的界面设计东方特色浓郁，利用 Web 动画技术把中国传统的水墨画技法体现得淋漓尽致，观者似乎不是在浏览一个网站，而是在欣赏一位水墨大师肆意挥毫，兔起鹘落间笔走龙蛇、墨分五色，或浓或淡、或焦或渴、或干裂秋风、或润含春雨，那种心灵上的震撼与共鸣是难以言表的。创造了一种忆江南的浓浓的中国情调，体现了江南独特的魅力，整个过程由开始的动画入手，给人一种推开一扇沉重的历史大门，然后看里面的情节变化，沧桑风雨，整个网站没有任何现代的东西，全部是中国古文化的结晶，悠悠百年，尽在其中。

中国古籍在装帧设计上形式多样活泼，洋溢着鲜明的中国民族气派，蕴涵了意念的空灵美、淡雅的色彩美、严整的秩序美等中国传统美学精神。

案例网站的界面设计采用了独具东方情调的艺术风格和传统的文化符号，根据网站的内容，采用了独具东方情调的艺术风格和传统的文化符号，以古典的中国画、书法、古建筑物等中国图形元素为主，既有工笔的精雕细刻，又有写意的随性挥洒，或丝丝细线，刚劲而秀妍，层层重彩，色和而调鲜。在视觉呈现上匠心独运，寻求古典与现代最佳的契合点，令观者身心俱醉，流连忘返，使浏览者感受到中国传统文化的独特魅力。

Web 网页设计应用了大量的高科技方法，增强了交互性，表现形式与表现力远胜于传统艺术形式，能够使审美主体产生更大的沉浸感与愉悦感，但不能形成"唯技术至上"的思维定式。Web 样式设计除了技术之外，通过对优秀网站作品的观摩与学习，更多的是对传统文化的渗透与熏陶，探讨中国元素在网站 UI 设计中的应用。

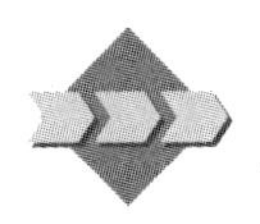

习题

1. 通过实例，比较亮度 brightness 和对比度 contrast 滤镜的区别。
2. 通过实例，比较透明程度 opacity 和饱和度 saturate 滤镜的区别。
3. 通过实例，比较移动、旋转、缩放和倾斜的区别和联系。
4. 通过实例，比较 transition 过渡和 animation 动画的区别和联系。
5. 通过实例，比较 block，inline，inline-block 的区别和联系。
6. 通过实例，比较盒子模型的边界(margin)、边界补白(padding)、边框(border)的区别和联系。
7. 比较标准文档流、inline-block 和浮动 float 样式的关系。
8. 通过实例，比较 absolute、relative、fixed 和 static 四种元素定位方式的区别和联系。
9. 分析一个经典的具有中国风特色的网站样式设计。

第6章

JavaScript编程技术

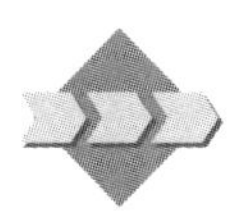

6.1 JavaScript 简介

6-1 JavaScript 的使用

6.1.1 JavaScript 的诞生

1994 年,网景公司发布了浏览器 Navigator 0.9 版本,这是历史上第一个比较成熟的网络浏览器。但是这个版本的浏览器只能用来浏览,不具备与访问者互动的能力。网景公司急需一种网页脚本语言,使得浏览器可以与网页互动起来。

对于网页脚本语言,网景公司当时有两个选择:一个是采用现有的语言,如 Perl、Python、Tcl、Scheme 等,允许它们直接嵌入网页;另一个则是开发出一种全新的语言。两个选择都有利有弊:前者有充分的代码和程序员资源,可以直接上手就干;而后者就需要投入大量的精力去开发新的语言,但是有利于开发出完全适应的语言,实现起来比较容易。

最后该如何抉择,网景公司内部争议不断,管理层一时难以下定决心。就在这时,发生了另一个重大事件:1995 年,Sun 公司将 Oak 语言改名为 Java,正式向市场推出。Sun 公司到处宣传,承诺自己的语言可以做到"一次编写,四处运行",它看上去有着极大的可能能够主宰一方。

网景公司当时就动了心,决定与 Sun 公司结成联盟。它不仅允许 Java 程序以 Applet(小程序)的形式直接在浏览器中运行,甚至还考虑直接将 Java 作为脚本语言嵌入网页,只是因为这样会使 HTML 网页过于复杂,后来才不得不放弃。网景公司做出决策,未来的网页脚本语言必须看上去与 Java 足够的相似,但是比 Java 简单,能够使非专业的网页作者也能够很快上手。

1995 年 4 月,程序员 Brendan Eich 成功地被网景公司录用了。Brendan Eich 的主要方向和兴趣是函数式编程,网景公司聘用他的目的也是研究 Scheme 语言作为网页脚本语言。Brendan Eich 被指定为这种"简化版 Java 语言"的设计师。但是他对 Java 一点儿都不感兴趣,为了应对公司安排下来的任务,他只用了 10 天时间便将 JavaScript 设计出来了。

TIOBE 排行榜根据互联网上有经验的程序员、课程和第三方厂商的数量,并使用搜索引擎(如 Google、Bing、Yahoo!)以及 Wikipedia、Amazon、YouTube 和 Baidu(百度)统计出编程语言的排名数据,反映编程语言的热门程度。如图 6-1 所示,2002—2020 年 JavaScript 位于前 10 名。

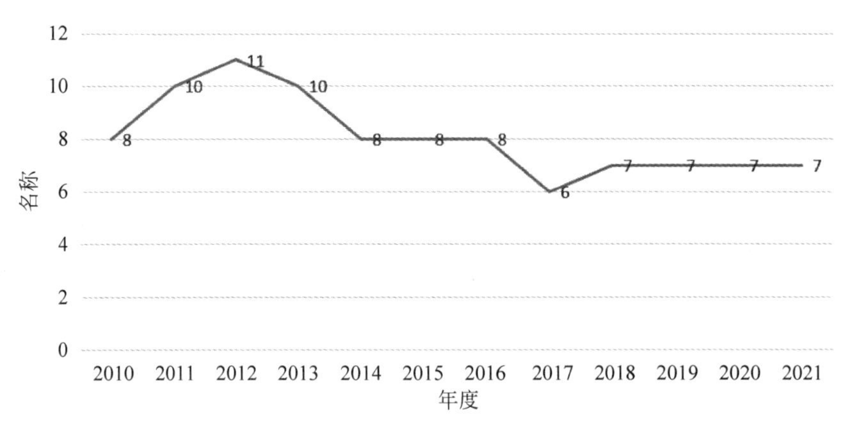

图 6-1 2002—2020 年 TIOBE 编程语言热门排行榜

这个故事也告诉我们,只有持之以恒加强基础研究,才能大力提升自主创新能力,打好关键核心技术攻坚战,提高创新链整体效能。正是因为当年网景公司没有拿来主义直接使用现有的脚本,才成就了今天的 JavaScript。

6.1.2 JavaScript 的发展历程

1995 年,Netscape 公司的 Brendan Eich 在浏览器上首次设计实现了 JavaScript。

1996 年 11 月,JavaScript 的创造者 Netscape 公司,决定将 JavaScript 提交给标准化组织 ECMA,希望这种语言能够成为国际标准。

1997 年,JavaScript 成为 ECMA 标准。因为 Netscape 与 Sun 合作,Netscape 管理层希望它外观看起来像 Java,因此取名为 JavaScript。为了取得技术优势,微软推出了 JScript,CEnvi 推出 ScriptEase,与 JavaScript 一样可在浏览器上运行。为了统一规格,JavaScript 兼容于欧洲计算机制造联合会(European Computer Manufactures Association, ECMA),因此也称为 ECMAScript。JavaScript 的发展历史如表 6-1 所示。

除了 Internet Explorer 不支持 ECMAScript 2015 外,其他如 Chrome、Firefox、Edge、Safari 和 Opera 均在 2016—2017 年间支持 ES6 的浏览器 ECMAScript 2015。

表 6-1 JavaScript 的发展历史

版本	官方名称	描　　述
1	ECM0AScript 1 (1997)	第一版
2	ECMAScript 2 (1998)	只改变编辑方式
3	ECMAScript 3 (1999)	添加了正则表达式。 添加了 try/catch
4	ECMAScript 4	从未发布过
5	ECMAScript 5 (2009)。 简记为 ES5	添加了"严格模式"。 添加了 JSON 支持。 添加了 String. trim()。 添加了 Array. isArray()。 添加了数组迭代方法
5.1	ECMAScript 5.1 (2011)	编辑改变

续表

版本	官方名称	描　　述
6	ECMAScript 2015 并标记为 JS ES6	添加了 let 和 const。 添加了默认参数值。 添加了 Array.find()。 添加了 Array.findIndex()
7	ECMAScript 2016	添加了指数运算符(**)。 添加了 Array.prototype.includes
8	ECMAScript 2017	添加了字符串填充。 添加了新的 Object 属性。 添加了异步功能。 添加了共享内存
9	ECMAScript 2018	添加了 rest/spread 属性。 添加了异步迭代。 添加了 Promise.finally()。 增加 RegExp
10	ECMAScript 2019/ES10	添加了 Array.prototype.flat(),Array.flatMap(),String.trimStart(), 可选的捕捉绑定(Optional Catch Binding)
11	ECMAScript 2020/ES11	新增方法：String 的 matchAll()。 新增动态导入语句：import(),import.meta,export * as ns from 'module',Promise.allSettled。 新增数据类型：BigInt,GlobalThis,Nullish coalescing Operator,Optional Chaining

从 1995 年诞生至今，JavaScript 不断升级新技术和新产品，体现了对优秀作品需要精心打造、精工制作的理念，更体现了不断吸收最前沿的技术，创造出新成果的追求的工匠精神。

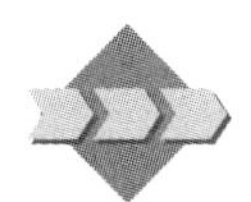

6.2　JavaScript 编程基础

6-2 正则表达式

6.2.1　JavaScript 的使用方法

1. 直接在 HTML 中嵌入 JavaScript

HTML 文件中使用< script >和</script >标记对加入 JavaScript 语句，可位于 HTML 文件的任何位置。最好是将所有脚本程序放在 head 标记内，以确保容易维护。在 script 标记之间加上“<! --”和”//-->”表示如果浏览器不支持 JavaScript 语言，这段代码将不执行。

【例 6-1】　HTML 文件中使用脚本语言实例。

```
<!Doctype html>
<HTML>
<head>
    <meta charset = "UTF - 8" />
</head>
<script type = "text/JavaScript">
alert('Hello,world');        //显示消息对话框
```

```
function SayHello(Name)
{
    alert('Hello,' + Name);  //显示消息对话框
}
</script>
<body>
    <A HREF = "JavaScript: SayHello ('张三');">你点我呀</A>
</body>
</HTML>
```

代码可以放在函数中,也可以不放在函数中。不放在函数中的代码在浏览器加载 HTML 页面后还没有呈现 HTML 显示效果前就执行一次,以后不再执行。如果重新加载页面,则再执行一次。而函数则可根据用户需要在页面中多次调用,完成多次执行操作。

一个 HTML 页面中可有多个<script>和</script>程序段,程序段的前后关系以及程序段与 HTML 标记的前后关系应有逻辑关系。

脚本语言的设置也可以用<script language="JavaScript"></script>。

2. 单独的 JavaScript 文件

将 JavaScript 程序以扩展名".js"单独存放,再在 HTML 网页中使用<script src="*.js">嵌入到文件中,以期实现代码共享。

【例 6-2】 在 HTML 页面调用 JavaScript 文件中的函数。

第 1 步,新建 JavaScript 文件,命名为 jsone.js,内容为:

```
function SayHello(Name) {
    alert("Hello" + Name); //显示消息对话框
}
```

第 2 步,添加 HTML 文件,内容为:

```
<!Doctype html>
<HTML>
<head>
    <meta charset = "UTF - 8" />
    <script type = "text/JavaScript" src = "jsone.js"></script>
</head>
<body>
    <A HREF = "JavaScript: SayHello ('张三');">你点我呀</A>
</body>
</HTML>
```

3. 直接在 HTML 的标记中添加 JavaScript 脚本

【例 6-3】 直接在 HTML 的标记中添加 JavaScript 脚本。

```
<!Doctype html>
<HTML>
<head>
    <meta charset = "UTF - 8" />
    <title>HTML 中如何使用脚本语言 -- 设置收藏夹实例</title>
</head>
<body>
```

```
    <A HREF = "JavaScript:alert('Hello,张三');">你点我呀</A>
</body>
</HTML>
```

6.2.2 语法规则

区分大小写：包括变量、函数名和操作符都是区分大小写的，如 text 和 Text 是不同的变量。

标识符：指变量、函数、属性的名字，或者函数的参数。标识符可以是下列格式规则组合起来的一或多个字符：第一字符必须是一个字母、下画线(_)或一个美元符号($)；其他字符可以是字母、下画线、美元符号或数字；不能把关键字、保留字、true、false 和 null 作为标识符。

直接量(字面量 literal)：程序中直接显示出来的数据值，即常量。例如：

```
100         //数字字面量
'李炎恢'    //字符串字面量
false       //布尔字面量
/js/gi      //正则表达式字面量
null        //对象字面量
```

关键字：一组具有特定用途的关键字，一般用于控制语句的开始或结束，或者用于执行特定的操作等。关键字也是语言保留的，不能用作标识符。JavaScript 的全部关键字包括：break, else, new, var, case, finally, return, void, catch, for, switch, while, continue, function, this, with, default, if, throw, delete, in, try, do, instanceof 和 typeof。

保留字：JavaScript 的另一组不能用作标识符的保留字。包括 abstract, enum, int, short, boolean, export, interface, static, byte, extends, long, super, char, final, native, synchronized, class, float, package, throws, const, goto, private, transient, debugger, implements, protected, volatile, double, import, public。尽管保留字在 JavaScript 中还没有特定的用途，但它们很有可能在将来被用作关键字。

变量：JavaScript 的变量是松散类型的，所谓松散类型就是可以用来保存任何类型的数据。定义变量时要使用 var 操作符，后面跟一个变量名。例如：

```
var count;                    //单个变量声明
var count,amount,level;       //多个变量声明
var count = 0,amount = 100;   //变量声明和初始化
```

如果在 var 语句中没有初始化变量，变量自动取 JavaScript 值 undefined。变量的名称可以是任意长度的。创建合法的变量名称应遵循如下规则：第一个字符必须是一个 ASCII(大小写均可)，或一个下画线(_)，注意第一个字符不能是数字；后续的字符必须是字母、数字或下画线；变量名称一定不能是保留字和关键字。

注释：使用 C 语言风格的注释，包括单行注释和块级注释。

```
//单行注释
/*
 * 这是一个多行
 * 注释
 */
```

6.2.3 运算符和表达式

1. 数据类型

JavaScript 中有 5 种简单数据类型：undefined、null、Boolean、Number 和 String。还有一种复杂数据类型——Object。ECMAScript 不支持任何创建自定义类型的机制，所有值都成为以上 6 种数据类型之一。

undefined 类型只有一个值，即特殊的 undefined。在使用 var 声明变量，但没有对其初始化时，这个变量的值就是 undefined。未初始化的变量与根本不存在的变量(未声明的变量)也是不一样的。

```
var box;
alert(age);    //错误信息,age is not defined
```

null 类型是一个只有一个值的数据类型，即特殊的值 null。它表示一个空对象引用(指针)，而 typeof 操作符检测 null 会返回 Object。

JavaScript 中 null 和 undefined 的主要区别即 null 的操作如同数字 0，而 undefined 的操作如同特殊值 NaN(不是一个数字)。但对 null 值和 undefined 值做比较总是相等的，因为 undefined 是派生自 null，JavaScript 规定对它们的相等性测试返回 true，如 alert(undefined == null)；//返回 true。

【例 6-4】 JavaScript 中 null 的计算。

```
<!Doctype html>
<html>
<head>
<meta charset = "UTF - 8"/>
<script language = "JavaScript">
            var bestAge  =  null;
            var muchTooOld  =  3  *  bestAge;
            //alert 实现了在浏览器中弹出消息对话框的功能
            alert(bestAge);
            alert(muchTooOld);
</script>
</head>
</html>
```

运行程序，输出结果如下。

消息框显示 bestAge 为 null。

消息框显示 muchTooOld 的值为 0。

【例 6-5】 JavaScript 中 undefined 的计算。

```
<script language = "JavaScript">
    var currentCount;
    var finalCount  =  1  *  currentCount;
    alert(currentCount);
    alert(finalCount);
</script>
```

运行程序，输出结果如下。

消息框显示 currentCount 为 undefined。

消息框显示 finalCount 的值为 NaN (Not a Number)。

Boolean 类型有两个值(字面量):true 和 false。而 true 不一定等于 1,false 不一定等于 0。

在 JavaScript 中,整数和浮点值没有差别;JavaScript 数值可以是其中任意一种(JavaScript 内部将所有的数值表示为浮点值)。

整数可用十进制、八进制和十六进制来表示。在 JavaScript 中数字大多是用十进制表示的。浮点值为带小数部分的数,也可以用科学记数法来表示。

八进制数值字面量以 8 为基数,前导必须是 0。例如:

```
var box = 070; //八进制,56
```

十六进制字面量前面两位必须是 0x,后面是 0~9 及 A~F。例如:

```
var box = 0xA; //十六进制,10
```

浮点类型,就是该数值中必须包含一个小数点,并且小数点后面必须至少有一位数字。例如:

```
var box = 3.8;
var box = 0.8;
```

字符串数值类型用来表示 JavaScript 中的文本。string 类型用于表示由零个或多个 16 位 Unicode 字符组成的字符序列,即字符串。脚本中的字符串文本放在一对匹配的单引号或双引号中。字符串中可以包含双引号,该双引号两边需加单引号,例如'4"5',也可以包含单引号,该单引号两边需加双引号,例如"1'5"。

JavaScript 中的字符串是不可变的,也就是说,字符串一旦创建,它们的值就不能改变。要改变某个变量保存的字符串,首先要销毁原来的字符串,然后再用另一个包含新值的字符串填充该变量。

JavaScript 中的对象其实就是一组数据和功能的集合。对象可以通过执行 new 操作符后跟要创建的对象类型的名称来创建。

2. 数据类型之间的转换

不同数据类型的转换有隐式转换和显式转换。在 JavaScript 中,可以对不同类型的值执行运算,不必担心 JavaScript 解释器产生异常。JavaScript 解释器自动将数据类型强制转换为另一种类型,然后执行运算。数据类型转换过程如表 6-2 所示。

表 6-2 数据类型转换

运　算	结　果	例　子
数值与字符串相加	将数值强制转换为字符串	55+"45"//"5545"
布尔值与字符串相加	将布尔值强制转换为字符串	True+"45"//"true45"
数值与布尔值相加	将布尔值强制转换为数值。true=1;false=0	55 * true//55

字符串、数字、对象和 undefined 类型可以转换为 boolean 型,规则如表 6-3 所示。

表 6-3 其他类型转换为 boolean 类型

数据类型	true	false
String	任何非空字符串	空字符串
Number	非零的数字值	0 和 NaN
Object	任何对象	null
undefined		undefined

有 3 个函数可以把非数值转换为数值：number()、parseInt()和 parseFloat()。

number()函数是转型函数，可以用于任何数据类型，而另外两个则专门用于把字符串转成数值。

【例 6-6】 数据类型。

```
< scripttype = "text/JavaScript">
    alert(Number(true));
    alert(Number(25));
    alert(Number(null));
    alert(Number(undefined));
    alert(parseInt("456Lee"));
    alert(parseInt("Lee456Lee"));
    alert(parseInt("12Lee56Lee"));
    alert(parseInt("56.12"));
    alert(parseInt(""));
</script >
```

运行程序，输出结果如下。

```
1      //boolean 类型的 true 和 false 分别转换成 1 和 0
25     //数值型直接返回
0      //空对象返回 0
NaN    //undefined 返回 NaN
456    //会返回整数部分
NaN    //如果第一个不是数值，就返回 NaN
12     //从第一数值开始取，到最后一个连续数值结束
56     //小数点不是数值，会被去掉
NaN    //空返回 NaN
```

toString()方法可以把值转换成字符串。

toString()方法一般是不需要传参的，但在数值转成字符串的时候，可以传递进制参数。

JavaScript 可以调试程序，在浏览器中按 F12 功能键，进入如图 6-2 所示的调试界面。首先选中“源代码”菜单，在文件系统中选中 html 页面，可以在代码行号前面单击鼠标设置断点，然后按 F11 键可以单步跟踪执行，也可以在右侧监视变量数据的值。

【例 6-7】 toString 语句示例。

```
< script language = "JavaScript">
    var box = 10;
    alert(box.toString());      //10,默认输出
    alert(box.toString(2));     //1010,二进制输出
    alert(box.toString(8));     //12,八进制输出
    alert(box.toString(10));    //10,十进制输出
```

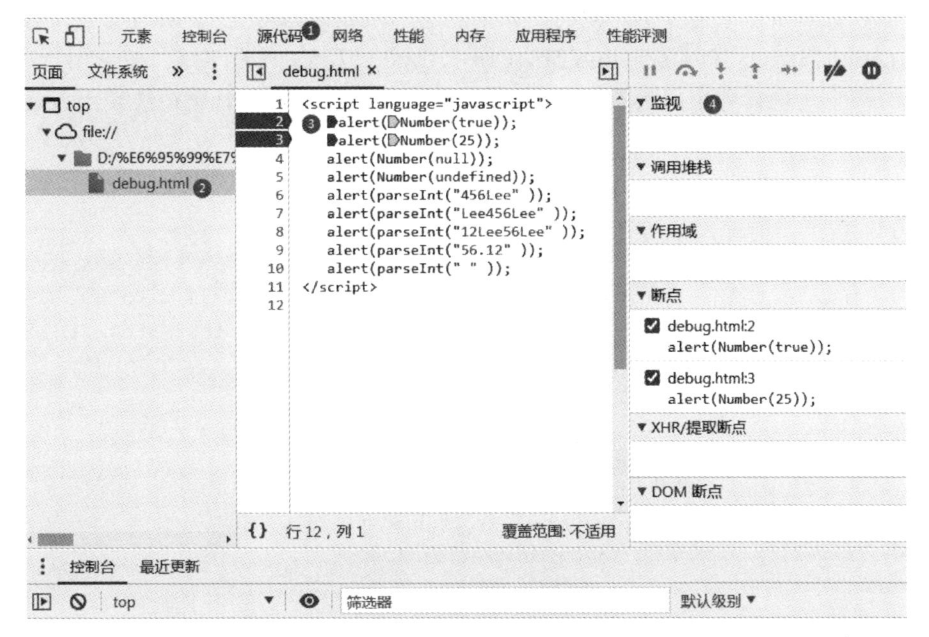

图 6-2 JavaScript 的调试界面

```
    alert(box.toString(16));   //a,十六进制输出
</script>
```

3. 运算符

运算符包括算术、逻辑、位、赋值以及其他运算符，如表 6-4 所示。

表 6-4 运算符描述

算术运算符		逻辑运算符		位运算符		赋值运算符		其他运算符	
描述	符号	描述	符号	描述	符号	描述	符号	描述	符号
负值	-	逻辑非	!	按位取反	~	赋值	=	删除	Delete
递增	++	小于	<	按位左移	<<	运算赋值	op=	typeof	typeof
递减	--	大于	>	按位右移	>>			void	void
乘法	*	小于或等于	<=	无符号右移	>>>			instance of	instance of
除法	/	大于或等于	>=	按位与	&			new	new
取模运算	%	等于(恒等)	==	按位异或	^			in	in
加法	+	不等于	!=	按位或	|				
减法	-	逻辑与	&&						
逻辑或	||								
条件运算符	?:								
逗号	,								
严格相等	===								
非严格相等	!==								

相等(恒等)“= =”与严格相等“= = =”的区别在于恒等运算符在比较前或前置转换不同类型的值。例如，恒等对字符串“1”与数值 1 的比较结果为 true。而严格相等不强制转换不同类型的值，因此它认为字符串“1”和数值 1 不相同。

字符串数值和布尔值是按值比较的。如果它们的值相同,则比较结果为相等。对象(包括Array、Function、String、Number、Boolean、Error、Date以及RegExp对象)按引用比较。即使这些类型的两个变量具有相同的值,也只有在它们正好为同一对象时比较结果才为true。

【例6-8】 比较运算符示例。

```
<script>
    //具有相同值的两个基本字符串
    var string1 = "Hello", string2 = "Hello";
    //具有相同值的两个 String 对象
    var StringObject1 = new String(string1), StringObject2 = new String(string2);
    var myBool = (string1 == string2);
    alert(myBool);        //消息框显示比较结果为 true
    var myBool = (StringObject1 == StringObject2);
    alert(myBool);        //消息框显示比较结果为 false
    //要比较 String 对象的值,用 toString() 或者 valueOf( ) 方法
    var myBool = (StringObject1.valueOf() == StringObject2);
    alert(myBool);        //消息框显示比较结果为 true
</script>
```

运行程序,输出结果如下。

```
true
false
true
```

4. 表达式

表达式由常量、变量、运算符和表达式组成。有以下3类表达式。

(1) 算式表达式。值为一个数值型值,例如:5+a-x。

(2) 字符串表达式。值为一个字符串,例如:"字符串1"+str。

(3) 布尔表达式。值为一个布尔值,例如:(x = = y)&&(y>=5)。

6.2.4 函数

函数为程序设计人员提供了显示模块化的工具。通常根据所要完成的功能,将程序划分为一些相对对立的部分,每一部分编写一个函数,从而使各个部分充分独立,任务单一,结构清晰。函数包括内置函数和自定义函数

内置函数:JavaScript语言包含很多内置函数,可以分为关于数值、布尔值、字符串、HTML字符串格式化、数组、日期和时间、数学和正则表达式几类函数。

自定义函数:自定义函数可以封装任意多条语句,而且可以在任何地方、任何时候调用执行。JavaScript中的函数使用function关键字来声明,后跟一组参数以及函数体。

【语法】

```
function 函数名(形式参数表){
  //函数体
  }
```

函数调用语法格式如下。

```
函数名(实参表);
```

当函数没有返回值时,可以不使用 return 语句,若使用 return,也只能使用不带参数的形式;当函数有返回值时,使用 return 语句返回函数值,格式为:

```
return 表达式
```

或

```
return(表达式)
```

【例 6-9】 函数示例。

```
<!Doctype html>
<HTML>
<Meta = charset = "UTF - 8" />
<head>
   <title>函数示例</title>
</head>
<script language = "JavaScript">
   function factor(num) {
      var i, fact = 1;
      for (i = 1; i < num + 1; i++) fact = i * fact;
      return fact;
   }
</script>
<body>
   <script language = "JavaScript">
      //调用 factor 函数
      alert("4 的阶乘 = " + factor(4));
   </script>
</body>
</HTML>
```

6.2.5 流程控制

1. if 条件语句

if 条件语句有三种类型：单分支,双分支和多分支。

【语法】

```
单分支:
If(条件)
    { 语句块;
    }
  双分支:
    if(条件){
    执行语句 1
    }
    else{
    执行语句 2
    }
多分支:
if(条件 1)执行语句 1;
else if(条件 2)执行语句 2;
```

```
else if(条件 3)执行语句 3;
…
else 执行语句;
```

在嵌套语句中,每一层的条件表达式都会被计算,若为真,则执行其相应的语句,否则执行else后的语句。在嵌套语句中,else与距离最近的if语句配对,否则会产生歧义。

多分支的另外一种形式:

```
switch (expression)
  case value: statement;
    break;
  case value: statement;
    break;
  case value: statement;
    break;
  case value: statement;
    break;
  case value: statement;
    break;
  default: statement;
```

switch语句是多重条件判断,用于多个值相等的比较。关键字break会使代码跳出switch语句。如果没有关键字break,代码执行就会继续进入下一个case,关键字default说明了表达式的结果不等于任何一种情况时的操作。

【例 6-10】 条件语句。

```
<script language = "JavaScript">
    var b;
    b = parseInt(prompt("请输入一个[1 - 100]之间的数"));
    if (b > 50)
        alert('b 大于 50');        //判断后执行一条语句
    else
       alert('b 小于 50');

    var box ;
    box = parseInt(prompt("请输入一个[1 - 5]之间的数"));
    switch (box) {                //用于判断 box 相等的多个值
        case 1:
            alert('one');
            break;                //break;用于防止语句的穿透
        case 2:
            alert('two');
            break;
        case 3:
            alert('three');
            break;
        default:                  //相当于 if 语句里的 else,否则的意思
            alert('error');
    }
</script>
```

2. for 循环语句

for 循环语句也是一种先判断后运行的循环语句。但它具有在执行循环之前初始变量和定义循环后要执行代码的能力。

【语法】

```
for(初始设置;循环条件;更新部分){
    语句块
}
```

初始设置告诉循环的开始位置,必须赋予变量的初值;循环条件用于判别循环停止时的条件。若条件满足,则执行循环体,否则跳出。更新部分定义循环控制变量在每次循环时按什么方式变换。初始设置、循环条件、更新部分之间,必须使用分号分隔。

【例 6-11】 for 语句使用。

```
<!Doctype html>
<HTML>
<Meta charset = "UTF - 8" />
<head>
    <title>for 语句</title>
</head>
<script>
    for (var box = 1; box <= 5; box++) {
        alert(box);
    }
</script>
</body>
</HTML>
```

for 循环的另一种用法是针对某对象集合中的每个对象或某数组中的每个元素,执行一个或者多个语句。

【语法】

```
for(变量 in 对象或数组){
语句集
}
```

【例 6-12】 for 语句使用。

```
<!Doctype html>
<HTML>
<head>
    <title>for 语句</title>
</head>
<script language = "JavaScript">
    var box = {                    //创建一个对象
        'name': '张三',            //键值对,左边是属性名,右边是值
        'age': 28,
        'height': 178
    };
    for (var p in box) {           //列举出对象的所有属性
        alert(p);
```

```
    }
</script>
</body>
</HTML>
```

运行程序,输出结果如下。

```
name
age
height
```

3. while 循环语句

【语法】

```
while(条件){
语句块;
}
```

当条件为真时,反复执行循环体语句,否则跳出循环体。循环体中必须设置改变循环条件的操作,使之离循环体终止更近一步。

【语法】

```
do{
语句块;
}
while(条件)
```

该语句为先运行,后判断的循环语句。也就是说,不管条件是否满足,至少先运行一次循环体。

for 和 while 两种语句都是循环语句,使用 for 语句在处理有关数字时更容易看懂,也较紧凑;而 while 循环更适合复杂的语句。

【例 6-13】 while 语句实例。

```
<!Doctype html>
<HTML>
<head>
    <title>while 语句</title>
</head>
<script language = "JavaScript">
    var box = 1;
    while (box <= 5) {       //先判断,再执行
        alert(box);
        box++;
    }
    box = 1;
    do {
        alert(box);
        box++;
    }
    while (box <= 5);       //先运行一次,再判断
</script>
```

```
</body>
</HTML>
```

运行程序，输出结果：

```
12345
12345
```

4. break 和 continue 语句

使用 break 语句可使得循环从 for 或 while 中强制跳出，而 continue 使得跳过循环内剩余的语句，并没有跳出循环体。

【例 6-14】 退出循环语句实例。

```
<!DOCTYPE html>
<HTML>
<head>
    <title>退出循环语句</title>
</head>
<script language = "JavaScript">
    for (var box = 1; box <= 10; box++) {
        if (box == 5) break;      //如果 box 是 5,就退出循环
        document.write(box);
        document.write('<br />');
    }
    for (var box = 1; box <= 10; box++) {
        if (box == 5) continue;   //如果 box 是 5,就退出当前循环
        document.write(box);
        document.write('<br />');
    }
</script>
</body>
</HTML>
```

运行程序，输出结果如下。

```
1234
1234678910
```

5. try…catch…finally 语句

try…catch…finally 语句提供了一种方法来处理可能发生在给定代码块中的某些或全部错误，同时仍保持代码的运行。如果发生了程序员没有处理的错误，JavaScript 只给用户提供它的普通错误信息，就好像没有错误处理一样。

【语法】

```
try {
 tryStatements
}
catch(exception)
{
catchStatements
}
finally {
```

```
finallyStatements
}
```

其中参数 try 语句是必选项,表示可能发生错误的语句。参数 exception 是必选项,可为任何变量名。exception 的初始化值是扔出的错误的值。参数 catch 语句是可选项,处理在相关联 try 语句中发生错误的语句。参数 finally 语句是可选项,是在所有其他过程发生之后无条件执行的语句。

【例 6-15】 try 语句。

```
<!DOCTYPE html>
<HTML>
<head>
    <title>try 语句</title>
</head>
<script language="JavaScript">
    try {
        document.write("Nested try running...</br>");
    }
    catch (e) {
        document.write("Nested catch caught" + e + "</br>");
    }
    finally {
        document.write("Nested finally is running...</br>");
    }
</script>
</body>
</HTML>
```

运行程序,输出结果如下。

```
Nested try running...
Nested finally is running...
```

【例 6-16】 try 语句嵌套实例。

```
<!DOCTYPE html>
<HTML>
<head>
<title>try 语句</title>
</head>
<script language="JavaScript">
    try {
        document.write("Outer try running….</br>");
        try {
            document.write("Nested try running...</br>");
            throw "the first error</br>";
        }
        catch (e) {
            document.write("Nested catch caught " + e + "</br>");
            throw " the second error - thrown</br>";
        }
        finally {
            document.write("Nested finally is running...</br>");
        }
    }
```

```
    catch (e1) {
        document.write("Outer catch caught " + e1 + "</br>");
    }
    finally {
        document.write("Outer finally running </br>");
    }
</script>
</body>
</HTML>
```

运行程序，输出结果如下。

```
Outer try running...
Nested try running...
Nested catch caught an error
Nested finally is running...
Outer catch caught an error
re - thrown
Outer finally running
```

6.2.6　事件处理

事件(events)是指对计算机进行一定的操作而得到的某一结果的行为，例如，将鼠标移动到某一个超链接上、单击鼠标按钮等都是事件。由鼠标或热键引发的一连串程序的动作，称为事件驱动(event driver)。对事件进行处理的程序或函数，称为事件处理程序(event handler)。

HTML 可用支持事件驱动的 JavaScript 语言编写事件处理程序。用 JavaScript 进行事件编程主要用于两个目的：验证用户输入窗体的数据和增加页面的动感效果。

一个 HTML 元素能够响应鼠标和键盘的事件，如表 6-5 所示。某些鼠标事件虽事件名称不一样，但响应效果几乎一样，用户可根据实际需求选择某个事件进行编程。

表 6-5　鼠标事件和键盘事件列表

事件名称	说明	事件名称	说明	事件名称	说明
onclick	鼠标左键单击	ondblclick	鼠标左键双击	onmouseup	松开鼠标左键或右键
onmousedown	按下鼠标左键或右键	onmouseover	鼠标指针在该 HTML 元素上经过	onmouseout	鼠标指针离开该 HTML 元素
onmousemove	鼠标指针在其上移动时	onmousewheel	滚动鼠标滚轮	onfocus	当用鼠标或键盘使该 HTML 元素得到焦点时
onkeypress	按键操作发生时	onkeyup	松开某个键时	onkeydown	按下某个键时
onchange	当文本框的内容发生改变的时候	onselect	当用鼠标或键盘选中文本时	onblur	HTML 元素失去焦点时

使用有两种方式：一是直接执行 JavaScript 语句或调用 JavaScript 中定义的函数名，又称

为内联模型；二是脚本模型。

内联模型：HTML 既描述对象，又处理 JavaScript 函数或语句。

【语法】

```
HTML 对象的事件名称 = "JavaScript 函数名或处理语句"
```

【例 6-17】 编写鼠标单击事件(函数名)。

```
<!DOCTYPE html>
<HTML>
<Meta charset = "UTF-8" />
<head>
    <title>检查输入的字符串是否全由数字组成</title>
</head>
<script>
    function checkNum(str) {
        var TestResult = /\d/.test(str);
        //使用正则表达式测试字符串是否有数字组成
        alert(TestResult);
    }
</script>
<body>
    <input id = "mytext" type = "text" value = '12332'>
    <input id = "mybut" type = "button" value = "检查" onclick = "checkNum(mytext.value)">
</body>
</HTML>
```

运行程序，弹出如图 6-3 所示的对话框，单击“检查”按钮，输出结果为 true。

图 6-3 对话框

【例 6-18】 编写鼠标单击事件(处理语句)。

```
<!DOCTYPE html>
<HTML>
<Meta charset = "UTF-8" />
<head>
   <title>检查输入的字符串是否全由数字组成</title>
</head>
<body>
   <input id = "mytext" type = "text" value = '12332'>
   <input id = "mybut" type = "button" value = "检查">
   <script language = "JavaScript">
      mybut.onmousedown = function () { /* mybut 为按钮的 ID */
         var TestResult = !/\D/.test(mytext.value);
         /* 使用正则表达式测试字符串是否全是数字 */
         alert(TestResult);
      }
   </script>
</body>
</HTML>
```

运行程序，输出结果：True。

这种内联模型是最传统的一种处理事件的方法。在内联模型中，事件处理函数是 HTML

标签的一个属性，用于处理指定事件。虽然内联在早期使用较多，但它是和 HTML 混写的，并没有与 HTML 分离。

内联模型违反了 HTML 与 JavaScript 代码层次分离的原则，为了解决这个问题，可以在 JavaScript 中处理事件。这种处理方式就是脚本模型。

脚本模型：HTML 描述对象，在 JavaScript 中处理事件。

【语法】

```
< input id = "控件号">
…
< script language = "JavaScript">
    控件号.事件 = 函数体;
</script >
```

【例 6-19】 鼠标单击(函数)。

```
<! DOCTYPE html >
< HTML >
< Meta charset = "UTF - 8" />
< head >
    < title >检查输入的字符串是否全由数字组成</title >
</head >
< body >
    < input id = "mytext" type = "text" value = '12332'>
    < input id = "mybut" type = "button" value = "检查">
    < script language = "JavaScript">
        mybut.onmousedown = function () { /* mybut 为按钮的 ID */
            var TestResult = !/\D/.test(mytext.value); /* 使用正则表达式测试字符串是否全是
数字 */
            alert(TestResult);
        }
    </script >
</body >
</HTML >
```

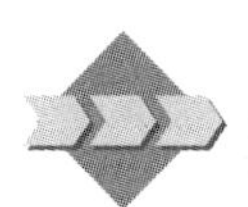

6.3 JavaScript 对象编程

对象是一种类型，即引用类型。而对象的值就是引用类型的实例。JavaScript 并不完全支持面向对象的程序设计方法，不能提供抽象、继承、封装等面向对象的基本属性。但它支持开发对象类型及根据对象产生一定数量的实例，同时还支持开发对象的可重用性，实现一次开发、多次使用的目的。

6.3.1 Object 类型

创建 Object 类型有两种，一种是使用 new 运算符，一种是字面量表示法。

使用 new 运算符创建 Object，例如：

```
var p = new Object();        //new 方式
p.x = 10;                    //x,y 两个属性
p.y = 10;
```

new 关键字可以省略,例如:

```
var box = Object();        //省略了 new 关键字
```

使用字面量方式创建 Object,例如:

```
Var p = {
X:10,
        Y:10
};
```

6.3.2 Array 对象

数组是若干元素的集合,每个数组都用一个名字作为标识。JavaScript 中没有提供明显的数组类型,可通过 JavaScript 内建对象 Array 或使用自定义对象的方式创建数组对象。数组每个元素可以保存任何类型,数组的大小也是可以调整的。

(1) 使用 new 关键字创建数组。

【语法】

var 数组名=newArray(数组长度值),例如:

```
var box = new Array();                    //创建了一个数组
var box = new Array(10);                  //创建一个包含 10 个元素的数组
var box = new Array("华为","白色",4500);  //创建一个数组并分配好元素
```

(2) 使用字面量创建。

```
var box = [];                             //创建一个空的数组
var box = ["华为","白色",4500];           //创建包含元素的数组
```

数组创建后,可通过[]来访问数组元素,用数组对象的属性 length 可获取数组元素的个数。当向用关键字 Array 生成的数组中添加元素时,JavaScript 自动改变属性 length 的值。JavaScript 中的数组索引总是以 0 开始,而不是 1。

(3) 使用索引下标来读取数组的值。例如:

```
alert(box[2]);                            //获取第三个元素
box[2] = "学生";                          //修改第三个元素
box[4] = "计算机编程";                    //增加第五个元素
```

(4) 使用 length 属性获取数组元素量。例如:

```
alert(box.length)                         //获取元素个数
box.length = 10;                          //强制元素个数
```

(5) 栈方法:JavaScript 提供了一种让数组的行为类似于其他数据结构的方法。可以让数组像栈一样,可以限制插入和删除项的数据结构,为数组专门提供了 push()和 pop()方法。

push()方法可以接收任意数量的参数,把它们逐个添加到数组的末尾,并返回修改后数组的长度。而 pop()方法则从数组末尾移除最后一个元素,减少数组的 length 值,然后返回移除的元素,例如:

```
var box = ["华为","白色",4500];           //字面量声明
alert(box.push("2015"));                  //数组末尾添加一个元素,并且返回长度
```

```
alert(box);                                   //查看数组
box.pop();                                    //移除数组末尾元素,并返回移除的元素
alert(box);                                   //查看数组
```

(6) 队列方法：在数组的末端添加元素，从数组的前端移除元素。通过 push()向数组末端添加一个元素，然后通过 shift()方法从数组前端移除一个元素，例如：

```
var box = ["华为",白色,4500];                  //字面量声明
alert(box.push("2015"));                      //数组末尾添加一个元素,并且返回长度
alert(box);                                   //查看数组
box.shift ();                                 //移除数组前端元素,并返回移除的元素
alert(box);                                   //查看数组
```

为数组提供了一个 unshift()方法，它和 shift()方法的功能完全相反。unshift()方法为数组的前端添加一个元素，例如：

```
box.unshift("中兴");                          //数组前端添加 1 个元素
alert(box);                                   //查看数组
```

(7) 重排序方法：数组中已经存在两个可以直接用来排序的方法 reverse()和 sort()。例如：

```
var a = [1,2,3,4,5];                          //数组
alert(a.reverse());                           //逆向排序方法,返回排序后的数组
alert(a);                                     //源数组也被逆向排序了,说明是引用
var b = [4,1,7,3,9,2];                        //数组
alert(b.sort());                              //从小到大排序,返回排序后的数组
alert(b);                                     //源数组也被从小到大排序了
```

【例 6-20】 使用自定义对象的方式创建数组对象。通过 function 定义一个数组，其中，arrayName 是数组名，size 是数组长度，通过 this[i]为数组赋值。定义对象后还不能马上使用，还必须使用 new 操作符创建一个数组示例 MyArray。一旦给数组赋予了初值后，数组中就具有真正意义的数据，以后就可以在程序设计过程中直接引用。

```
<script language = "JavaScript">
    function arrayName(size) {
        this.length = size;
        for (var i = 0; i <= size; i++)
            this[i] = 0;
        return this;
    }
    var MyArray = new arrayName(10);
    MyArray[0] = 1;
    MyArray[1] = 2;
    MyArray[2] = 3;
    MyArray[3] = 4;
    MyArray[4] = 5;
    MyArray[5] = 6;
    MyArray[6] = 7;
    MyArray[7] = 8;
    MyArray[8] = 9;
    MyArray[9] = 10;
```

```
    alert(MyArray[7]);
</script>
```

6.3.3 String 对象

在 JavaScript 中，可以将字符串当作对象来处理。

【语法】

```
var String 对象实例名 ="字符串值";
var String 对象实例名 =new String("字符串值");
var String 对象实例名 =String("字符串值");
```

例如：

```
var str = "Hello World";
var str1 = new String(str);
var str = String("Hello World");
```

String 对象只有一个属性，即 length 属性，包含字符串中的字符数(空字符串为 0)，它是一个数值，可以直接在计算中使用。String 对象内置方法有 30 多种，部分方法用法如下。

anchor()方法，用于创建 HTML 锚。

【语法】

```
stringObject.anchor(anchorname)
```

其中，anchorname 必需，为锚定义名称。例如：

```
var txt = "Hello world!";
document.write(txt.anchor("myanchor"));
```

输出为：

```
<a name = "myanchor">Hello world!</a>
```

big()方法，用于把字符串显示为大号字体。例如：

```
var str = "Hello world!";
document.write(str.big());
```

blink()方法，用于显示闪动的字符串。例如：

```
var str = "Hello world!";
document.write(str.blink());
```

bold()方法，用于把字符串显示为粗体。例如：

```
var str = "Hello world!"
document.write(str.bold())
```

charAt()方法，可返回指定位置的字符。

【语法】

```
stringObject.charAt(index)
```

其中，index 必需，表示字符串中某个位置的数字，即字符在字符串中的下标。字符串中第一个字符的下标是 0。如果参数 index 不在 0 与 string. length 之间，该方法将返回一个空字符串。

charCodeAt()方法，可返回指定位置的字符的 Unicode 编码。这个返回值是 0～65 535 的整数。方法 charCodeAt()与 charAt()执行的操作相似，只不过前者返回的是位于指定位置的字符的编码，而后者返回的是字符子串。例如：

```
var str = "Hello world!"
document.write(str.charCodeAt(1))
```

输出为：

```
101
```

concat()方法，用于连接两个或多个字符串。

【语法】

```
stringObject.concat(stringX,stringX, … ,stringX)
```

其中，stringX 必需，表示将被连接为一个字符串的一个或多个字符串对象。请注意，使用"+"运算符来进行字符串的连接运算通常会更简便一些。例如：

```
var str1 = "Hello "
var str2 = "world!"
document.write(str1.concat(str2))
```

fontcolor()方法，用于按照指定的颜色来显示字符串。

【语法】

```
stringObject.fontcolor(color)
```

其中，color 必需，为字符串规定 font-color。该值必须是颜色名、RGB 值或者十六进制数。例如：

```
var str = "Hello world!"
document.write(str.fontcolor("Red"))
```

lastIndexOf()方法，可返回一个指定的字符串值最后出现的位置，在一个字符串中的指定位置从后向前搜索。

【语法】

```
stringObject.lastIndexOf(searchvalue,fromindex)
```

其中，searchvalue 必需，规定需检索的字符串值。fromindex 为可选的整数参数，规定在字符串中开始检索的位置，它的合法取值是 0～stringObject. length - 1。如省略该参数，则将从字符串的最后一个字符处开始检索。lastIndexOf()方法对大小写敏感。如果要检索的字符串值没有出现，则该方法返回−1。例如：

```
var str = "Hello world!"
document.write(str.lastIndexOf("Hello") + "<br />")
document.write(str.lastIndexOf("World") + "<br />")
document.write(str.lastIndexOf("world"))
```

输出：

```
0、-1、6
```

link()方法，用于把字符串显示为超链接。

【语法】

```
stringObject.link(url)
```

其中，参数 url 为必需，规定要链接的 URL。例如：

```
var str = "Free Web Tutorials!"
document.write(str.link("http://www.w3school.com.cn"))
```

match()方法，可在字符串内检索指定的值，或找到一个或多个正则表达式的匹配。该方法类似 indexOf()和 lastIndexOf()，但是它返回指定的值，而不是字符串的位置。

【语法】

```
stringObject.match(searchvalue)
```

其中，searchvalue 必需，规定要检索的字符串值。

```
stringObject.match(regexp)
```

其中，regexp 必需，规定要匹配的模式的 RegExp 对象。如果该参数不是 RegExp 对象，则需要首先把它传递给 RegExp 构造函数，将其转换为 RegExp 对象。例如：

```
<script>
    var str = "Hello world!"
    document.write(str.match("world") + "<br />")
    document.write(str.match("World") + "<br />")
    document.write(str.match("worlld") + "<br />")
    document.write(str.match("world!"))
</script>
```

输出为：

```
world、null、null、world!
```

replace()方法，用于在字符串中用一些字符替换另一些字符，或替换一个与正则表达式匹配的子串。

【语法】

```
stringObject.replace(regexp/substr,replacement)
```

其中，参数 regexp/substr 必需，规定子字符串或要替换的模式的 RegExp 对象。如果该值是一个字符串，则将它作为要检索的直接文本模式，而不是首先被转换为 RegExp 对象。参数 replacement 必需，为一个字符串值，规定了替换文本或生成替换文本的函数。例如：

```
<script>
    var str = "Visit Microsoft!";
    document.write(str.replace(/Microsoft/, "W3School"));
</script>
```

输出结果为：

```
Visit W3School!
```

search()方法，用于检索字符串中指定的子字符串，或检索与正则表达式相匹配的子字符串。例如：

```
stringObject.search(regexp)
```

其中，参数 regexp 可以是需要在 stringObject 中检索的子串，也可以是需要检索的 RegExp 对象。要执行忽略大小写的检索，请追加标志 i。返回值为 stringObject 中第一个与 regexp 相匹配的子串的起始位置。注意：如果没有找到任何匹配的子串，则返回－1。另外，search()对大小写敏感。例如：

```
<script>
    var str = "Visit W3School!";
    document.write(str.search(/W3School/));
</script>
```

输出：

```
6
```

slice()方法，可提取字符串的某个部分，并以新的字符串返回被提取的部分。

【语法】

```
stringObject.slice(start,end)
```

其中，start 为要抽取的片段的起始下标。如果是负数，则该参数规定的是从字符串的尾部开始算起的位置。也就是说，－1 指字符串的最后一个字符，－2 指倒数第二个字符，以此类推。

end 为紧接着要抽取的片段的结尾的下标。若未指定此参数，则要提取的子串包括 start 到原字符串结尾的字符串。如果该参数是负数，那么它规定的是从字符串的尾部开始算起的位置。

返回值：一个新的字符串。包括字符串 stringObject 从 start 开始(包括 start)到 end 结束(不包括 end)为止的所有字符。String. slice()与 Array. slice()相似。例如：

```
<script>
   var str = "Hello happy world!";
   document.write(str.slice(6));
</script>
```

输出：

```
happy world!;
var str = "Hello happy world!";
document.write(str.slice(6,11));
```

输出：

```
Happy
```

split()方法，用于把一个字符串分割成字符串数组。

【语法】

```
stringObject.split(separator,howmany)
```

其中，参数 separator 为必需、字符串或正则表达式，从该参数指定的地方分割 stringObject。参数 howmany 可选，可指定返回数组的最大长度。如果设置了该参数，返回的子串不会多于这个参数指定的数组。如果没有设置该参数，整个字符串都会被分割，不考虑它的长度。如果把空字符串("")，不是空格，用作 separator，那么 stringObject 中的每个字符之间都会被分割。例如：

```
<script>
    var str = "How are you doing today?";
    document.write(str.split("") + "<br />");
    document.write(str.split("") + "<br />");
    document.write(str.split("", 3));
</script>
```

输出：

```
How,are,you,doing,today?
H,o,w, ,a,r,e, ,y,o,u, ,d,o,i,n,g, ,t,o,d,a,y,?
How,are,you
```

substr()方法，可在字符串中抽取从 start 下标开始的指定数目的字符。

【语法】

```
stringObject.substr(start,length)
```

其中，参数 start 必需，为要抽取的子串的起始下标，必须是数值。如果是负数，那么该参数声明从字符串的尾部开始算起的位置。也就是说，－1 指字符串中最后一个字符，－2 指倒数第二个字符，以此类推。

length 可选，为子串中的字符数，必须是数值，如果省略了该参数，那么返回从 stringObject 的开始位置到结尾的字串。返回值为一个新的字符串，包含从 stringObject 的 start(包括 start 所指的字符)处开始的 length 个字符。如果没有指定 length，那么返回的字符串包含从 start 到 stringObject 的结尾的字符。ECMAscript 没有对该方法进行标准化，因此反对使用它。例如：

```
<script>
    var str = "Hello world!";
    document.write(str.substr(3, 7));
</script>
```

输出：

```
lo worl
```

substring()方法，用于提取字符串中介于两个指定下标之间的字符。

【语法】

```
stringObject.substring(start,stop)
```

其中，参数 start 必需，为一个非负的整数，规定要提取的子串的第一个字符在 stringObject 中的位置。

stop 可选，为一个非负的整数，比要提取的子串的最后一个字符在 stringObject 中的位置多 1，如果省略该参数，那么返回的子串会一直到字符串的结尾。返回值为一个新的字符串，该字符串值包含 stringObject 的一个子字符串，其内容是从 start 处到 stop、1 处的所有字符，其长度为 stop－start。

substring()方法，返回的子串包括 start 处的字符，但不包括 end 处的字符。如果参数 start 与 end 相等，那么该方法返回的就是一个空串(即长度为 0 的字符串)。如果 start 比 end 大，那么该方法在提取子串之前会先交换这两个参数。与 slice()和 substr()方法不同的是，substring()不接受负的参数。例如：

```
<script>
    var str = "Hello world!";
    document.write(str.substring(3, 7));
</script>
```

输出：

```
lo w
```

indexOf()方法，可返回某个指定的字符串值在字符串中首次出现的位置。

【语法】

```
stringObject.indexOf(searchvalue,fromindex)
```

其中，searchvalue 必需，规定需检索的字符串值。fromindex 为可选的整数参数，规定在字符串中开始检索的位置。它的合法取值是 0～stringObject.length、1。如省略该参数，则将从字符串的首字符开始检索。该方法将从头到尾地检索字符串 stringObject，看它是否含有子串 searchvalue。开始检索的位置在字符串的 fromindex 处或字符串的开头(没有指定 fromindex 时)。如果找到一个 searchvalue，则返回 searchvalue 第一次出现的位置。stringObject 中的字符位置是从 0 开始的。indexOf()方法对大小写敏感，例如：

```
<script>
    var str = "Hello world!";
    document.write(str.indexOf("Hello") + "<br />");
    document.write(str.indexOf("World") + "<br />");
    document.write(str.indexOf("world"));
</script>
```

输出：

```
0、-1 和 6
```

6.3.4 Math 对象

Math 对象提供了常用的数学函数和运算，如三角函数、对数函数、指数函数等。

Math 中提供了 6 个常量(即属性)，分别如下。

E，返回算术常量 e，即自然对数的底数(约等于 2.718)。

LN2，返回 2 的自然对数(约等于 0.693)。

LN10,返回 10 的自然对数(约等于 2.302)。

LOG2E,返回以 2 为底的 e 的对数(约等于 1.414)。

LOG10E,返回以 10 为底的 e 的对数(约等于 0.434)。

PI,返回圆周率(约等于 3.14159)。

SQRT1_2,返回 2 的平方根的倒数(约等于 0.707)。

SQRT2,返回 2 的平方根(约等于 1.414)。

【例 6-21】 Math 常量。

```
<script>
    document.write("Math.E = " + Math.E + "<br>");
    document.write("Math.LN2 = " + Math.LN2 + "<br>");
    document.write("Math.LN10 = " + Math.LN10 + "<br>");
    document.write("Math.LOG2E = " + Math.LOG2E + "<br>");
    document.write("Math.LOG10E = " + Math.LOG10E + "<br>");
    document.write("Math.PI = " + Math.PI + "<br>");
    document.write("Math.SQRT1_2 = " + Math.SQRT1_2 + "<br>");
    document.write("Math.SQRT2 = " + Math.SQRT2 + "<br>");
</script>
```

输出结果如下。

```
Math.E = 2.718281828459045
Math.LN2 = 0.6931471805599453
Math.LN10 = 2.302585092994046
Math.LOG2E = 1.4426950408889634
Math.LOG10E = 0.4342944819032518
Math.PI = 3.141592653589793
Math.SQRT1_2 = 0.7071067811865476
Math.SQRT2 = 1.4142135623730951
```

abs()方法,可返回数的绝对值。

【语法】

```
Math.abs(x);
```

其中,x 必须为一个数值,此数可以是整数或小数。

acos()和 asin(),返回数的反余弦值和反正弦值。

【语法】

```
Math.acos(x);
Math.asin(x);
```

其中,x 必须是－1.0～1.0 的数;如果 x 不在上述范围,则返回 NaN。

atan()方法,可返回数字的反正切值。

【语法】

```
Math.atan(x)
```

其中,x 必需,是一个数值。返回的值是－PI/2～PI/2 的弧度值。

atan2()方法,可返回从 X 轴到点(x,y)之间的角度。

【语法】

```
Math.atan2(y,x);
```

ceil()方法，可对一个数进行上舍入，即大于或等于 x，并且与 x 最接近的整数。

【语法】

```
Math.ceil(x);
```

其中，x 必需，是一个数值。

【例 6-22】 Math 的 ceil()函数。

```
<script>
    document.write(Math.ceil(0.60) + "<br />");
    document.write(Math.ceil(0.40) + "<br />");
    document.write(Math.ceil(5) + "<br />");
    document.write(Math.ceil(5.1) + "<br />");
    document.write(Math.ceil(-5.1) + "<br />");
    document.write(Math.ceil(-5.9));
</script>
```

分别输出：

```
1、1、5、6、-5 和 -5
```

cos()和 sin()方法，可返回一个数字的余弦值和正弦值。

【语法】

```
Math.cos(x);
Math.sin(x);
```

其中，参数 x 必需，是一个数值。返回的是－1.0～1.0 的数。x 要求是输入一个弧度值。

【例 6-23】 Math 的 cos()函数。

```
<script>
    document.write(Math.cos(Math.PI));
    document.write(Math.cos(Math.PI / 2));
    document.write(Math.cos(Math.PI / 3));
</script>
```

分别输出：

```
-1,6.123233995736766e-17,0.5000000000000001
```

为什么会出现这些怪异的数字呢？其实 document.write(Math.cos(Math.PI/2))；应该输出 0，而在 JavaScript 中可能没有求得 0，所以就用了一个非常非常小的数代替。类似地 document.write(Math.cos(Math.PI/3))；应该是 0.5 才对，但是却在最后面多了一位，因为本身寄存器就不可能表示所有数，所以在计算过程中可能出现差错。

exp()方法，返回 e 的 x 次幂的值。

【语法】

```
Math.exp(x);
```

其中,x 必需,可以是任意数值或表达式,被用作指数。

floor()方法,和 ceil()方法相对应,floor()方法是对一个数进行下舍入,即小于或等于 x,且与 x 最接近的整数。

【语法】

```
Math.floor(x);
```

其中,x 必需,是一个数值。

【例 6-24】 Math.floor()函数。

```
<script>
    document.write(Math.floor(0.60) + "<br />");;
    document.write(Math.floor(0.40) + "<br />");
    document.write(Math.floor(5) + "<br />");
    document.write(Math.floor(5.1) + "<br />");
    document.write(Math.floor( - 5.1) + "<br />");
    document.write(Math.floor( - 5.9));
</script>
```

输出结果分别为:

```
0、0、5、5、- 6 和 - 6
```

log()方法,可返回一个数的自然对数。

【语法】

```
Math.log(x);
```

其中,参数 x 必须大于 0,若小于 0 则结果为 NaN,若等于 0 则为-Infinity。

【例 6-25】 Math.log()函数。

```
<script>
    document.write(Math.log(2.7183) + "<br />");
    document.write(Math.log(2) + "<br />");
    document.write(Math.log(1) + "<br />");
    document.write(Math.log(0) + "<br />");
    document.write(Math.log( - 1));
</script>
```

输出结果分别为:

```
1.0000066849139877、0.6931471805599453、0、- Infinity 和 NaN
```

max()和 min()方法,分别返回两个指定的数中带有较大或较小的值的那个数。

【语法】

```
Math.max(x…);
Math.min(x,y);
```

其中,x 为 0 个或多个值。在 ECMAScript 3 之前,该方法只有两个参数。返回值为参数中最大的值。如果没有参数,则返回-Infinity。如果有某个参数为 NaN,或是不能转换成数字的非数字值,则返回 NaN。

【例 6-26】 Math.max()函数。

```
<script>
    document.write(Math.max(5, 3, 8, 1));    //8
    document.write(Math.max(5, 3, 8, 'M')); //NaN
    document.write(Math.max(5));             //5
    document.write(Math.max());              //-Infinity
</script>
```

pow()方法,可返回 x 的 y 次幂的值。

【语法】

```
Math.pow(x,y);
```

其中,x 必需,表示底数,必须是数字。y 必需,表示幂数,必须是数字。返回值:如果结果是虚数或负数,则该方法将返回 NaN。如果由于指数过大而引起浮点溢出,则该方法将返回 Infinity。

【例 6-27】 Math.pow()函数。

```
<script>
    document.write(Math.pow() + '<br>');
    document.write(Math.pow(2) + '<br>');
    document.write(Math.pow(2, 2) + '<br>');
    document.write(Math.pow(2, 2, 2) + '<br>');
    document.write(Math.pow('M', 2) + '<br>');
</script>
```

输出结果分别为:NaN、NaN、4、4 和 NaN。

random()方法,可返回介于 0～1 的一个随机数。

【语法】

```
Math.random();   //无参
```

返回 0.0～1.0 的一个伪随机数。真正意义上的随机数是某次随机事件产生的结果,经过无数次后表现为呈现某种概率论,它是不可预测的。而伪随机数是根据伪随机算法实现的,它是采用了一种模拟随机的算法,因此被称为伪随机数。例如:

```
document.write(Math.random());
```

round()方法,可把一个数字舍入为最接近的整数。

【语法】

```
Math.round(x)
```

其中,参数 x 为必需,是一个数字。

【例 6-28】 Math.round()函数。

```
<script>
    document.write(Math.round(0.60) + "<br />");
    document.write(Math.round(0.50) + "<br />");
    document.write(Math.round(0.49) + "<br />");
    document.write(Math.round(-4.40) + "<br />");
    document.write(Math.round(-4.60));
```

```
</script>
```

输出结果分别为：1、1、0、-4和-5。

6.3.5 Number对象

Number对象即数字，它的构造方法为：

```
var num = 10;
var num = new Number();                  //num == 0
var num = new Number(value);
```

其中，value为数值或是可以转换为数值的量，如字符串'1002'；但是假如为'M122'，则返回NaN。

除了Math对象中可用的几个特殊数值属性(例如PI)外，Number对象还有如下几个其他数值常数属性。

```
MAX_VALUE,可表示的最大的数。                    //1.7976931348623157e+308
MIN_VALUE,可表示的最小的数。                    //5e-324
NEGATIVE_INFINITY,负无穷大,溢出时返回该值。     //-Infinity
POSITIVE_INFINITY,正无穷大,溢出时返回该值。     //Infinity
NaN,非数字值。                                 //NaN
```

Number.NaN是一个特殊的属性，被定义为"不是数值"。例如，被0除返回NaN。试图解析一个无法被解析为数字的字符串时同样被返回Number.NaN比较来测试NaN结果，而应该使用isNaN()函数。

toString()方法，可把一个Number对象转换为一个字符串，并返回结果。

【语法】

```
NumberObject.toString(radix);
```

其中，参数radix为可选，规定表示数字的基数，是2～36的整数。若省略该参数，则使用基数10。当调用该方法的对象不是Number时抛出TypeError异常。返回数字的字符串表示，例如，当radix为2时，NumberObject会被转换为二进制值表示的字符串。例如：

```
var num = 10;
document.write(num.toString(2));          //输出:1010
```

toFixed()方法，可把Number四舍五入为指定小数位数的数字。

【语法】

```
NumberObject.toFixed(num);
```

其中，num必需，规定小数的位数，是0～20的值，包括0和20，有些实现可以支持更大的数值范围。如果省略了该参数，将用0代替。返回值：num为0～20时不会抛出异常，假如num>20则有可能抛出异常。例如：

```
var num = new Number(13.37);
document.write (num.toFixed(1));          //输出:13.4
```

toExponential()方法，可把对象的值转换成指数记数法，即科学记数法。

【语法】

```
NumberObject.toExponential(num);
```

其中，参数 num 必需，规定指数记数法中的小数位数，是 0～20 的值，包括 0 和 20，有些实现可以支持更大的数值范围。如果省略了该参数，将使用尽可能多的数字。例如：

```
var num = new Number(10000);
document.write (num.toExponential(1));          //输出:1.0e+4
```

toPrecision()方法，可在对象的值超出指定位数时将其转换为指数记数法。

【语法】

```
toPrecision(num);
```

其中，参数 num 为指定的位数，即超过多少位时采用指数记数法。例如：

```
var num = 10000;                                //输出: 1.000e+4
document.write (num.toPrecision(4) + '<br>'); //1.000 共 4 位数,10000.000
document.write (num.toPrecision(8));            //10000.000 共 8 位
```

6.3.6 Date 对象

Date 对象是操作日期和时间的对象。Date 对象对日期和时间的操作只能通过方法完成。Date 对象可以用来表示任意的日期和时间，获取当前系统日期以及计算两个日期的间隔等。常用的方法有 getFullYear()、getMonth()、getDate()等。通常 Date 对象给出日期、月份、天数和年份以及以小时、分钟和秒表示的时间。该信息是基于 1970 年 1 月 1 日 00:00:00.000GMT 开始的毫秒数，其中，GMT 是格林威治标准时间(Universal Time Coordinated，UTC，或者"全球标准时间"，它引用的信号是由"世界时间标准"发布的)。JavaScript 可以处理 250000B.C. 到 250000 A.D. 范围内的日期。同样，可使用 new 运算符来创建一个新的 Date 对象。

【例 6-29】 Date 对象的使用。

```
<!DOCTYPEhtml>
    <HTML>
    <head>
        <Meta charset = "UTF - 8" />
        <title>关于 Date 对象的使用</title>
    </head>
    <script language = "JavaScript">
        /*
        本示例使用前面定义的月份名称数组,
        第一条语句以"Day Month Date 00:00:00 Year"格式对 Today 变量赋值
        */
        varToday = newDate();                           //获取今天的日期
        //提取年,月,日.
        thisYear = Today.getFullYear();
        thisMonth = Today.getMonth();
        thisDay = Today.getDate();
        //提取时,分,秒.
        thisHour = Today.getHours();
        thisMinutes = Today.getMinutes();
        thisSeconds = Today.getSeconds();
```

```
    //提取星期几
    thisWeek = Today.getDay();
    varx = newArray("日", "一", "二");
    x = x.concat("三", "四", "五", "六");
    thisWeek = x[thisWeek];
    nowDateTime = "现在是" + thisYear + "年" + thisMonth + "月" + thisDay + "日";
   nowDateTime += thisHour + "时" + thisMinutes + "分" + thisSeconds + "秒";
    nowDateTime += "星期" + thisWeek;
    document.write(nowDateTime + "<br>");      //输出:现在是年月日时分秒
    //计算两个日期相差的天数
    vardatestring1 = "November 1, 1997 10:15 AM";
    vardatestring2 = "December 1, 2021 10:15 AM";
    varDayMilliseconds = 24 * 60 * 60 * 1000;  //1天的毫秒数
    vart1 = Date.parse(datestring1);           //换算成自年月日到年月日的毫秒数
    vart2 = Date.parse(datestring2);           //换算成自年月日到年月日的毫秒数
    s = "There are "
    s += Math.round(Math.abs((t2 - t1) / DayMilliseconds)) + " days "
    s += "between " + datestring1 + " and " + datestring2;
    document.write(s);
</script>
</hmtl>
```

运行程序,输出结果:

现在是 2021 年 11 月 8 日 21 时 54 分 2 秒星期三

There are 8796 days between November 1, 1997 10:15 AM and December 1, 2021 10:15 AM。

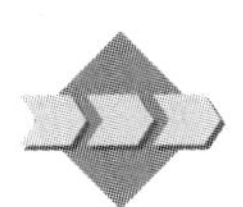

6.4 正则表达式

正则表达式就是记录文本规则的代码。在编写处理字符串的程序或网页时,经常会有查找符合某些复杂规则的字符串的需要。正则表达式就是用于描述这些规则的工具。

6.4.1 常用的元字符

1. \b

\b 是正则表达式规定的一个特殊代码,代表着单词的开头或结尾,也就是单词的分界处,如\b hi \b,表示单词 hi。

正则表达式可以表示为:

```
var TestResult = /Hi/.test("Hi,test");
```

也可以写成:

```
var TestResult = /\bHi.*\b/.test(str);
```

2. .与*

.是另一个元字符,匹配除了换行符以外的任意字符; * 同样是元字符,不过它代表的不是字符,也不是位置,而是数量——它指定 * 前边的内容可以连续重复使用任意次以使整个表达式得到匹配。如.*,表示任意数量的不包含换行的字符; \bhi\b.*\bLucy\b,表示以 hi 开头,跟上任意个任意字符(换行符除外),以 Lucy 结束的字符串。

【例 6-30】 正则表达式\b,. 与 * 的应用。

```
<! DOCTYPE html >
< HTML >
< Meta charset = "UTF - 8" />
< head >
    < title >正则表达式的应用</title >
</head >
< script language = "JavaScript">
    function checkStr1(str) {
        var TestResult  =  /\bZ. * \b/.test(str);
        if (!TestResult) {
            alert("必须要以 Z 开头");
        }
    }
    function checkStr2(str) {
        var TestResult  =  /[\u8c22]. * /.test(str);
        //必须要以谢字(其 Unicode 编码为\u8c22)开头,跟上任意个任意字符(换行符除外),以 Bye
        //结束的字符串,但是汉字不能检测
        if (!TestResult) {
            alert("必须要谢开头,跟上任意个任意字符(换行符除外)");
        }
    }
</script >
< body >
    < label for = "studentID">请输入你的学号,以 Z 开头</label >
    < input id = "studentID" type = "text" value = " ">
    < input type = " button" value = "检查" onclick = "checkStr1(studentID.value)">
    < br >
    < label for = "name">请输入你的姓名</label >
    < input id = "nameText" type = "text" value = " ">
    < input type = " button" value = "姓名的检查"
onclick = "checkStr2(nameText.value)">
</body >
</HTML >
```

运行结果如图 6-4 所示。

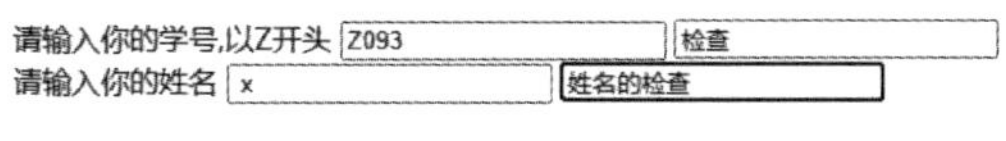

图 6-4 检测界面

3. \d

\d 表示一位 0～9 的数字。如 0\d\d-\d\d\d\d\d\d\d\d,表示以 0 开头,跟上两个数字,加一个连字号“—”,最后是 8 个数字的中国电话号码。也可以这样写这个表达式:0\d{2}-\d{8}。这里\d 后面的{2}({8})的意思是前面\d 必须连续重复匹配 2 次(8 次)。

4. \s,\w,^,$

\s 匹配任意的空白符,包括空格、制表符(Tab)、换行符、中文全角空格等;\w 匹配字母或数字或下画线或汉字等。如\ba\w * \b,表示以字母 a 开头,跟上任意数量的字母或数字的字符串。

^匹配字符串的开始,$ 匹配字符串的结束。而\b 代表单词边界,其前后必须是不同类型

的字符,可以组成单词的字符为一种类型,不可组成单词的字符(包括字符串的开始和结束)为另一种类型,因此\b\d\b 可以匹配"%3%"中的 3,但不能匹配"23"中的任意一个数字。

5. 字符转义

如果匹配元字符本身,如. ,或者 * ,会被解释成别的意思,没办法指定它们。需要使用"\"来取消这些字符的特殊意义。因此,应该使用\. 和\ * 分别表示. 和 * 本身。例如:

unibetter\. com 表示 unibetter. com。

C:\\Windows 表示 C:\Windows。

【例 6-31】 正则表达式\b,. , * ,\的应用。

```
<!DOCTYPE html>
<HTML>
<Meta charset = "UTF - 8" />
<head>
    <title>正则表达式的应用</title>
</head>
<script language = "JavaScript">
    function checkStr1(str) {
        var TestResult = /\ba\w * \b/.test(str);
        if (!TestResult) {
           alert("必须要以 a 开头,跟上任意个任意字符(换行符除外),包括汉字");
        }
    }
    function checkStr2(str) {
        var TestResult = /\(. * \)/.test(str);
        if (!TestResult) {
            alert("需要输入()");
        }
    }
</script>
<body>
    <label for = "mytext">必须要以 a 开头</label>
    <input id = "mytext" type = "text" value = "">
    <input type = "button" value = "检查" onclick = "checkStr1(mytext.value)">
    <br>
    <label for = "mytext2">关于转义字符</label>
    <input id = "mytext2" type = "text" value = "">
    <input type = "button" value = "检查" onclick = "checkStr2(mytext2.value)">
</body>
</HTML>
```

6.4.2 复杂的正则表达式

重复:重复多次可以使用 * ,+,? 等表示,如表 6-6 所示。

表 6-6 重复多次的用法

限 定 符	说 明	限 定 符	说 明
*	重复零次或更多次	{n}	重复 n 次
+	重复一次或更多次	{n,}	重复 n 次或更多次
?	重复零次或一次	{n,m}	重复 n~m 次

例如：Windows\d+，表示 Windows 后面跟一个或更多个数字。

表示 QQ 号为 5～12 位数字串，正则式为^\d{5,12}$，其中，{5,12}则表示重复的次数不能少于 5 次，不能多于 12 次。

【例 6-32】 正则表达式检查 QQ 号。

```
<!DOCTYPE html>
<HTML>
<Meta charset = "UTF-8" />
<head>
    <title>正则表达式的应用</title>
</head>
<script language = "JavaScript">
    function checkStr2(str) {
        var TestResult = /^\d{5,12}$/.test(str);
        //QQ 号检测,
        if (!TestResult) {
            alert("QQ 号 5-12 位的数字组成");
            document.getElementById("mytext").style.color = "red";
        }
    }
</script>
<body>
    <label for = "mytext">QQ 号</label>
    <input id = "mytext" type = "text" value = "请输入 QQ 号">
    <input id = "mybut" type = "button" value = "检查" onclick = "checkStr2(mytext.value)">
</body>
</HTML>
```

字符集和元素：匹配数字、字母，空白比较简单，因为已经有了对应这些字符集合的元字符。但是如果想匹配没有预定义元字符的字符集合，只需要在方括号里列出它们就可以了。例如：

[aeiou]，表示匹配任何一个英文元音字母。

[.?!]，表示匹配标点符号(.或?或!)。

[0-9]，表示匹配数字，含义与\d 完全一致。

[a-z0-9A-Z_]，表示所有的小写字母、数字和大写字母。

反义：有时需要查找不属于某个能简单定义的字符类的字符，例如，想查找除了数字以外，其他任意字符都行的情况，这时就需要用到反义。表示反义的代码和含义如表 6-7 所示。

表 6-7　表示反义的代码

反义代码	说　明
\W	匹配任意不是字母、数字、下画线、汉字的字符
\S	匹配任意不是空白符的字符
\D	匹配任意非数字的字符
\B	匹配不是以单词开头或结束的位置
[^x]	匹配除了 x 以外的任意字符
[^aeiou]	匹配除了 aeiou 这几个字母以外的任意字符

例如，< a[^>]+>表示匹配用尖括号括起来的以 a 开头的字符串。

分支：正则表达式里的分支条件指的是有几种规则，如果满足其中任意一种规则都应该当成匹配，具体方法是用“|”把不同的规则分隔开。例如，0\d{2}-\d{8}|0\d{3}-\d{7}表示匹配两种以连字号分隔的电话号码：一种是三位区号，8 位本地号(如 010-12345678)；一种是 4 位区号，7 位本地号(0376-2233445)。

\(? 0\d{2}\)? [-]? \d{8}|0\d{2}[-]? \d{8}，表示匹配 3 位区号的电话号码，其中，区号可以用小括号括起来，也可以不用，区号与本地号间可以用连字号或空格间隔，也可以没有间隔。

\d{5}-\d{4}|\d{5}，表示匹配美国的邮政编码。美国邮编的规则是 5 位数字，或者用连字号间隔的 9 位数字。

使用分支条件时，要注意各个条件的顺序。如果改成\d{5}|\d{5}-\d{4}，那么就只会匹配 5 位的邮编(以及 9 位邮编的前 5 位)。原因是匹配分支条件时，将会从左到右地测试每个条件，如果满足了某个分支，就不会去再管其他的条件。

分组：可以用小括号来指定子表达式(也叫作分组)，可以指定这个子表达式的重复次数。例如，(\d{1,3}\.){3}\d{1,3}表示 4 个 0～999 的数字，中间用“.”连接。

如果能使用算术比较，或许能简单地解决这个问题，但是正则表达式中并不提供关于数学的任何功能，所以只能使用冗长的分组、选择、字符类来描述。例如，\(2[0-4]\d|25[0-5]|[01]? \d\d?)\.){3}(2[0-4]\d|25[0-5]|[01]? \d\d?)表示 IPv4 的地址。第 1 个分支表示 200～249，第 2 分支表示 250～255，第 3 分支表示 0～199，第 1 组表示 0～255 的数加上“.”。

后向引用：使用小括号指定一个子表达式后，匹配这个子表达式的文本(也就是此分组捕获的内容)可以在表达式或其他程序中做进一步的处理。默认情况下，每个分组会自动拥有一个组号，规则是：从左向右，以分组的左括号为标志，分组 0 对应整个正则表达式，第一个出现的分组的组号为 1，第二个为 2，以此类推。后向引用用于重复搜索前面某个分组匹配的文本。例如，\b(\w+)\b\s+\1\b 表示匹配重复的单词，如 go go，或者 kitty kitty。这个表达式首先是一个单词，这个单词分组的编号为 1，跟上 1 个或几个空白符(\s+)，最后是分组 1 中捕获的内容(也就是前面匹配的那个单词)。

贪婪与懒惰：当正则表达式中包含能接受重复的限定符时，通常的行为是(在使整个表达式能得到匹配的前提下)匹配尽可能多的字符。这被称为贪婪匹配。有时，更需要懒惰匹配，也就是匹配尽可能少的字符，懒惰的限定符如表 6-8 所示。

表 6-8 懒惰限定符及其含义

懒惰限定符	说　明
*?	重复任意次，但尽可能少重复
+?	重复 1 次或更多次，但尽可能少重复
??	重复 0 次或 1 次，但尽可能少重复
{n,m}?	重复 n～m 次，但尽可能少重复
{n,}?	重复 n 次以上，但尽可能少重复

例如，a.*b 表示匹配最长的以 a 开始，以 b 结束的字符串。如果用它来搜索 aabab，它会匹配整个字符串 aabab。

a.*? b 表示匹配最短的，以 a 开始，以 b 结束的字符串。如果把它应用于 aabab，它会匹配 aab(第 1～3 个字符)和 ab(第 4～5 个字符)。

6.4.3　RegExp 对象

正则表达式可以通过 RegExp 对象或 String 对象应用。而 String 和 RegExp 都定义了使用正则表达式进行强大的模式匹配和文本检索与替换的函数。

【语法】

直接使用/pattern/attributes 或用 RegExp 对象的方法定义。

```
Var pattern = new RegExp(pattern, attributes);
```

其中,参数 pattern 是一个字符串,指定了正则表达式的模式或其他正则表达式。

参数 attributes 是一个可选的字符串,包含属性“g”“i”和“m”,分别用于指定全局匹配、区分大小写的匹配和多行匹配,含义如表 6-9 所示。ECMAScript 标准化之前,不支持 m 属性。如果 pattern 是正则表达式,而不是字符串,则必须省略该参数。例如:

```
var box = /box/; //直接用两个反斜杠
var box = /box/ig; //在第二个斜杠后面加上模式修饰符
```

表 6-9　修饰符

修　饰　符	描　　述
i	执行对大小写不敏感的匹配
g	执行全局匹配(查找所有匹配而非在找到第一个匹配后停止)
m	执行多行匹配

RegExp 对象包含两个方法:test()和 exec(),功能基本相似,用于测试字符串匹配。

test()方法在字符串中查找是否存在指定的正则表达式并返回布尔值,如果存在则返回 true,不存在则返回 false。

exec()方法也用于在字符串中查找指定正则表达式,如果 exec()方法执行成功,则返回包含该查找字符串的相关信息数组。如果执行失败,则返回 null。

【例 6-33】 RegExp 正则表达式应用。

```
<!DOCTYPE html>
<HTML>
<head>
    <Meta http-equiv="Content-Type" content="text/HTML; charset=UTF-8" />
    <title>RegExp 正则表达式应用</title>
</head>
<body>
    <script type="text/JavaScript">
     var pattern = new RegExp('box', 'i'); //创建正则模式,不区分大小写
      var str = 'This is a Box!';           //创建要比对的字符串
     alert(pattern.test(str));              //通过 test()方法验证是否匹配
    /* 使用字面量方式的 test 方法示例 */
    var pattern = /box/i;                   //创建正则模式,不区分大小写
    var str = 'This is a Box!';
    alert(pattern.test(str));
    /* 使用一条语句实现正则匹配 */
    alert(/box/i.test('This is a Box!'));  //模式和字符串替换掉了两个变量
    /* 使用 exec 返回匹配数组 */
```

```
    var pattern = /box/i;
    var str = 'This is a Box!';
    alert(pattern.exec(str));                    //匹配了返回数组,否则返回 null
    </script>
</body>
</HTML>
```

运行程序,输出：true、true、true 和 Box。

6.4.4 String 对象的正则表达式方法

除了 test()和 exec()方法,String 对象也提供了 4 个使用正则表达式的方法,具体用法和返回值如表 6-10 所示。

表 6-10 支持正则表达式的 String 对象的方法

方　法	描　述
search(pattern)	检索与正则表达式相匹配的值，返回字符串中 pattern 开始位置
match(pattern)	找到一个或多个正则表达式的匹配，返回 pattern 中的子串或 null
replace(pattern, replacement)	替换与正则表达式匹配的子串，用 replacement 替换 pattern
split(pattern)	把字符串分割为字符串数组，返回字符串按指定 pattern 拆分的数组

【例 6-34】 String 对象的正则表达式方法。

```
<!Doctype html>
<HTML>
<head>
<Meta http-equiv="Content-Type" content="text/HTML; charset=UTF-8"/>
<title>String 对象的正则表达式方法</title>
</head>
<body>
<script type="text/JavaScript">
    /*使用 match 方法获取获取匹配数组*/
    var pattern = /box/ig;                   //全局搜索
    var str = 'This is a Box!,That is a Box too';
    alert(str.match(pattern));               //匹配到两个 Box,Box
    alert(str.match(pattern).length);        //获取数组的长度,2
    /*使用 search 来查找匹配数据*/
    var pattern = /box/ig;
    var str = 'This is a Box!,That is a Box too';
    alert(str.search(pattern));              //查找到返回位置 10,否则返回 -1
    /*使用 replace 替换匹配到的数据*/
    var pattern = /box/ig;
    var str = 'This is a Box!,That is a Box too';
    alert(str.replace(pattern, 'Tom'));      //将 Box 替换成了 Tom
    /*使用 split 拆分成字符串数组*/
    var pattern = / /ig;
    var str = 'This is a Box!,That is a Box too';
    alert(str.split(pattern));               //将空格拆开分组成数组
</script>
</body>
</HTML>
```

运行程序,输出结果如下。

```
Box,Box
2
10
This is a Tom!, that is a Tom too
This,is,a,Box!,That,is, a ,Box,too.
```

6.4.5 常见的正则表达式

```
(1) ^[1-9]d*$                                              //匹配正整数
(2)^-[1-9]d*$                                              //匹配负整数
(3)^-?[1-9]d*$                                             //匹配整数
(4)^[1-9]d*|0$                                             //匹配非负整数(正整数 + 0)
(5)^-[1-9]d*|0$                                            //匹配非正整数(负整数 + 0)
(6)^[1-9]d*.d*|0.d*[1-9]d*$                                //匹配正浮点数
(7)^-([1-9]d*.d*|0.d*[1-9]d*)$                             //匹配负浮点数
(8)^-?([1-9]d*.d*|0.d*[1-9]d*|0?.0+|0)$                    //匹配浮点数
(9)^[1-9]d*.d*|0.d*[1-9]d*|0?.0+|0$                        //匹配非负浮点数(正浮点数 + 0)
(10)^(-([1-9]d*.d*|0.d*[1-9]d*))|0?.0+|0$                  //匹配非正浮点数(负浮点数 + 0)
(11)^[u4e00-u9fa5],{0,}$                                   //匹配只能输入汉字
(12)^w+[-+.]w+)*@w+([-.]w+)*.w+([-.]w+)*$//验证 E-mail 地址
(13)^http://([w-]+.)+[w-]+(/[w-./?%&=]*)?$                 //验证 Internet 的 URL
(14)\b(?:(?:25[0-5]|2[0-4][0-9]|[01]?[0-9][0-9]?)\.){3}(?:25[0-5]|2[0-4][0-9]|
[01]?[0-9][0-9]?)\b//验证匹配 IP 地址
(15)^[1-9]\d{5}[1-9]\d{3}((0\d)|(1[0-2]))(([0|1|2]\d)|3[0-1])\d{3}(\d|x|X)$//匹配中
国大陆身份证
```

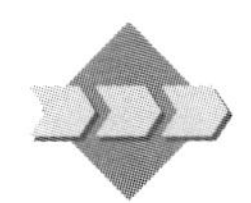

6.5 JavaScript 技术和应用创新

6.5.1 JavaScript 的技术创新

浏览器其实只是 JavaScript 的一个宿主环境，JavaScript 除了能操作 DOM，将一些高复用的组件注册为插件之外，还有很多应用创新。JavaScript 能作 Web 前端、还能开发后端、移动平台和桌面程序，进行 UI 设计和游戏开发。

Web 前端：以前各大公司对于 Web 标准的恶战让 JS 的环境异常恶劣，加之语言本身的不成熟让其功能仅限于一些简单的前端交互。Ajax 技术的出现让前端可以在不刷新页面的情况下和后端进行数据交换，jQuery/Zepto 等库的盛行让 JS 变得异常简单，Bootstrap/Amaze UI 等 UI 框架更是让前端的成本无限降低，RequireJS/SeaJ 让 JavaScript 也可以进行依赖管理，MVVM(Model-View-View Model)的出现让前后端的分离做到了极致，JavaScript 在前端领域前景明朗，也是最成熟的应用领域。

后端之旅：2009 年 5 月，Ryan Dah 发布了 Node 的最初版本。Node 是一个基于 Chrome JavaScript 运行时建立的平台，它对 Google V8 引擎进行了封装，使 JavaScript 第一次走出前端运行在了服务器上。这对 JavaScript 来说是一种质的突破，这使得 Web 编程可以只用一门语言便可完成。Web 的大一统时代仿佛就要来了。同时，Node 也诞生了 NPM，从此 JavaScript 也有了强大的包管理机制。

Hybrid App：让 JavaScript 在一定意义上运行在了移动设备上。然而当前 Hybrid App

虽然让 JavaScript 也可以写出 Java/Objective-C 才能实现的 App，但是这种方式仍然没有抛弃浏览器运行环境，对 WebView 有很强的依赖性，性能和原生应用还有很大差距。尽管 JavaScript 可以移动开发，然而真正采用 JavaScript 来开发移动端是一个很需要魄力的选择，没有生态支持，没有历史可借鉴。JavaScript 空间也只剩下了前端、轻量级后端和游戏了。

桌面应用：JavaScript 还可以用来构建桌面应用。Node-webkit 是一个 Web 应用程序运行时环境，它可以让用户以 Web 的方式来写桌面应用程序，用户可以用任何流行的 Web 技术来编写一个跨平台（Windows，Linux，MacOS）的桌面程序，并且性能和交互也是良好的。Teambition 桌面客户端便是使用 Node-webkit 编写的，目前在 GitHub 上有 24463 Star。heX 是有道公司开发的采用前端技术（HTML，CSS，JavaScript）开发桌面应用软件的跨平台解决方案，意在解决传统桌面应用开发中烦琐的 UI 和交互开发工作，使其变得简单而高效。特别适合重 UI、重交互的桌面应用软件。

Electron（以前叫作 Atom Shell）是 GitHub 开源的使用 Web 技术开发桌面应用的技术平台。它允许用户使用 HTML、CSS 和 JavaScript 编写跨平台的桌面应用。它是 io. js 运行时的衍生，专注于桌面应用而不是 Web 服务端。Electron 不仅是一个支持打包 Web 应用成为桌面应用的原生 WebView。它现在包含 App 的自动升级、安装包、崩溃报告、通知和一些其他原生桌面应用的功能——所有的这些都通过 JavaScript API 调用。

UI 设计：React（React. js）是由 Facebook 开发和维护的前端框架，目前在 GitHub 得到了 27900＋Star。它摒弃了 MVC/MVVM 的模式，仅仅是做 UI，开创性地采用了 Virtual DOM（虚拟 DOM）避免了 DOM 操作消耗性能的问题，将 UI 拆分成不同的可组合、可复用、可维护的组件，组件和组件之间耦合度极低，开发效率大幅度增加。在前端 UI 组件化的趋势下，这很值得去尝试。instagram. com 全站都采用 React 进行开发。

React Native：既拥有 Native 的用户体验，又保留 React 的开发效率。开源不到 1 周，GitHub Star 破万，上线之初仅支持 iOS，React 也在 2015 年 9 月 14 日对 Android 提供了支持服务，这几天意味着用户可以使用同一套逻辑和架构、同一门语言实现 Web、iOS、Android 的开发。由于各大平台 API 和交互逻辑的不同，React Native 的理念是“Learn once，write anywhere”，而不是曾经跨平台流行的“Write once，run anywhere”。实际上，React Native 和 React 有很大的差别，但是逻辑和架构还是保持一致的。React Native 和 Hybrid 最大的区别是前者摒弃了饱受性能诟病的 WebView，通过 HTML 标签和移动平台的组件进行映射，仿佛是将 JS“编译”成了原生语言一样，性能和交互体验会比 Hybrid 好很多。目前在 GitHub 上有 18551 Star。

游戏：世界上最流行的 2D 游戏引擎之一 Cocos2d 和最流行的 3D 游戏引擎之一 Unity3D 均支持 JS 开发游戏。Cocos2d-JS 是 Cocos2d-x 的 JavaScript 版本，融合了 Cocos2d-html5 和 Cocos2d-x JavaScript Bindings。它支持 Cocos2d-x 的所有核心特性并提供更简单易用的 JavaScript 风格 API，并且天然支持原生、浏览器跨平台应用。在 3.0 版中，Cocos2d-JS 完成了不同平台工作流的彻底整合，为不同平台提供了统一的开发体验。无论是开发 Web 应用还是原生应用，都可以便捷地采用 Cocos2d-JS 实现“一次开发，全平台运行”。采用 Cocos2d-JS 开发的同一套 JavaScript 游戏代码，可以同时运行在 macOS X，Windows，iOS，Android 等原生平台，以及所有现代浏览器上，这将使得开发者轻松覆盖几乎所有发行渠道，带来前所未有的机遇。

Unity3D 是一个跨平台的 3D 游戏引擎，主要进行大型 3D 游戏的开发。Pomelo 是一个网易开发的基于 Node. js 的开源游戏服务器框架。与以往单进程的游戏框架不同，它是高性能、高可伸缩、分布式多进程的游戏服务器框架。它包括基础开发框架和一系列相关工具和库，可以帮助开发者省去游戏开发中枯燥的重复劳动和底层逻辑工作，免除开发者的重造轮子，让开发者可以更多地去关注游戏的具体逻辑，大大提高开发效率。Pomelo 强大的可伸缩性和灵活性使得 Pomelo 也可以作为通用的分布式实时应用开发框架，用于一些高实时应用的开发，而且 Pomelo 在很多方面的表现甚至超越了现有的开源实时应用框架。Pomelo 支持所有主流平台的客户端，并提供了客户端的开发库，使得客户端的开发变得很友好。

正如 2021 年国家最高科学技术奖获得者王大中所说，“科技创新就是我们最主要的爱国方式。我相信只要我们每个人都坚定信心，勇敢向前，我们的国家就会有无限光明的未来。”我们要紧跟 JavaScript 的最新技术发展，更应该深入研究 JavaScript 的核心技术，不断创新 JavaScript 的技术。

6.5.2　JavaScript 的应用创新

中国经济经过几十年的高速增长之后进入了“新常态”，新常态下结构性问题最突出，矛盾的主要方面在供给侧，单纯依靠过去的总量刺激难以解决结构性问题。党的十九大报告在谈到深化供给侧结构性改革时提出，要推动互联网、大数据、人工智能和实体经济的深度融合。作为互联网经济的后起之秀，中国拥有全球最大数量的网民，中国“新四大发明”(高铁、扫码支付、共享单车和网购)中有三项都与互联网有关。

面向国家的供给侧结构性改革和数字经济等重大需求，基于 JavaScript 技术的互联网应用有很多应用创新需求。当前中国“互联网＋”的主要业态是流通领域的 B2C 平台，将消费者和供应商撮合到网络平台上进行线上交易，电商、微商、直播、社群营销、IP 营销、C2C、C2B、C2M、O2O、OAO 等“互联网＋”渠道，为了提升企业产品的品牌和质量，真正增加企业效益，重点还需要运用“互联网＋”促进生产环节供给侧结构性改革。

第一，通过自动化和信息化技术使整个生产流程的物料流、信息流、资金流可视化，即让自己的生产系统具备状态感知，从而降低单位生产成本。

第二，通过机器联网和机器远程采集等方式让生产系统在具备状态感知的基础上，做到实时分析、自主决策、精准执行，从而实现服务转型，挖掘存量价值。

第三，在生产系统已经具备状态感知、实时分析、自主决策、精准执行的基础上，通过智能数控技术进一步赋予其学习提升的能力，最终实现智能制造，弥补高精尖制造方面的短板。

无论是流通环节的供应链管理，还是生产环节的智能制造，基于 JavaScript 技术的创新应用都可以大展身手。身处百年不遇的大变局时代，我们更应该有学好 JavaScript 技术的热情和动力，为国家的重大需求贡献自己的力量。

习题

1. 简单介绍 JavaScript 技术。
2. 比较网页中使用 JavaScript 的几种方法。
3. 说明 JavaScript 的“==和“===”的区别。
4. 使用 JavaScript 向 Web 页面输出 99 乘法表。
5. 使用 JavaScript 在 Web 页面中屏蔽功能键 Shift、Alt、Ctrl。
6. 分析基于 JavaScript 的中国象棋实现。
7. 基于 JavaScript 正则表达式实现：获取字符串中的数字字符，并以数组形式输出。例如：12ak3222ljfl444223ql99kmf678，输出：[12, 3222, 444223, 99, 678]。

第7章 DOM对象编程

7-1 window 对象的使用方法

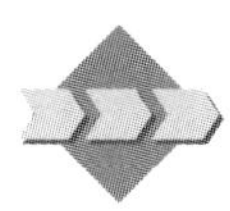

7.1 文档对象模型简介

7.1.1 DOM 的诞生

一件事物一旦出现,历史的浪潮就会裹挟着它不断地向前进步。以前前端开发者很纯粹,那时尚未开始前后端分离的进程,开发者要做的就是将静态页面合理地呈现出来,以及实现不多的交互需求。随着 Web 的发展,人们对于页面的要求不再是单纯的能用就行——他们需要更加炫酷的交互。

DOM 是 W3C 组织所推荐的处理可扩展置标的标准编程接口,诞生于 20 世纪 90 年代后期微软与 Netscape 的"浏览器大战",双方为了让 JavaScript 与 JScript 一决生死,大规模地赋予浏览器强大的功能。而微软在网页技术上加入了不少专属事物,既有 VBScript、ActiveX,也有微软自家的 DHTML 格式等,使不少网页使用非微软平台及浏览器无法正常显示。

浏览器大战,指不同的网络浏览器之间的市场份额竞争。常用来指以下两组竞争:第一组是 20 世纪时微软公司的 Internet Explorer 取代了网景公司的 Netscape Navigator 主导地位,这场大战甚至引发了美国诉微软案官司;第二组为 2003 年后 Internet Explorer 份额遭其他浏览器蚕食,包括 Mozilla Firefox,Google Chrome,Safari 和 Opera。DOM 就是第一组竞争酝酿出来的技术进步杰作。

从 DOM 诞生于浏览器混战可以看出,只有掌握了核心技术才能取得市场的主动权。无论是对于一个国家还是一个民族又或者是一个企业而言,要想在市场发展中不受制于人,就必须将核心技术牢牢掌握在自己的手里。

7.1.2 DOM 的发展历程

1998 年,W3C 发布了 DOM1 规范。这个规范允许访问和操作 HTML 页面中的每一个单独的元素。所有的浏览器都执行了这个标准。因此,DOM 的兼容性问题也几乎难觅踪影了。DOM1 级由两个模块组成:DOM 核心和 DOM HTML。DOM 核心规定的是如何映射基于 XML 的文档结构,以便简化对文档中任意部分的访问和操作。DOM HTML 模块则在 DOM 核心的基础上加以扩展,添加了针对 HTML 的对象和方法。

DOM2 级在原来 DOM 的基础上又扩充了(DHTML 一直都支持的)鼠标和用户界面事件、范围、遍历(迭代 DOM 文档的方法)等细分模块,而且通过对象接口增加了对 CSS 的支持。

DOM3 级则进一步扩展了 DOM,引入了以统一方式加载和保存文档的方法——在 DOM 加载和保存(DOM Load and Save)模块中定义;新增了验证文档的方法——在 DOM 验证(DOM Validation)模块中定义。DOM3 级也对 DOM 核心进行了扩展,开始支持 XML 1.0 规范,涉及 XML Infoset、XPath 和 XML Base。

2014 年 5 月 8 日,W3C 的 HTML 工作组发布了文档对象模型 W3C DOM4 的备选推荐标准,向公众征集参考实现。

2015 年 11 月,W3C 发布了第四代版本。这是目前最新的 DOM 规范版本。

有关 DOM 的最新标准可以参考 http://www.w3.org/TR/dom/。

从 1998 年诞生至今,DOM 经历了 DOM1、DOM2、DOM3 和 DOM4,不断升级新技术和新产品,体现了对产品精心打造、精工制作的理念,更体现了不断吸收最前沿的技术,创造出新成果的追求的工匠精神,值得我们终身学习和实践。

7.1.3　DOM 的重要思想

如果把文档元素想象成家谱树上的各个节点,可以用同样的记号来描述文档结构模型,从这种意义上讲,将文档看成一棵"节点树"更为准确。所谓节点,表示某个网络中的一个连接点,换句话说,网络是节点和连线的集合。在 DOM 中,每个容器、独立的元素或文本块都被看作一个节点,节点是 DOM 的基本构建块。

利用 DOM,开发人员可以动态地创建 XML 或 HTML 文档,遍历结构,添加、修改、删除内容等。其面向对象的特性,使人们在处理 XML 或 HTML 解析相关的事务时节省大量的精力,是一种符合代码重用思想的强有力的编程工具。

DOM 是一个能够让程序和脚本动态访问和更新 HTML 文档内容、结构和样式的语言平台。DOM 定义了一个平台中立的模型,用于处理节点树及与文档树处理相关的事件,解决了 Netscape 的 JavaScript 和 Microsoft 的 JScript 之间的冲突,给予 Web 设计师和开发者一个标准的方法,让他们来访问他们站点中的数据、脚本和表现层对象。它采用直观一致的方式,将 HTML 或 XHTML 文件进行模型化处理,提供存取和更新文档内容、结构和样式的编程接口。使用 DOM 技术,不仅能够访问和更新页面的内容及结构,而且还能操纵文档的风格样式。可以将 HTML DOM 理解为网页的 API。它将网页中的各个 HTML 元素看作一个个对象,从而使网页中的元素可以被 JavaScript 等语言获取或者编辑。

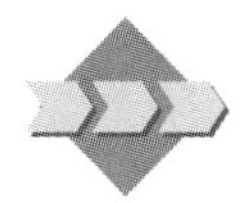

7.2　浏览器的主要对象

7-2 基于 DOM 的 HTML 元素操作

HTML DOM 层次如图 7-1 所示。在层次图中,每个对象是它的父对象的属性,如 window 对象是 document 对象的父对象,所以在引用 document 对象时就可以使用 window.document,相当于 document 是 window 对象的属性。对于每一个页面,浏览器都会自动创建 window 对象、document 对象、location 对象、navigator 对象、history 对象。

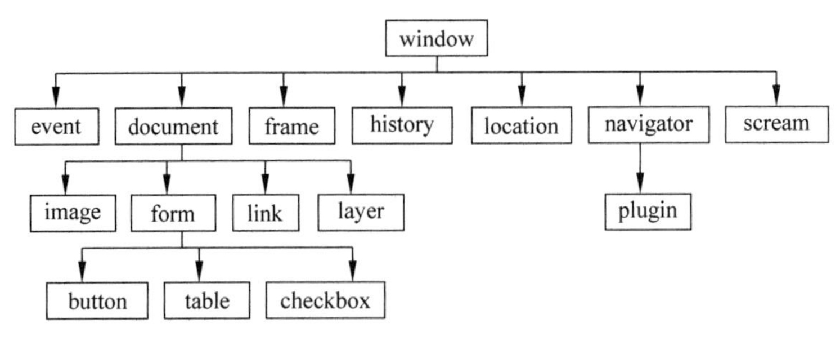

图 7-1 HTML DOM 对象层次

7.2.1 window 对象

window 对象表示一个浏览器窗口或一个框架,处于对象层次的最顶端。每个对象代表一个浏览器窗口,封装了窗口的方法和属性。window 对象表示浏览器中打开的窗口。如果文档包含框架(frame 或 iframe 标签),浏览器会为 HTML 文档创建一个 window 对象,并为每个框架创建一个额外的 window 对象。虽然没有应用于 window 对象的公开标准,不过所有浏览器都支持该对象。

window 对象是全局对象,所有的表达式都在当前环境中计算。也就是说,要引用当前窗口根本不需要特殊的语法,可以把那个窗口的属性作为全局变量来使用。可以只写 document,而不必写 window. document。其属性如表 7-1 所示。

表 7-1 window 对象的属性及其描述

属 性	描 述
closed	返回一个布尔值,声明了窗口是否已经关闭,为只读属性
document	对 document 对象的只读引用。请参阅 document 对象
history	对 history 对象的只读引用。请参阅 history 对象
length	设置或返回窗口中的框架数量
location	用于窗口或框架的 location 对象
name	设置或返回窗口的名称
navigator	对 navigator 对象的只读引用
opener	返回创建此窗口的引用。只有表示顶层窗口的 window 对象的 opener 属性才有效,表示框架的 window 对象的 opener 属性无效
pageXOffset	设置或返回当前页面相对于窗口显示区左上角的 X 位置
pageYOffset	设置或返回当前页面相对于窗口显示区左上角的 Y 位置
parent	返回父窗口
screen	对 screen 对象的只读引用
self	返回对当前窗口的引用。等价于 window 属性
status	一个可读可写的字符串,在窗口状态栏显示一条消息,当擦除 status 声明的消息时,状态栏恢复成 defaultstatus 设置的值
window	window 属性等价于 self 属性,它包含对窗口自身的引用
screenLeft screenTop screenX screenY	只读整数。声明了窗口的左上角在屏幕上的 X 坐标和 Y 坐标。IE、Safari 和 Opera 支持 screenLeft 和 screenTop,而 Firefox 和 Safari 支持 screenX 和 screenY

window 对象常见方法如表 7-2 所示，下面以 showModalDialog()、showModelessDialog()方法为例进行详细介绍。这两个方法分别用于从父窗口中弹出模态和无模态对话框。有模态对话框是指只能用鼠标或键盘在该对话框中操作，而不能在弹出对话框的父窗口中进行任何操作。它们的用法和 open()方法类似，不过它们可以接受父窗口传递过来的参数。

【语法】

```
vReturnValue = window.showModalDialog(sURL [, vArguments] [,sFeatures])
vReturnValue = window.showModelessDialog(sURL [, vArguments] [,sFeatures])
```

参数说明：

sURL：必选参数，类型为字符串，用来指定对话框要显示的文档的 URL。

vArguments：可选参数，类型为变体，用来向对话框传递参数。传递的参数类型不限，包括数组等。对话框通过 window.dialogArguments 来取得传递进来的参数。

sFeatures：可选参数，类型为字符串，用来描述对话框的外观等信息，可以使用以下的一个或几个，用分号“;”隔开。

```
dialogHeight                              //对话框高度，不小于 100px
dialogWidth                               //对话框宽度
dialogLeft                                //离屏幕左边的距离
dialogTop                                 //离屏幕上边的距离
center: { yes | no | 1 | 0 }              //是否居中，默认为 yes,但仍可以指定高度和宽度
help: {yes | no | 1 | 0 }                 //是否显示"帮助"按钮，默认为 yes
resizable: {yes | no | 1 | 0 } [IE5 + ]   //是否可以被改变大小.默认为 no
status: {yes | no | 1 | 0 } [IE5 + ]      //是否显示状态栏。默认为 yes[Modeless]或 no[Modal]
scroll: { yes | no | 1 | 0 | on | off }   //是否显示滚动条。默认为 yes
```

表 7-2　window 对象的方法及其描述

方　法	描　述
alert()	显示带有一段消息和一个“确定”按钮的警告框
blur()	把键盘焦点从顶层窗口移开
clearInterval()	取消由 setInterval()设置的 timeout
clearTimeout()	取消由 setTimeout()方法设置的 timeout
close()	关闭浏览器窗口
confirm()	显示带有一段消息以及“确定”按钮和“取消”按钮的对话框
createPopup()	创建一个 pop-up 窗口
focus()	把键盘焦点给予一个窗口
moveBy()	可相对窗口的当前坐标把它移动指定的像素
moveTo()	把窗口的左上角移动到一个指定的坐标
open()	打开一个新的浏览器窗口或查找一个已命名的窗口
print()	打印当前窗口的内容
prompt()	显示可提示用户输入的对话框
resizeBy()	按照指定的像素调整窗口的大小
resizeTo()	把窗口的大小调整到指定的宽度和高度
scrollBy()	按照指定的像素值来滚动内容
scrollTo()	把内容滚动到指定的坐标
setInterval()	按照指定的周期(以 ms 计)来调用函数或计算表达式
setTimeout()	在指定的毫秒数后调用函数或计算表达式
showModalDialog	从父窗口中弹出有模态对话框
showModelessDialog	从父窗口中弹出无模态对话框

【例 7-1】 window.open 属性应用。

```
<!DOCTYPE html>
<HTML>
<head>
    <meta charset="UTF-8">
</head>
<body>
    <script>
        myWindow = window.open('', 'myName', 'width=200,height=100')
        myWindow.document.write("This is 'myWindow'")
        myWindow.focus();
        myWindow.opener.document.write("this is the parent window")
    </script>
</body>
</HTML>
```

运行程序,得到如图 7-2 所示的结果。

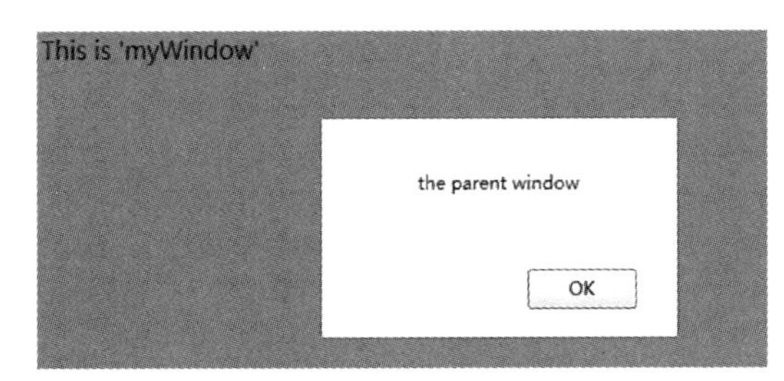

图 7-2 程序运行结果

【例 7-2】 利用 window 属性和方法应用,判断当前窗体是否是顶层窗体。

```
<!DOCTYPE html>
<HTML>
<head>
    <script type="text/JavaScript">
    function checkTopSel(){
    if(window.top == window.self){
    alert('You are at the top window. ' + window.location);
    }
    }
    </script>
</head>
<body>
    <input type="button" onclick="checkTopSel()" value="判断当前窗体是否是顶层窗体" />
</body>
</HTML>
```

运行程序,得到如图 7-3 所示的结果。

【例 7-3】 利用 window 属性和方法应用,判断窗口的状态。

```
<!DOCTYPE html>
<HTML>
<head>
```

```
    <script type="text/JavaScript">
    function checkWin()
    {
    if(myWindow.closed)
    document.write("'myWindow' has been closed!")
    else
    document.write("'myWindow' has not been closed!")
    }
    </script>
</head>

<body>
    <script type="text/JavaScript">
    myWindow = window.open('','','width=200,height=100');
    myWindow.document.write("This is 'myWindow'");
    myWindow.defaultStatus("this is my first Window");
    </script>
    <input type="button" value="Has 'myWindow' been closed?" onclick="checkWin()" />
</body>
</HTML>
```

判断当前窗体是否是顶层窗体

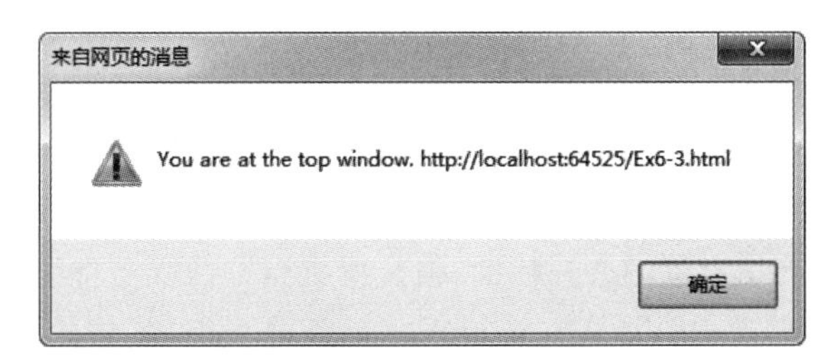

图 7-3 程序运行结果

【例 7-4】 window 的 prompt()，confirm()和 alert()方法应用。

```
<script>
    var test = window.prompt("请输入数据:");
    var YorN = confirm("你输入的数据是" + test + ",确定吗?");
    if (YorN) alert("输入正确!");
    else
        alert("输入不正确!");
</script>
```

运行程序，得到如图 7-4 所示的输入对话框，输入 4，单击“确定”按钮得到如图 7-5 所示的确认对话框，单击“确定”按钮，弹出输入正确的对话框。

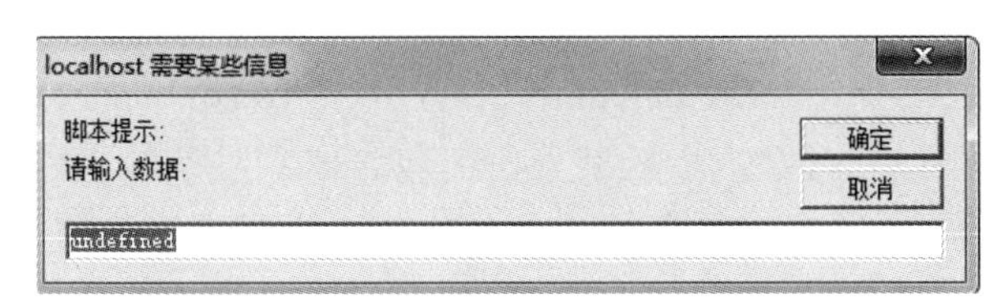

图 7-4 输入对话框

图 7-5 确认对话框

【例 7-5】 window.showModalDialog 方法应用。

```
<script>
var obj = new Object();
obj.name = "51js";
window.showModalDialog("modal.html",obj,"dialogWidth = 200px;dialogHeight = 100px");
</script>
```

modal.html 代码：

```
<!DOCTYPE html>
<HTML>
<head>
    <title>This is a modal window</title>
    <script language = "JavaScript">
        var obj = window.dialogArguments
        alert("您传递的参数为:" + obj.name)
    </script>
</head>
<body>hi,I'm here.
</body>
</HTML>
```

7.2.2 navigator 对象

navigator 对象包含有关浏览器的信息，是 window 对象的属性。由于 navigator 没有统一的标准，因此各个浏览器都有自己不同的 navigator 版本，这里只介绍最普遍支持且最常用的。虽然没有应用于 navigator 对象的公开标准，但是所有浏览器都支持该对象。

navigator 对象集合 plugins[]是一个 plugin 对象的数组，其中的元素代表浏览器已经安装的插件。plugin 对象提供的是有关插件的信息，其中包括它所支持的 MIME 类型的列表。plugins[]可以引用客户端安装的 plugin 对象。plugins 数组中的每个元素都是一个 plugin 对象。例如，如果在客户端安装了三个插件，这三个插件将被映射为 navigator.plugins[0]、navigator.plugins[1]和 navigator.plugins[2]。

使用 plugins 数组有两种方法：navigator.plugins[index]和 navigator。

plugins[index][MIMETypeIndex]。其中，index 是一个表明客户端所安装插件顺序的整型数，或者是包含 plugin 对象名称(可从 name 属性中查到)的字符串。第一种格式将返回存储在 plugins 数组中指定位置的 plugin 对象，第二种格式将返回该 plugin 对象中的 MIMEType 对象。

要获得客户端已安装的插件数目，可以使用 length 属性：navigator.plugins.length。

plugins.refresh：plugins 数组有其自己的方法 refresh。此方法将使得最新安装的插件可用，更新相关数组，如 plugins 数组，并可选重新装入包含插件的已打开文档。可以使用下列语句调用该方法：navigator.plugins.refresh(true)或 navigator.plugins.refresh(false)。如果为 true，refresh 将在使得新安装的插件可用的同时，重新装入所有包含嵌入对象的文档。如果为 false，该方法则只会刷新 plugins 数组，而不会重新载入任何文档。当用户安装插件后，该插件将不会可用，除非调用了 refresh，或者用户关闭并重新启动了 navigator。navigator 对象常见属性如表 7-3 所示。

表 7-3 navigator 对象属性

属　　性	描　　述
appCodeName	返回浏览器的代码名
appMinorVersion	返回浏览器的次级版本
appName	返回浏览器的名称
appVersion	返回浏览器的平台和版本信息
browserLanguage	返回当前浏览器的语言
cookieEnabled	返回指明浏览器中是否启用 cookie 的布尔值
cpuClass	返回浏览器系统的 CPU 等级
onLine	返回指明系统是否处于脱机模式的布尔值
platform	返回运行浏览器的操作系统平台，可能是 Win32、Win16、Mac68k、MacPPC 和各种 UNIX
systemLanguage	返回 OS 使用的默认语言
userLanguage	返回 OS 的自然语言设置

navigator 对象方法：javaEnabled()方法，规定浏览器是否启用 Java。taintEnabled()方法，规定浏览器是否启用数据污点(data tainting)。污点将避免其他脚本传递绝密和私有的信息，例如目录结构或用户浏览历史。JavaScript 不能在没有最终用户许可的情况下向任何服务器发送带有污点的值。可以使用 taintEnabled 决定是否允许数据污点。如果允许数据污点，taintEnabled 将返回 true，否则返回 false。用户可以环境变量 NS_ENABLE_TAINT 启用或禁用数据污点。

【例 7-6】 关于浏览器的相关信息。

```
<! DOCTYPE HTML >
< HTML >
< head >
    < Meta http - equiv = "Content - Type" content = "text/HTML; charset = UTF - 8" />
    < title > about navigator </title >
    < script type = "text/JavaScript">
        var browser = navigator.appName;
        var b_version = navigator.appVersion;
        var version = parseFloat(b_version);
        var codeName = navigator.appCodeName;
        var cpu = navigator.cpuClass;
        document.write("浏览器名称:" + browser);
        document.write("< br />");
        document.write("浏览器版本:" + version);
        document.write("< br />");
        document.write("浏览器代码名称:" + codeName);
        document.write("< br />");
        document.write("浏览器系统使用的 CPU 类型:" + cpu);
        document.write("< br />");
        document.write("navigator.userAgent 的值是 " + navigator.userAgent);
        document.write("< br />");
        if (navigator.taintEnabled()) document.write("浏览器启用了污点数据")
        else document.write("浏览器没有启用污点数据")
        document.write("< br />");
        if (navigator.javaEnabled()) document.write("启用了 Java")
```

```
        else document.write("没有启用 Java")
        document.write("< br />");
        if(navigator.plugins.length > 0) {
            for(var i = 0;i < navigator.plugins.length;i++) {
                document.write("浏览器中有插件" + navigator.plugins[i].name);
                document.write("< br />");
            }
        }
</script >
</head >
</HTML >
```

运行程序,得到如图 7-6 所示的结果。

```
浏览器名称: Netscape
浏览器版本: 5
浏览器代码名称: Mozilla
浏览器系统使用的CPU类型: x86
navigator.userAgent 的值是 Mozilla/5.0 (Windows NT 6.1; WOW64;
PC 6.0; InfoPath.3; .NET4.0C; .NET4.0E; rv:11.0) like Gecko
浏览器没有启用污点数据
启用了Java
浏览器中有插件Shockwave Flash
浏览器中有插件Silverlight Plug-In
```

图 7-6 程序运行结果

7.2.3 location 对象

location 对象是 JavaScript 对象,而不是 HTML DOM 对象,是由 JavaScript runtime engine 自动创建的,其属性如表 7-4 所示,方法如表 7-5 所示。

表 7-4 location 对象的属性

属性	描述
hash	设置或返回从井号(#)开始的 URL(锚),例如:http://www.baidu.com/index.HTML#welcome 的 hash 是"#welcome"
host	设置或返回主机名和当前 URL 的端口号
hostname	设置或返回当前 URL 的主机名。通常等于 host,有时会省略前面的 www
href	设置或返回完整的 URL。最常用的属性,用于获取或设置窗口的 URL,改变该属性,就可以跳转到新的页面
pathname	设置或返回当前 URL 的路径部分。URL 中主机名之后的部分,例如:http://www.baidu.com/HTML/js/jsbasic/2010/0319/88.HTML 的 pathname 是"/HTML/js/jsbasic/2010/0319/88.HTML"
port	设置或返回当前 URL 的端口号。默认情况下,大多数 URL 没有端口信息(默认为 80 端口),所以该属性通常是空白的。如 http://www.myw.com:8080/index.HTML 这样的 URL 的 port 属性为 8080
protocol	设置或返回当前 URL 的协议双斜杠(//)之前的部分。如 http://www.myw.com 中的 protocol 属性为 http:,ftp://www.myw.com 的 protocol 属性为 ftp:
search	设置或返回从问号(?)开始的 URL(查询部分),如 http://www.myw.com/search.HTML?tern=sunchis 中的 search 属性为?term=sunchis

表 7-5　location 对象的方法

属　性	描　述
assign()	加载新的文档。assign()方法可以通过"后退"按钮来访问上个页面
reload()	重新加载当前文档。reload()方法有两种模式，即从浏览器的缓存中重载，或从服务器端重载。究竟采用哪种模式由该方法的参数决定。如果参数为 false，从缓存中重新载入页面；如果参数为 true，从服务器重新载入页面；如果参数为无参数，从缓存中载入页面，如果参数省略，默认值为 false。在 reload()方法执行后，在其后面的代码可能被执行，也可能不被执行，这由网络延迟和系统资源因素决定。因此，最好把 reload()的调用放在代码的最后一行
replace()	用新的文档替换当前文档。replace()方法所做的操作与 assign()方法一样，但它多了一步操作，即从浏览器的历史记录中删除了包含脚本的页面，这样就不能通过浏览器的"后退"按钮和"前进"按钮来访问它了

location 对象表示窗口中当前显示的文档的 Web 地址。它的 href 属性存放的是文档的完整 URL，其他属性则分别描述了 URL 的各个部分。这些属性与 Anchor 对象(或 Area 对象)的 URL 属性非常相似。当一个 location 对象被转换成字符串，href 属性的值被返回。不过 Anchor 对象表示的是文档中的超链接，location 对象表示的却是浏览器当前显示的文档的 URL(或位置)。

location 对象所能做的远远不止这些，它还能控制浏览器显示的文档的位置。如果把一个含有 URL 的字符串赋予 location 对象或它的 href 属性，浏览器就会把新的 URL 所指的文档装载进来，并显示出来。除了设置 location 或 location. href 用完整的 URL 替换当前的 URL 之外，还可以修改部分 URL，只需要给 location 对象的其他属性赋值即可。这样做就会创建新的 URL，其中的一部分与原来的 URL 不同，浏览器会将它装载并显示出来。例如，假设设置了 location 对象的 hash 属性，那么浏览器就会转移到当前文档中的一个指定的位置。同样，如果设置了 search 属性，那么浏览器就会重新装载附加了新的查询字符串的 URL。

location 对象的 reload()方法可以重新装载当前文档，在浏览器的历史列表中，新文档将替换当前文档。在实际应用中，通常使用 location. reload()或者是 history. go(0)重新刷新页面，功能与客户端按 F5 键刷新页面是一样的。但是如果页面的 method＝"post"，由于 Session 的安全保护机制，会出现"网页过期"的提示。当调用 location. reload()方法的时候，aspx 页面此时在服务端内存里已经存在，因此必定是 IsPostback 的。如果希望页面能够在服务端重新被创建，页面没有 IsPostback，需要重新加载该页面，需要使用页面每次都在服务端重新生成的 location. replace(location. href)完成。刷新页面有很多种方法：

```
window.location.reload("http://www.qq.com");        //相当于客户端按 F5 键("刷新")
window.history.go(0);                               //相当于客户端按 F5 键("刷新")
window.location.href = "http://www.qq.com";
window.location.assign("http://www.qq.com");
window.location.replace("http://www.qq.com");
window.navigate("http://www.qq.com");
```

此外，自动刷新页面的方法如下。

方法 1：页面自动刷新。把如下代码加入< head >区域中：< Meta http-equiv＝"refresh" content＝"20">，其中，20 指每隔 20s 刷新一次页面。

方法 2：页面自动跳转。例如：< Meta http-equiv＝"refresh"content＝"20;url＝http://

www.jb51.net">，表示隔 20s 后跳转到 http://www.jb51.net 页面。

方法 3：页面自动刷新 JS 版。

```
    <script language = "JavaScript">
      function myrefresh(){
      window.location.reload();
}
setTimeout('myrefresh()',1000); //指定 1s 刷新一次
</script>
```

方法 4：JS 刷新框架的脚本语句。

```
//刷新包含该框架的页面
<script language = JavaScript>
parent.location.reload();
</script>
```

或者：

```
<script language = "JavaScript">
window.opener.document.location.reload()
</script>
```

方法 5：子窗口刷新父窗口。

```
<script language = JavaScript>
self.opener.location.reload();
</script>
```

或者：

```
<a href = "JavaScript:opener.location.reload()">刷新</a>
```

方法 6：刷新另一个框架的页面。

```
<script language = JavaScript>
parent.另一 FrameID.location.reload();
</script>方
```

方法 7：如果想关闭或打开窗口时刷新，在<body>中调用以下语句即可。

```
<body onload = "opener.location.reload()">      //开窗时刷新
<body onUnload = "opener.location.reload()">   //关闭时刷新
```

【例 7-7】 location 的属性及其应用 1。

```
<!DOCTYPE html>
<HTML>
<head>
    <title>不能访问此页面的历史页面</title>
</head>
<body>
    <p>测试一下效果,请等待一秒钟……</p>
    <p>然后单击浏览器的"后退按钮",你会发现什么?</p>
    <script type = "text/JavaScript">
```

```
        setTimeout(
       function() {
    location.replace("http://www.baidu.com");
       },1000);
    </script>
</body>
</HTML>
```

运行程序,得到如图 7-7 所示的结果,等 1 秒钟后转入百度首页。

【例 7-8】 location 的属性及其应用 2。

```
<script>
document.write("hash:" + location.hash + "<br>" + "host:" + location.host + "<br>" + "
hostname:" + location.hostname + "<br>" + "href:" + location.href + "<br>" + "pathname:"
 + location.pathname + "<br>" + "port:" + location.port + "<br>" + "protocol:" +
location.protocol + "<br>" + "search:" + location.search); </script>
```

运行程序,得到如图 7-8 所示的结果

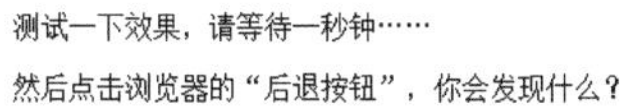

测试一下效果，请等待一秒钟……

然后点击浏览器的“后退按钮”，你会发现什么？

图 7-7　程序运行结果

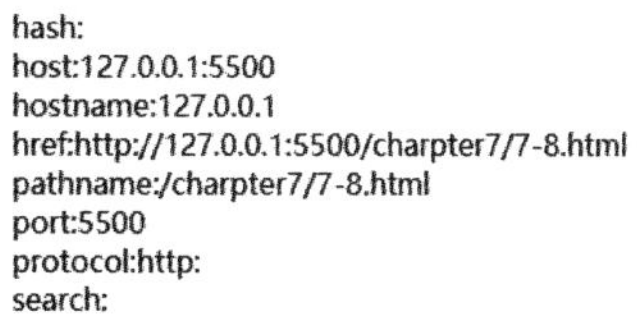

hash:
host:127.0.0.1:5500
hostname:127.0.0.1
href:http://127.0.0.1:5500/charpter7/7-8.html
pathname:/charpter7/7-8.html
port:5500
protocol:http:
search:

图 7-8　程序运行结果

7.2.4　history 对象

history 对象实际上是 JavaScript 对象,由 JavaScript runtime engine 自动创建,由一系列用户在一个浏览器窗口内已访问的 URL 组成。history 对象最初设计来表示窗口的浏览历史,但出于隐私方面的原因,history 对象不再允许脚本访问已经访问过的实际 URL。唯一保持使用的功能只有 back()、forward()和 go()方法。history 对象是 window 对象的一部分,可通过 window.history 属性对其进行访问。其常用方法如表 7-6 所示。

表 7-6　history 对象的方法

方　法	描　述
back()	加载 history 列表中的前一个 URL
forward()	加载 history 列表中的下一个 URL
go()	加载 history 列表中的某个具体页面

【例 7-9】 history 对象示例。

```
<!DOCTYPE html>
<HTML>
<head>
    <title>history 对象示例</title>
</head>
<body>
    <ul>
```

```
            <li onclick = "history.go( - 1)">后退一页</li>
            <li onclick = "history.go(1)">前进一页</li>
        </ul>
        <a onClick = "history.back()"><u>上一页</u></a>
        <a onClick = "history.forward()"><u>下一页</u></a>
    </body>
    </HTML>
```

运行程序,得到如图 7-9 所示的结果。

图 7-9 程序运行结果

7.2.5 event 对象

event 对象代表事件的状态,比如事件在其中发生的元素、键盘按键的状态、鼠标的位置、鼠标按键的状态。事件通常与函数结合使用,函数不会在事件发生前被执行。event 对象只在事件发生的过程中才有效。event 的某些属性只对特定的事件有意义。例如,fromElement 和 toElement 属性只对 onmouseover 和 onmouseout 事件有意义。

事件句柄(eventHandlers):HTML4.0 的新特性之一,是能够使 HTML 事件触发浏览器中的行为,具体事件如表 7-7 所示。event 的鼠标/键盘属性如表 7-8 所示。

表 7-7 event 的事件

事　　件	此事件发生在何时
onabort	图像的加载被中断
onblur	元素失去焦点
onchange	域的内容被改变
onclick	当用户单击某个对象时调用的事件句柄
ondblclick	当用户双击某个对象时调用的事件句柄
onerror	在加载文档或图像时发生错误
onfocus	元素获得焦点
onkeydown	某个键盘按键被按下
onkeypress	某个键盘按键被按下并松开
onkeyup	某个键盘按键被松开
onload	一张页面或一幅图像完成加载
onmousedown	鼠标按键被按下
onmousemove	鼠标被移动
onmouseout	鼠标从某元素移开
onmouseover	鼠标移到某元素之上
onmouseup	鼠标按键被松开
onreset	“重置”按钮被单击
onresize	窗口或框架被重新调整大小
onselect	文本被选中
onsubmit	“确定”按钮被单击
onunload	用户退出页面

表 7-8 event 的鼠标/键盘属性

属 性	描 述
altKey	返回当事件被触发时，Alt 键是否被按下。当 Alt 键按下时，值为 true，否则为 false
ctrlKey	返回当事件被触发时，Ctrl 键是否被按下。当 Ctrl 键按下时，值为 true，否则为 false，只读属性
metaKey	返回当事件被触发时，Meta 键是否被按下
shiftKey	返回当事件被触发时，Shift 键是否被按下
button	返回当事件被触发时，哪个鼠标按键被单击。可能的值有：0，没按键；1，按左键；2，按右键；3，按左右键；4，按中间键；5，按左键和中间键；6，按右键和中间键；7，按所有的键。这个属性仅用于 onmousedown，onmouseup 和 onmousemove 事件。对其他事件，不管鼠标状态如何，都返回 0（比如 onclick）
clientX	返回当事件被触发时，鼠标指针相对于浏览器文档窗口的水平坐标
clientY	返回当事件被触发时，鼠标指针相对于浏览器窗口可视文档区域的垂直坐标
screenX	返回当某个事件被触发时，鼠标指针相对于显示器左上角的水平坐标
screenY	返回当某个事件被触发时，鼠标指针相对于显示器左上角的垂直坐标
offsetX	检查相对于触发事件的对象，鼠标指针相对于源元素左上角位置的水平坐标
offsetY	检查相对于触发事件的对象，鼠标指针相对于源元素左上角位置的垂直坐标
x	返回鼠标相对于 CSS 属性中有 position 属性的上级元素的 X 轴坐标。如果没有 CSS 属性中有 position 属性的上级元素，默认以 BODY 元素作为参考对象。如果事件触发后，鼠标移出窗口外，则返回的值为－1
y	返回鼠标相对于 CSS 属性中有 position 属性的上级元素的 Y 轴坐标。如果没有 CSS 属性中有 position 属性的上级元素，默认以 BODY 元素作为参考对象。如果事件触发后，鼠标移出窗口外，则返回的值为－1
fromElement	检测 onmouseover 和 onmouseout 事件发生时，鼠标所离开的元素
toElement	检测 onmouseover 和 onmouseout 事件发生时，鼠标所进入的元素
relatedTarget	返回与事件的目标节点相关的节点
cancelBubble	一个布尔属性，把它设置为 true 的时候，将停止事件进一步起泡到包容层次的元素
srcElement	返回触发事件的元素
srcFilter	返回触发 onfilterchange 事件的滤镜。

clientX/clientY：事件发生的时候，鼠标指针相对于浏览器窗口可视文档区域的左上角的位置(在 DOM 标准中，这两个属性值都不考虑文档的滚动情况，也就是说，无论文档滚动到哪里，只要事件发生在窗口左上角，clientX 和 clientY 都是 0，所以在 IE 中，要想得到事件发生的坐标相对于文档开头的位置，要加上 document. body. scrollLeft 和 document. body. scrollTop)。

offsetX，offsetY/layerX，layerY：事件发生的时候，鼠标指针相对于源元素左上角的位置。

x，y/pageX，pageY：检索相对于父要素鼠标指针水平坐标的整数。

screenX，screenY：鼠标指针相对于显示器左上角的位置，如果打开新的窗口，这两个属性很重要。

【例 7-10】 检查鼠标是否在链接上单击，并且，如果 Shift 键被按下，就取消链接的跳转。在状态栏上显示鼠标指针的当前位置。

```
<!DOCTYPE html>
```

```
<html>
<head>
<TITLE>Cancels Links</TITLE>
<script>
        function cancelLink() {
            if (window.event.srcElement.tagName == "A" && window.event.shiftKey)
                window.event.returnValue = false;
        }
</script>
</head>
<BODY onclick = "cancelLink()" onmousemove = "window.status = 'X = ' + window.event.x + 'Y = ' +
window.event.y">
<a href = "http://www.baidu.com">我是超级链接</a>
</body>
</HTML>
```

【例 7-11】 下面的代码片段演示了当在图片上单击(onclick)时,如果同时 Shift 键也被按下,就取消上层元素(body)上的事件 onclick 所引发的 showSrc()函数。

```
<!DOCTYPE html>
<html>
<head>
<script>
        function checkCancel() {
            if (window.event.shiftKey)
                window.event.cancelBubble = true;
        }
        function showSrc() {
            if (window.event.srcElement.tagName == "IMG")
                alert(window.event.srcElement.src);
        }
</script>
</head>
<BODY onclick = "showSrc()">
<IMG onclick = "checkCancel()" src = "images/jiao.gif">
</body>
</HTML>
```

【例 7-12】 使用 srcElement 属性,判断鼠标单击了哪个元素。

```
<!DOCTYPE html>
<html>
<head>
    <title>srcElement 演示</title>
</head>
<body bgcolor = #FFFFCC>
    <ul ID = oul onclick = "fnGetTags()" style = "cursor:hand">
        <li>Item 1
            <ul>
                <li>Sub Item 1.1
                    <ol>
                        <li>Super Sub Item 1.1
                        <li>Super Sub Item 1.2
```

```
                </ol>
            <li> Sub Item 1.2
            <li> Sub Item 1.3
        </ul>
    <li> Item 2
        <ul>
            <li> Sub Item 2.1
            <li> Sub Item 2.3
        </ul>
    <li> Item 3
</ul>
<script>
    function fnGetTags() {
        var oWorkItem = event.srcElement;//获取被鼠标单击了的对象
        alert(oWorkItem.innerText);
    } //显示该对象所包含的文本
</script>
</body>
</html>
```

运行程序,得到如图 7-10 所示的结果,单击 Sub Item 1.1 得到如图 7-11 所示的结果。

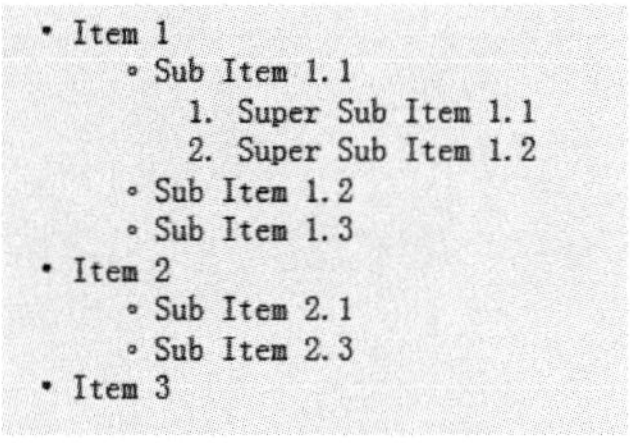

- Item 1
  - Sub Item 1.1
    1. Super Sub Item 1.1
    2. Super Sub Item 1.2
  - Sub Item 1.2
  - Sub Item 1.3
- Item 2
  - Sub Item 2.1
  - Sub Item 2.3
- Item 3

图 7-10 程序结果

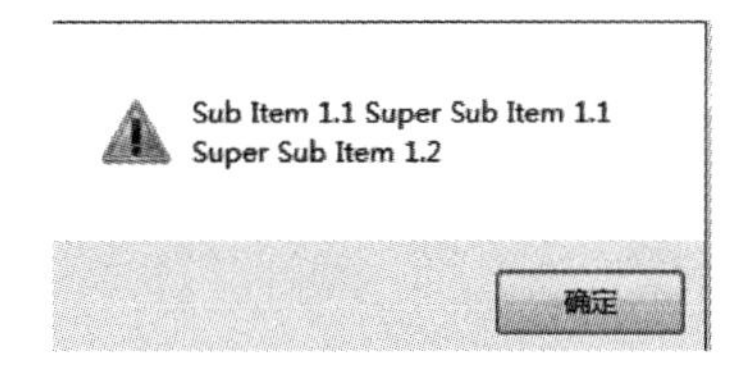

图 7-11 程序结果

7.2.6 document 对象

document 文档对象是浏览器对象的核心,主要作用就是把基本的 HTML 元素作为对象封装起来,编程人员可以从脚本中对 HTML 页面中的所有元素进行访问,可以对 WWW 浏览器环境中的事件进行控制并做出处理。document 对象对实现 Web 页面信息交互起关键作用,对象集合如表 7-9 所示。

表 7-9 document 对象集合

集 合	描 述
all[]	提供对文档中所有 HTML 元素的访问。all[]已经被 document 接口的标准的 getElementById()方法和 getElementsByTagName()方法以及 document 对象的 getElementsByName()方法所取代。尽管如此,这个 all[]数组在已有的代码中仍然使用,使用方法如下。 document.all[i] document.all[name] document.all.tags[tagname]
anchors[]	返回对文档中所有 anchor 对象的引用

续表

集合	描述
applets	返回对文档中所有 applet 对象的引用
forms[]	返回对文档中所有 form 对象的引用 document.forms //对应页面上的 forms 标签 document.forms.length //对应页面上 forms 的个数 document.forms[0] //第 1 个 forms 标签 document.forms[i] //第 i 个 forms 标签 document.forms[i].length //第 i 个 forms 标签中的控件数 document.forms[i].elements[j] //第 i 个 forms 标签中的第 j 个控件 document.forms[i].name //对应 forms 的 name 属性 document.forms[i].action //对应 forms 的 action 属性 document.forms[i].encoding //对应 forms 的 enctypen 属性 document.forms[i].target //对应 forms 的 target 属性
images[]	返回对文档中所有 image 对象引用 document.images //对应页面上的 img 标签 document.images.length //对应页面上 img 标签的个数 document.images[0] //第 0 个 img 标签 document.images[i] //第 i 个 img 标签
links[]	返回对文档中所有 area 和 link 对象的引用

【例 7-13】 anchors 对象集合的应用。

```
<!DOCTYPE html>
<HTML>
<body>
    <a name="first">First anchor</a><br />
    <a name="second">Second anchor</a><br />
    <a name="third">Third anchor</a><br />
    <br />
    Number of anchors in this document:
    <script type="text/JavaScript">
    document.write(document.anchors.length)
</script>
</body>
</HTML>
```

First anchor
Second anchor
Third anchor

Number of anchors in this document: 3

图 7-12 所示的结果

运行程序，得到如图 7-12 所示的结果。

【例 7-14】 forms 和 links 集合对象的应用。

```
<!DOCTYPE html>
<html>
<body>
    <form name="form1">
        <a href="http://www.dreamdu.com/xHTML/" name="a1">xHTML</a>
    </form>
    <form name="form2">
        <a href="http://www.dreamdu.com/CSS/" name="a2">CSS</a>
    </form>
    <form name="form3">
```

```
        <a href = "http://www.dreamdu.com/JavaScript/" name = "a3"> JavaScript </a>
    </form>
    <input type = "button" value = "显示第二个表单的名称" onclick = "alert (document.form s[1].
name)" />
    <input type = "button" value = "显示第二个表单的名称第二种方法" onclick = "alert(document.
form s['form 2'].name)" />
    <input type = "button" value = "显示第三个链接的名称" onclick = "alert(document.links[2].
name)" />
    <input type = "button" value = "显示第三个链接 href 属性的值" onclick = "alert(document.
links[2].href)" />
</body>
</html>
```

运行程序,得到如图 7-13 所示的结果。

xhtml

css

javascript

显示第二个表单的名称　显示第二个表单的名称第二种方法　显示第三个链接的名称　显示第三个链接href属性的值

图 7-13　程序结果

document 对象属性如表 7-10 所示。cookie 是放在浏览器缓存中的一个文件,里面存放着各个参数名以及对应的参数值。cookie 中的参数是以分号相隔的,例如“name=20;sex=male;color=red;expires=Sun May 27 22:04:25 UTC+0800 2008”。用户在打开同一个网站时,通过链接方式可能打开了多个浏览器窗口,这些窗口间需要共享信息时,cookie 就可以完成这项工作。cookie 存放的内容可以设置失效期限,既可以永久保留,也可以关闭网站后删除,也可以在指定日期内失效,通过 expires 可指定 cookie 的失效日期。当没有失效日期时,关闭浏览器即失效。用户输入的参数保存到 cookie 中,以后可以恢复显示。

表 7-10　document 对象属性

属　性	描　述
body	提供对<body>元素的直接访问,对于定义了框架集的文档,该属性引用最外层的<frameset>。 document.body　//指定文档主体的开始和结束,等价于<body>…//</body> document.body.bgColor　//设置或获取对象后面的背景颜色 document.body.link　//未单击过的链接颜色 document.body.alink　//激活链接(焦点在此链接上)的颜色 document.body.vlink　//已单击过的链接颜色 document.body.text　//文本色 document.body.innerText　//设置<body>…</body>之间的文本 document.body.innerHTML　//设置<body>…</body>之间的 HTML 代码 document.body.topMargin　//页面上边距 document.body.leftMargin　//页面左边距 document.body.rightMargin　//页面右边距 document.body.bottomMargin　//页面下边距 document.body.background　//背景图片 document.body.appendChild(oTag)　//动态生成一个 HTML 对象

续表

属　　性	描　　述
cookie	设置或返回与当前文档有关的所有 cookie。该属性是一个可读可写的字符串，可使用该属性对当前文档的 cookie 进行读取、创建、修改和删除操作
domain	返回当前文档的域名
lastModified	返回文档被最后修改的日期和时间
referrer	返回载入当前文档的文档的 URL
title	返回当前文档的标题
URL	返回当前文档的 URL

【例 7-15】 cookie 的读写应用。

```
<!DOCTYPE html>
<html>
<head>
<script type="text/JavaScript">
    function getCookie(sName)              //从 cookie 中获取参数 name 的值
{   //cookie 中的参数是以分号相隔的,例如"name=20;sex=male;color=red;"
      var aCookie = document.cookie.split("; ");
      for (var i=0; i<aCookie.length; i++)
{ //对存放在数组 aCookie 中的每一个"参数名=参数值"进行循环,找到要获取参数值的参数名
        var aCrumb = aCookie[i].split("=");
        if (sName == aCrumb[0])
          return unescape(aCrumb[1]);    //如果找到则返回参数值
      }
      return null;                       //cookie 中请求的参数名不存在时返回 null
    }
//name——参数, value——参数值, expires——失效日期
//功能:将参数 name 的值 value 和失效日期 expires 写入一个 cookie 中
    function setCookie(name, value, expires){
    var expStr = ( (expires == null) ? "" : ("; expires=" + expires) );
        window.document.cookie = name+ "=" + escape(value) + expStr;
    }
</script>
</head>
<body bgcolor=#FFFFCC>
<input id="yourName" type="text" value="Tim">
<input type="button" value="姓名保存到 cookie"
        onclick="setCookie('name',yourName.value,'Sun May 27 22:04:25 UTC+0800 2008');">
<input id="GetName" type="text" value="">
<input type="button" value="从 cookie 中得到姓名" onclick="GetName.value=getCookie('name');">
</body>
</html>
```

运行程序，得到如图 7-14 所示的结果。

Tim | 姓名保存到cookie | Tim | 从cookie中得到姓名

图 7-14　程序运行结果

document 对象方法如表 7-11 所示。

表 7-11　document 对象方法

方　法	描　述
close()	关闭用 document.open()方法打开的输出流，并显示选定的数据
getElementById()	返回对拥有指定 id 的第一个对象的引用
getElementsByName()	返回带有指定名称的对象集合
getElementsByTagName()	返回带有指定标签名的对象集合
open()	打开一个流，以收集来自任何 document.write()或 document.writeln()方法的输出
write()	向文档写 HTML 表达式或 JavaScript 代码，在文档载入和解析的时候，它允许一个脚本向文档中插入动态生成的内容
writeln()	等同于 write()方法，不同的是在每个表达式之后写一个换行符

【例 7-16】　单击按钮，页面内容会被替换。查看网页源代码，依然是原来的内容。

```
<!DOCTYPE html>
<html>
<head>
    <script type="text/JavaScript">
function createNewDoc(){
    var new_doc = document.open("text/HTML","replace");
    var txt = "<HTML><body>这是新的文档</body></HTML>";
    new_doc.write(txt);
    new_doc.close();
}
</script>
</head>
<body><button onclick="createNewDoc()">单击写入新文档</button>
</body>
</html>
```

7.3　基于 DOM 的 HTML 元素操作

DOM 中打开的浏览器窗口可看成 window 对象，浏览器显示页面的区域可看成 document 对象，各种 HTML 元素就是 document 的子对象。

7.3.1　访问根元素

DOM 把层次中的每一个对象都称为节点，就是一个层次结构，可以理解为一个树状结构，就像目录一样。一个根目录，根目录下有子目录，子目录下还有子目录。

有两种特殊的文档属性可用来访问根元素：document.documentElement，可返回存在于 XML 以及 HTML 文档中的文档根元素；document.body，对 HTML 页面的特殊扩展，提供了对<body>标签的直接访问。以 HTML 为例，整个文档的一个根就是<html>，在 DOM 中可以使用 document.documentElement 来访问它，它就是整个节点树的根节点。而 body 是子节点，要访问到<body>标签，在脚本中应该写 document.body。也就是说，body 是 DOM 对象里的子节点，即< body >标签；documentElement 是整个节点树的根节点 root，即< HTML >标签。

document.body 具其有以下几个重要属性。

document.body.clientWidth：网页可见区域宽。

document.body.clientHeight：网页可见区域高。

document.body.offsetWidth：网页可见区域宽，包括边线的宽。

document.body.offsetHeight：网页可见区域高，包括边线的高。

document.body.scrollWidth：网页正文全文宽。

document.body.scrollHeight：网页正文全文高。

document.body.scrollTop：设置或获取位于对象最顶端和窗口中可见内容的最顶端之间的距离。

document.body.scrollLeft：设置或获取位于对象左边界和窗口中目前可见内容的最左端之间的距离。

【例 7-17】 文档的根节点和 body 节点访问。

```
<! DOCTYPE html >
< HTML >
< head >
    < title > about the root node </title >
    < script type = "text/JavaScript">
    function shownode() {
    //根节点
       var oHTML  =  document.documentElement;
       alert("文档根节点的名称:" +  oHTML.nodeName);
       alert("文档根节点的长度:" +  oHTML.childNodes.length);
    //body 节点
       var obody  =  document.body;
       alert("body 是子节点的名称:" +  obody.nodeName);
       alert("body 是子节点的长度:" +  obody.childNodes.length);
    //head 节点
    var ohead  =  oHTML.childNodes[0];
       alert("head 子节点的下一个兄弟节点名称:"  +  ohead.nextSibling.nodeName);
    }
    </script >
</head >
< body >
    < div id = "div1">第一个</div >
    < div id = "div2">第二个</div >
    < div >第三个< img src = "image2.gif" /></div >
    < div >第四个< input id = "Button1" type = "button" value = "显示节点" onclick = "shownode();"
/></div >
</body >
</HTML >
```

第一个
第二个
第三个
第四个 显示节点

图 7-15 程序界面

运行程序，出现如图 7-15 所示的界面，单击“显示节点”按钮，分别出现“文档根节点的名称：HTML”“文档根节点的长度：3”“body 是子节点的名称：BODY”“body 是子节点的长度：9”“head 子节点的下一个兄弟节点名称：# text”。

7.3.2 访问指定 id 属性的元素

对 HTML 元素进行操控,必须为元素设置 id 属性或 name 属性。可以把某 HTML 元素的 id 属性看成是该控件的名称,DOM 中通过 id 属性或 name 属性来操控 HTML 元素。建议全部用 id 属性,而不用 name 属性,name 属性只是为了兼容低版本浏览器。例如:

指定 id 属性:

```
<input id="myColor" type="text" value="red">
```

指定 name 属性:

```
<input name="myColor" type="text" value="red">
```

HTML DOM 中提供了统一访问 HTML 元素的方法,它们的格式如下。

```
window.document.all.item("HTML 元素的 ID")
```

例如:

```
window.document.all.item("myColor")
document.all.HTML 元素的 id
```

例如:

```
window.document.all.myColor
window.document.getElementByld("HTML 元素的 ID")
```

例如:

```
window.document.getElementByld("myColor")
window.document.getElementName("HTML 元素的 Name 属性值")
```

例如:

```
window.document.getElementName("firstName")
window.document.all.namedItem("HTML 元素的 Id 或 Name 属性值")
```

例如:

```
window.document.all.namedItem("myColor")
window.document.getElementsByTagName("HTML 标记名称")
```

例如:

```
window.document.getElementsByTagName("div")
```

getElementsByTagName()方法可实现当标记在没有定义 id 或 name 属性的情况下仍然可以被访问。

```
window.document.getElementsByClassName(classname)
```

例如:

```
var x = document.getElementsByClassName("example color")
```

【例 7-18】 动态改变浏览器背景颜色和浏览器窗口标题。

```
<!DOCTYPE html>
<HTML>
<head>
    <title></title>
</head>
<body>
    <input id="myColor" type="text" value="red">
    <input id="mybut1" type="button" value="改变页面背景颜色">
    <input id="myTitle" type="text" value="新的窗口标题">
    <input id="mybut2" type="button" value="改变浏览器窗口标题">
    <script language="JavaScript">
        window.mybut1.onmousedown = function () {
            window.document.bgColor = window.myColor.value;
        }
        window.mybut2.onmousedown = function () {
            window.document.title = window.myTitle.value;
        }
    </script>
</body>
</HTML>
```

运行程序,出现如图 7-16 所示的界面,单击“改变页面背景颜色”按钮,背景就变成红色,在“新的窗口标题”文本框中输入内容,单击改变“浏览器窗口标题”按钮将显示新的标题名称。

图 7-16 程序界面

7.3.3 访问节点属性

JavaScript 对 HTML 元素对象进行访问,编程接口则是对象方法和对象属性。对象方法是能够执行的动作,比如添加或修改元素。对象属性是能够获取或设置的值,比如节点的名称或内容。

innerHTML 属性:用于设置或返回指定标签之间的 HTML 内容,innerHTML 属性对于获取或替换 HTML 元素的内容很有用。

【语法】

```
Object.innerHTML = "HTML";        //设置
var HTML = Object.innerHTML;      //获取
```

nodeName 属性:是只读的属性,规定节点的名称。元素节点的 nodeName 与标签名相同,属性节点的 nodeName 与属性名相同。

nodeValue 属性:规定节点的值。元素节点的 nodeValue 是 undefined 或 null,文本节点的 nodeValue 是文本本身,属性节点的 nodeValue 是属性值。

nodeType 属性:返回节点的类型。nodeType 是只读的。比较重要的元素类型有元素、属性、文本、注释、文档,对应的节点类型分别为 1、2、3、8 和 9。

【例 7-19】　获取指定标签的 HTML 代码。

```
<!DOCTYPE html>
<HTML>
<head>
    <script type="text/JavaScript">
      function getInnerHTML(){
       alert(document.getElementById("test").innerHTML);
       }
    </script>
</head>

<body>
    <p id="test">
        <font color="#000">滕王阁</font>
    </p>
    <input type="button" onclick="getInnerHTML()" value="单击">
</body>
</HTML>
```

运行程序,单击按钮,出现如图 7-17 所示的结果。

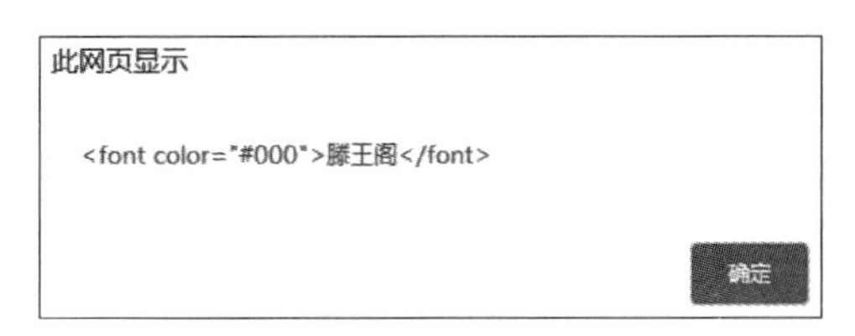

图 7-17　程序结果

【例 7-20】　设置段落 p 的 innerHTML(HTML 内容)。

```
<!DOCTYPE html>
<html>
<head>
    <script>
        function setInnerHTML() {
             document.getElementById("test").innerHTML = "<strong>设置标签的 HTML 内容
</strong>";
        }
    </script>
</head>
<body>
    <p id="test">
        <font color="#000">滕王阁</font>
    </p>
    <input type="button" onclick="setInnerHTML()" value="单击" />
</body>
</html>
```

运行程序,单击按钮,出现如图 7-18 所示的结果。

图 7-18　程序结果

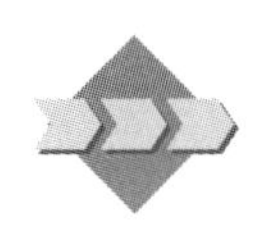

7.4 基于 DOM 的应用创新

技术改变未来,为人类谋福祉。基于 DOM 的应用创新可以从海量的互联网中提取挖掘有用信息,还可以抵制网络钓鱼的犯罪分子,保障人民群众的切身利益。

7.4.1 基于 DOM 的网页信息抽取

互联网上有大量的公开信息,要获取这些信息,需要采用一系列的爬取与自然语言处理技术,进行网页获取和分析处理。其中,网页正文提取是一个重要研究课题。随着万维网的发展,网页的功能、样式结构变得越来越复杂。网页内常常包含大量别的信息,如广告、外部链接、导航栏等,而一般来说,人们关心的只有网页的正文内容。所谓正文,是指人在阅读网页时关心的内容信息,包括目标文字、图片、视频。

基于 DOM 的信息抽取技术利用网页本身的结构优势,能够简单高效地从网页中提取所需内容。基于 DOM 树的技术是目前发展最深入的一种 Web 信息抽取技术,通过将页面解析成一棵 DOM 树,利用节点特征完成页面信息抽取,目前已有许多成型的系统和经典算法,如 RoadRunner 系统、DSE 算法、MDR 算法等。很多学者在此深入研究,比较具有代表性的有:Davy 等在分析了网页 DOM 结构的基础上提出了利用改进的树的编辑距离算法来自动抽取新闻网页的算法。王琦等基于 DOM 规范,将 HTML 文档转换为含有语义信息的 STU-DOM 树,进行基于结构的过滤和基于语义的剪枝,提取网页主题。刘军等在将 Web 页面解析成 DOM 树的基础上,针对 HTML 半结构化特征的不足,为 DOM 添加显示、语义等属性,结合聚类规则进行分块,最后减枝删除无用信息,获取网页主题。基于 DOM 树的标签路径的概念,以文本块本身信息和相应 DOM 结构信息作为特征选择来源,陈前华等实现了基于长短期记忆(Long Short-Term Memory,LSTM)网络的正文内容提取方法。基于 DOM 的信息抽取技术依靠其本身结构优势,不需要复杂计算和人工干预,是目前研究和应用最为广泛的信息抽取技术。

7.4.2 基于 DOM 的反网络钓鱼

网络钓鱼是出于恶意原因,企图通过伪装成电子通信中值得信赖的实体来获取诸如用户名、密码和信用卡详情(以及金钱)之类敏感信息的恶意行为。根据国际反网络钓鱼工作组的最新统计报告,网络钓鱼攻击的持续增长给互联网的健康发展带来了巨大的负面影响,已成为互联网最严重的安全威胁之一。现有钓鱼网页检测方法主要依赖于网页内容,而网页内容不断变化使得对已知钓鱼网页的识别效率远高于未知网页。为了能够快速有效地达到诈骗目的,钓鱼攻击者逐渐采用了分工合作、各取所需的产业链化运作方式,超过 90%的钓鱼网页通过网络钓鱼套件自动生成,这使得同一套件生成的不同钓鱼网页虽内容差异较大,却具有相似的网页结构。

获取 HTML 页面的结构化信息常常依赖于 HTML 标签。一个 HTML 文档可以用一棵有序的 DOM 标签树来表示,树中的每个节点对应文档中的一个元素,每条边对应两个元素之间的关系,网页之间的相似度就可用对应 DOM 树之间的相似度进行度量。

最早提出的树相似度度量方法是 Tai 提出的编辑距离(Edit Distance,ED)算法,其基本思想是使用编辑操作,将一棵树转换为另一棵树的代价定义为两棵树的距离,其中的代价包括替换节点、插入节点和删除节点的代价。利用该方法在对节点数目较少的树进行比较时效果较好，因此得到了广泛应用。但其缺陷是具有较高的时间复杂度且缺乏层次性，许多研究者对其进行了改进，如使用局部标签树匹配的方法来进行聚类，将DOM树每层节点的HTML标签连接成串，再计算对应层字符串的编辑距离。第二类DOM树相似度计算方法是树路径匹配(Tree Path Matching，TPM)算法，最早由Joshi等提出，利用DOM树中对应的路径来表示文档的结构信息，将路径的出现频率作为衡量相似度的依据。该方法以完全匹配的方式对路径序列进行匹配，在非完全匹配时不能精确地描述路径间的相似度。

将网页的DOM结构分析应用到钓鱼网页检测中的方法主要分为两大类：基于视觉相似度的方法和基于结构相似度的方法。最早的代表性研究基于网页的文本、风格和布局等视觉特征，比较了钓鱼网页和其模仿的原始网页在内容和结构上的相似度。总体来说，从视觉角度对网页进行相似度比较需要进行大量的图像计算，复杂度和资源耗费都较高。通过分析DOM树中特定的标签来增强钓鱼网页检测效果，但总体仍从页面内容的角度进行分析。研究者从HTML源代码中抽取DOM树，通过简单标签比较和同构子图识别两种方法比较结构的相似度。冯健提出将网页用层次化的文档对象模型(Document Object Model，DOM)树表示，定义新的DOM树相似度度量参数，将DOM树间的距离值作为聚类的依据，采用划分聚类的思想将距离值小的网页聚为一类。在对类簇的类别进行标注后，对待检测的新网页进行归类。

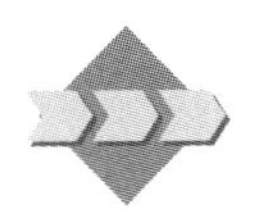

习题

1. 什么是HTML文档对象模型？它具有什么功能？

2. 对比几种自动刷新页面方法。

3. 补充完整下面的代码，实现改变超链接的文本和URL。把现有超级链接myAnchor的href改为http://www.w3school.com.cn，target改为_blank，链接的文字改为“访问W3School”。

```
<!DOCTYPE html>
<HTML>
<head>
<script>
function changeLink()
{
  (1)          
  (2)          
  (3)          
}
</script>
</head>
<body>
<a id="myAnchor" href="http://www.microsoft.com">访问 Microsoft</a>
<input type="button" onclick="changeLink()" value="改变链接">
<p>在本例中，改变超链接的文本和 URL。也改变 target 属性。target 属性的默认设置是 "_self"，这
意味着会在相同的窗口中打开链接。通过把 target 属性设置为 "_blank"，链接将在新窗口中打开。
</p>
</body>
```

```
</HTML>
```

4. 使用 DOM 补充 whichButton()函数，实现判断单击了鼠标的左键、右键还是中键。

```
<!DOCTYPE html>
<HTML>
<head>
<script type="text/JavaScript">
function whichButton(event)
{

}
</script>
</head>
<body onmousedown="whichButton(event)">
<p>请在文档中单击鼠标。一个消息框会提示单击了哪个鼠标按键。</p>
</body>
</HTML>
```

5. 使用 DOM 补充 createOrder()函数，实现如图 7-19 所示的功能：判断一个表单中的若干个复选框的勾选情况，在文本框中显示结果。

你喜欢怎么喝咖啡？

加奶油
加糖块

发送订单

图 7-19 运行结果

```
<!DOCTYPE html>
<HTML>
<head>
<script type="text/JavaScript">
function createOrder(){

}
</script>
</head>
<body>
<p>你喜欢怎么喝咖啡?</p>
<form>
<input type="checkbox"name="coffee" value="奶油">加奶油<br />
<input type="checkbox"name="coffee" value="糖块">加糖块<br />
<br />
<input type="button" onclick="createOrder()" value="发送订单">
<br /><br />
<input type="text" id="order" size="50">
</form>
</body>
</HTML>
```

6. 使用 DOM 补充 deleteRow()函数,实现如图 7-20 所示的功能。

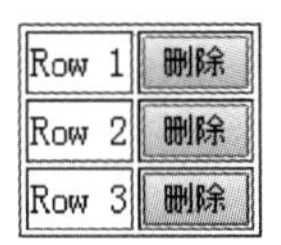

图 7-20　删除表格行效果

```
<!DOCTYPE html>
<HTML>
<head>
<script type = "text/JavaScript">
function deleteRow(r) {
  var i = r.parentNode.parentNode.rowIndex
  (1)
  }
</script>
</head>
<body>
<table id = "myTable" border = "1">
<tr>
<td> Row 1 </td>
<td>
  (2)
</td>
</tr>
<tr>
<td> Row 2 </td>
(3)
</td>
</tr>
<tr>
<td> Row 3 </td>
(4)
</td>
</tr>
</table>
</body>
</HTML>
```

第8章 实验

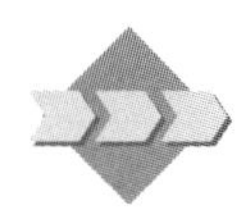

8.1 Web前端开发工具和实验环境

8.1.1 Visual Stdio Code 开发工具

Visual Studio Code，简称 VS Code，是 Microsoft 在 2015 年 4 月 30 日 Build 开发者大会上正式宣布的一个运行于 macOS X、Windows 和 Linux 之上的编写 Web 和云应用的跨平台源代码编辑器。可在桌面上运行，并且可用于 Windows、macOS 和 Linux。它具有对 JavaScript、TypeScript 和 Node. js 的内置支持，并具有丰富的其他语言(例如 C++、C＃、Java、Python、PHP、Go)和运行时(例如. NET 和 Unity)扩展的生态系统。

可在官网 https://code. visualstudio. com/选择合适的操作系统的最新版下载，如图 8-1 所示，大小仅为 79MB 左右。

Download Visual Studio Code

Free and built on open source. Integrated Git, debugging and extensions.

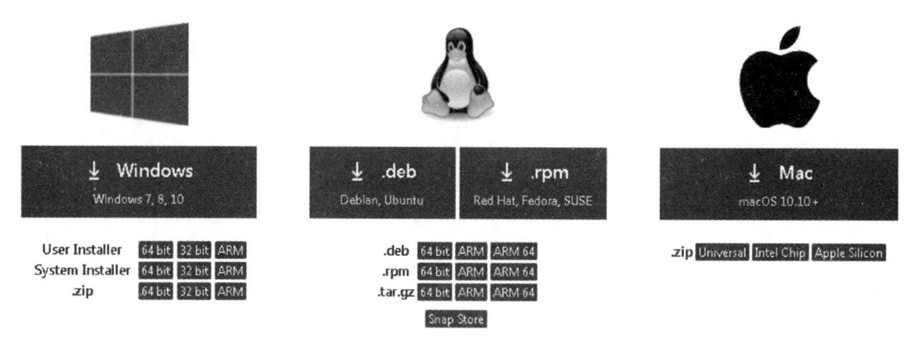

图 8-1 VS Code 下载页面

软件下载完毕后，是英文版的，如果需要中文界面则需要安装汉化版。单击主界面左侧的插件按钮，在顶部输入“Chinese”，选择 Chinese(Simplified) Language pack，单击 install 安装或卸载。汉化插件安装过程见图 8-2。汉化插件安装完成后，要重启才会生效。

图 8-2　汉化插件安装过程

【例 8-1】 基于 VS Code 的 HTML 编辑器。

第 1 步，启动 VS Code，新建一个 HTML 文件。

第 2 步，选择菜单“文件”→“新建文件”，得到默认名为“Untitled 1”的空文件。

第 3 步，选择菜单“文件”→“另存为”，在合适的路径下，输入保存的文件名并选择保存类型，在弹出的如图 8-3 所示的对话框中选择 HTML。

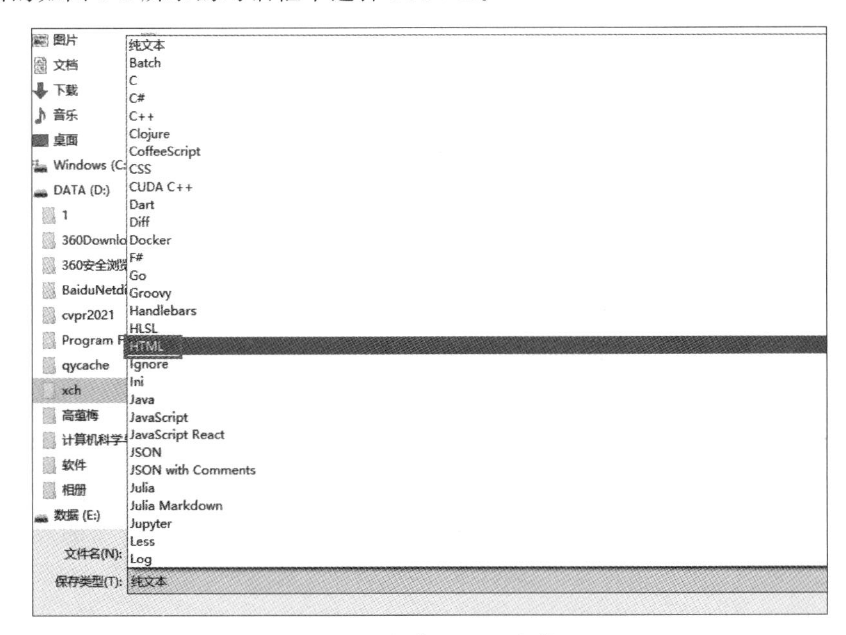

图 8-3　保存 HTML 文件

第 4 步，在 HTML 文件中输入<! d，VS Code 会自动弹出提示，如图 8-4 所示，按回车键自动输入<! DOCTYPE，完成第一条语句后<! DOCTYPE html >表示建立一个 HTML5 文档。

图 8-4　VS Code 编码中的自动提示

默认的背景颜色是深色。如果不喜欢,可以在菜单“文件”→“首选项”→“默认深色”下修改为喜欢的模式,如“默认浅色”,如图 8-5 所示。

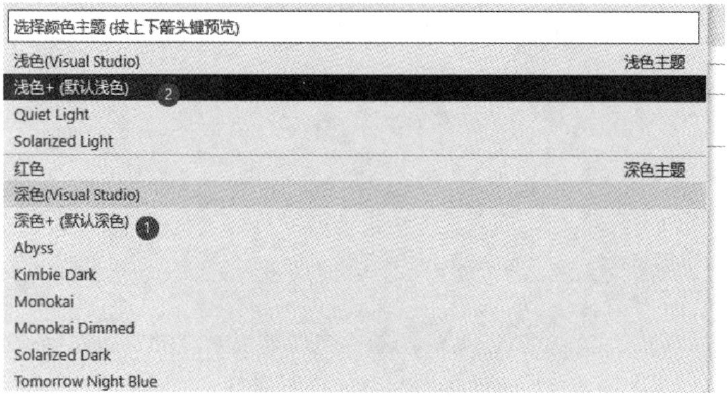

选择颜色主题 (按上下箭头键预览)
浅色(Visual Studio) 浅色主题
浅色+ (默认浅色) 2
Quiet Light
Solarized Light
红色 深色主题
深色(Visual Studio)
深色+ (默认深色) 1
Abyss
Kimbie Dark
Monokai
Monokai Dimmed
Solarized Dark
Tomorrow Night Blue

图 8-5 默认主题颜色

输入<! --,VS Code 会自动补充后面的-->,得到第 2 条语句<! --使用 vs code 编辑第一个 html 文档-->,表示注释行。

输入< head >,VS Code 会自动补充后面的</head >,< head ></head >表示头部。

在< head ></head >的中间插入 meta 元素,设置字符集:< meta charset="utf-8">。

继续在< head ></head >的中间插入< title >,VSCode 会自动补充后面的</title >,在< title ></title >的中间插入标题名称,如“< title >论科技创新</title >”。

在</head >后面输入< body >,VS Code 会自动补充后面的</body >,< body ></body >表示正文。

在< body ></body >的中间插入< span >,VS Code 会自动补充后面的</span >表示行内元素。

在< span ></span >的中间插入以下文本内容。

< span >劳动力成本在逐步上升,资源环境承载能力达到了瓶颈,旧的生产函数组合方式已经难以持续,科学技术的重要性全面上升。在这种情况下,我们必须更强调自主创新。因此,在“十四五”规划《建议》中,第一条重大举措就是科技创新,第二条就是突破产业瓶颈。我们必须把这个问题放在能不能生存和发展的高度加以认识,全面加强对科技创新的部署,集合优势资源,有力有序推进创新攻关的“揭榜挂帅”体制机制,加强创新链和产业链对接,明确路线图、时间表、责任制,适合部门和地方政府牵头的要牵好头,适合企业牵头的政府要全力支持。中央企业等国有企业要勇挑重担、敢打头阵,勇当原创技术的“策源地”、现代产业链的“链长”。</span >

最终完整的代码如下。

```
<! DOCTYPE HTML >
< html >
<!-- 使用 vs code 编辑第一个 html 文档 -->
< head >
    < meta charset = "UTF - 8">
    < title>论科技创新 </title>
</head >
< body >
```

```
<span>劳动力成本在逐步上升,资源环境承载能力达到了瓶颈,旧的生产函数组合方式已经难以持续,科学技术的重要性全面上升。在这种情况下,我们必须更强调自主创新。因此,在"十四五"规划<建议>中,第一条重大举措就是科技创新,第二条就是突破产业瓶颈。我们必须把这个问题放在能不能生存和发展的高度加以认识,全面加强对科技创新的部署,集合优势资源,有力有序推进创新攻关的"揭榜挂帅"体制机制,加强创新链和产业链对接,明确路线图、时间表、责任制,适合部门和地方政府牵头的要牵好头,适合企业牵头的政府要全力支持。中央企业等国有企业要勇挑重担、敢打头阵,勇当原创技术的"策源地"、现代产业链的"链长"。
  </span>
</body>
</html>
```

第5步,用客户端浏览器查看运行效果。单击主界面左侧的"插件"按钮,在顶部输入"open in",选择 open in browser,单击 install 安装或卸载,插件安装过程见图 8-6。安装好插件后,在代码页面鼠标右击,在弹出的快捷菜单中可见 Open In Default Browser 和 Open In Other Browsers,如图 8-7 所示。运行效果如图 8-8 所示:①为网页标题,②为网页的绝对路径,③为网页正文,头部文件的内容是不能显示的。

图 8-6 HTML 网页的客户端浏览器插件安装

Run Code	Ctrl+Alt+N
转到定义	F12
转到引用	Shift+F12
快速查看	>
Find All References	Shift+Alt+F12
重命名符号	F2
更改所有匹配项	Ctrl+F2
格式化文档	Shift+Alt+F
剪切	Ctrl+X
复制	Ctrl+C
粘贴	Ctrl+V
Open with Live Server	Alt+L Alt+O
Stop Live Server	Alt+L Alt+C
Open In Default Browser	Alt+B
Open In Other Browsers	
命令面板...	Ctrl+Shift+P

图 8-7 选择客户端浏览器运行 HTML 页面

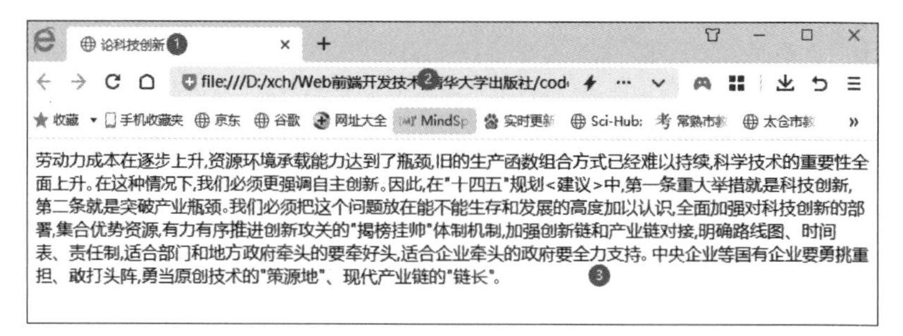

图 8-8　客户端浏览器运行效果

第 6 步,使用服务器查看运行效果。VS Code 提供了一个具有实时加载功能的小型服务器 Live Server。可以使用它来显示 HTML/CSS/JavaScript 的运行效果,但是不能用于部署最终站点。也就是说,可以在项目中实时用 Live Server 作为一个服务器查看开发的网页或项目效果。过程如下:单击主界面左侧的"插件"按钮,在顶部输入"live",选择 Live Server,单击 install 按钮,过程见图 8-9。安装好插件后,在代码页面鼠标右击,在弹出的快捷菜单中可见 Open with Live Server 和 Stop Live Server,如图 8-10 所示。

图 8-9　Live Server 的安装过程

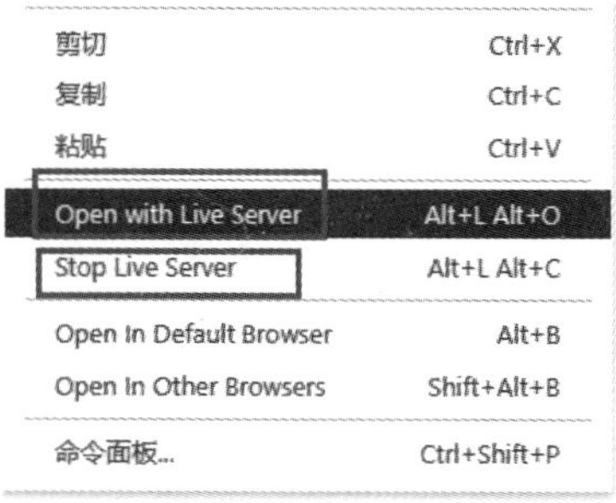

剪切 Ctrl+X
复制 Ctrl+C
粘贴 Ctrl+V
Open with Live Server Alt+L Alt+O
Stop Live Server Alt+L Alt+C
Open In Default Browser Alt+B
Open In Other Browsers Shift+Alt+B
命令面板... Ctrl+Shift+P

图 8-10　选择服务端浏览器运行 HTML 页面

直接使用 Open with LiveServer 命令,会弹出 Open a folder or workspace 的提示,如图 8-11 所示,并没有看到运行的程序。原因在于 Live Server 服务端针对一个网站而不是单独的一个网页，所以需要建立一个文件夹。所以，选择菜单"文件"→"打开文件夹"，选择EX2-3.html的上一级文件夹，得到如图8-12所示的网站资源管理器。运行得到的结果与客户端浏览器运行结果图8-8对比可见，显示的是网站服务器的虚拟路径 http://127.0.0.1:5500/Ex2-3.html。

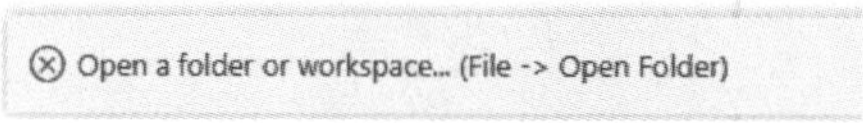

Open a folder or workspace... (File -> Open Folder)

图 8-11 服务端的错误提示

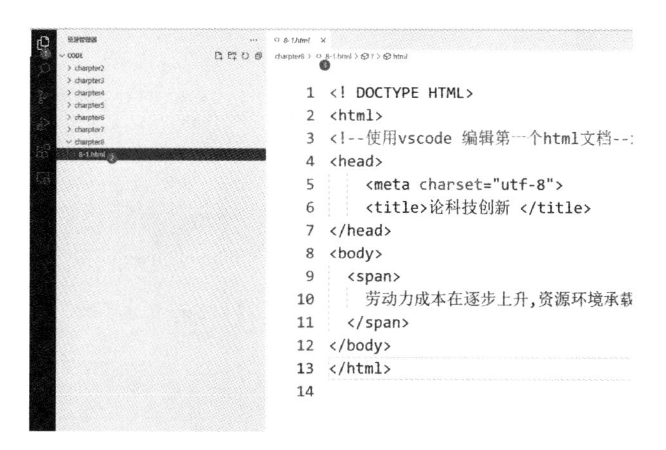

图 8-12 网站资源管理器

Windows/Linux操作系统下，可以通过快捷键(Ctrl+Shift+P/ F1)，俗称万能键，弹出如图8-13所示的命令面板，可以查看快捷键帮助说明文档。比如常用的用户设置，可以通过快捷键"Ctrl+,"，弹出如图8-14所示的界面，用户可以设置文本编辑、工作台、调试功能等。

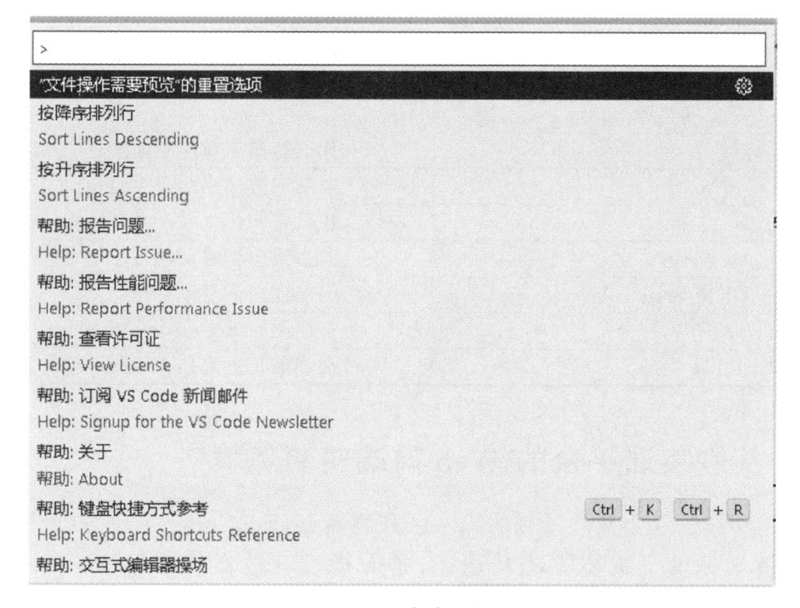

图 8-13 命令面板

图 8-14 用户设置区域

常用的编辑器与窗口管理快捷键有：新建文件(Ctrl+N)，文件之间切换(Ctrl+Tab)，打开一个新的 VS Code 编辑器(Ctrl+Shift+N)，关闭当前窗口(Ctrl+W)，关闭当前的 VS Code 编辑器(Ctrl+Shift+W)。

常用的代码编辑格式调整快捷键如表 8-1 所示。

表 8-1 代码格式调整快捷键

快 捷 键	功 能
Ctrl+[、Ctrl+]	代码行向左或向右缩进
Ctrl+C、Ctrl+V	复制或剪切当前行/当前选中内容
Shift+Alt+F	代码格式化
Alt+Up 或 Alt+Down	向上或向下移动一行
Shift+Alt+Up 或 Shift+Alt+Down	向上或向下复制一行
Ctrl+Enter	在当前行下方插入一行
Ctrl+Shift+Enter	在当前行上方插入一行

8.1.2 头歌实训平台的 Web 前端实验环境

实践教学是计算机专业教学领域的深水区和制高点，EduCoder 平台为疫情防控期间的计算机在线实践教学提供了重要方法和途径，是大规模开放在线实践(MOOP)平台。头歌(EduCoder)涵盖了计算机、大数据、云计算、人工智能、软件工程，物联网等专业课程，超60 000 个实训案例，建立学、练、评、测一体化实验环境。目前有超过 1000 门课程、4 万个案例的实践项目形态和课程案例。

1. 教师使用说明

在浏览器中打开网址 https://www.educoder.net,单击导航栏中的“注册”,如图 8-15 所示,可通过手机号码/邮箱账号注册,也可以通过微信/QQ 快速注册。

图 8-15 头歌平台主页

登录系统后,可以通过单击顶部导航栏的“⊕”,选择“新建教学课堂”,过程如图 8-16 所示。

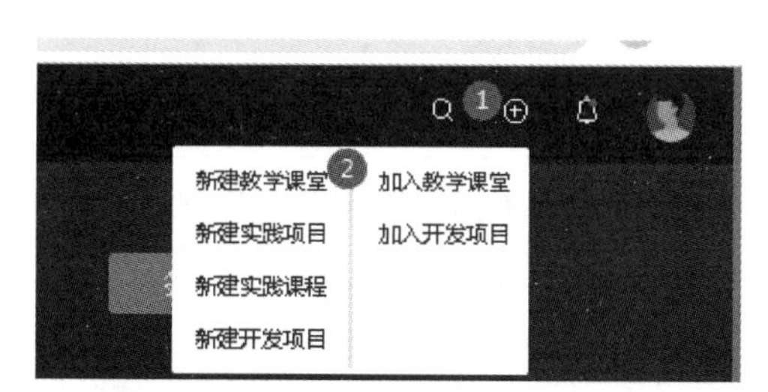

图 8-16 新建教学课堂

也可以通过单击顶部导航栏的“教学课堂”,选择“新建课堂”,过程如图 8-17 所示。

图 8-17 新建教学课堂

在新建课堂页面,填写课堂信息,然后提交,即可完成在线课堂的创建,如图 8-18 所示。提交成功后系统会自动生成一个邀请码,如图 8-19 所示,便于其他老师和学生快速加入课堂。单击进入课堂的界面,如图 8-20 所示。

图 8-18　填写新建课程界面

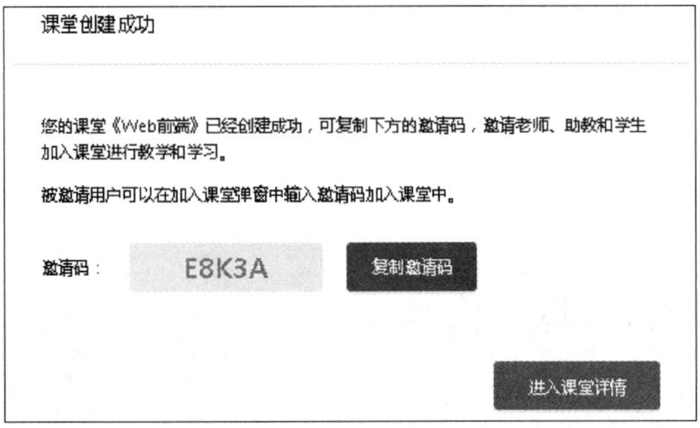

图 8-19　生成邀请码

单击“课堂模块”下的“实训作业”，再单击“选用实践课程”，过程如图 8-21 所示。在检索框中输入关键词，如“Html”，搜索结果如图 8-22 所示。

选择“Web 应用开发——HTML/CSS”，进入如图 8-23 所示界面，单击“发送至”按钮，弹出如图 8-24 所示的对话框，选择实验内容添加到所建课程中。

图 8-20　课程界面

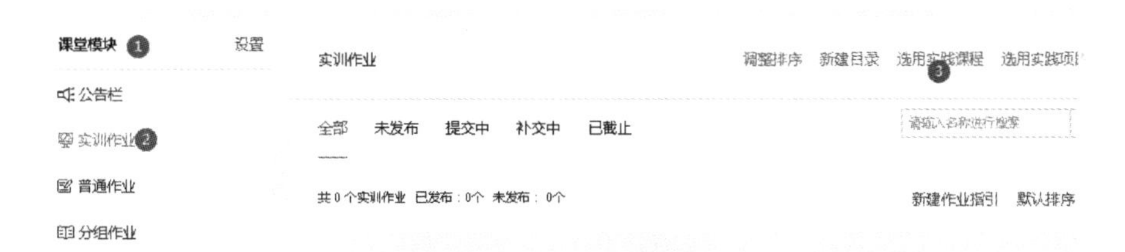

图 8-21　添加课程资源

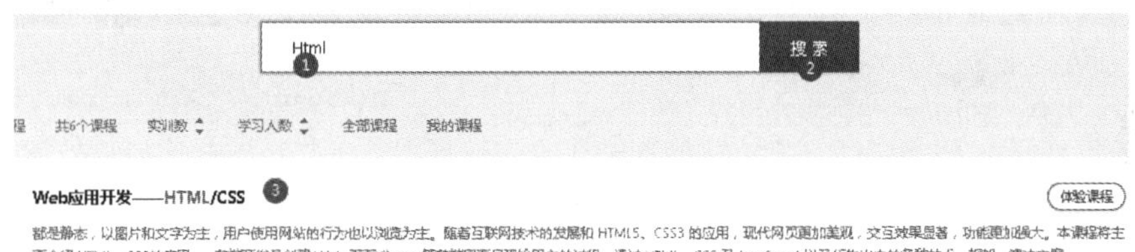

图 8-22　搜索可用的资源

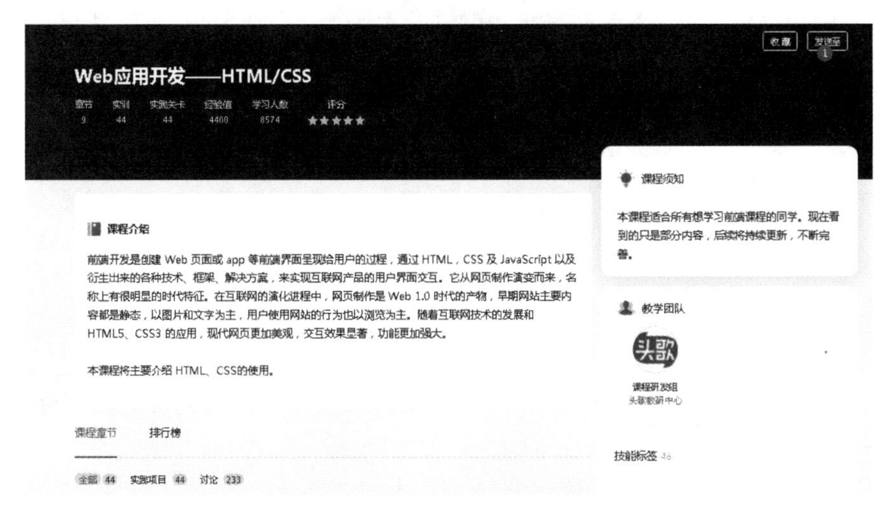

图 8-23　Web 应用开发——HTML/CSS 课程资源

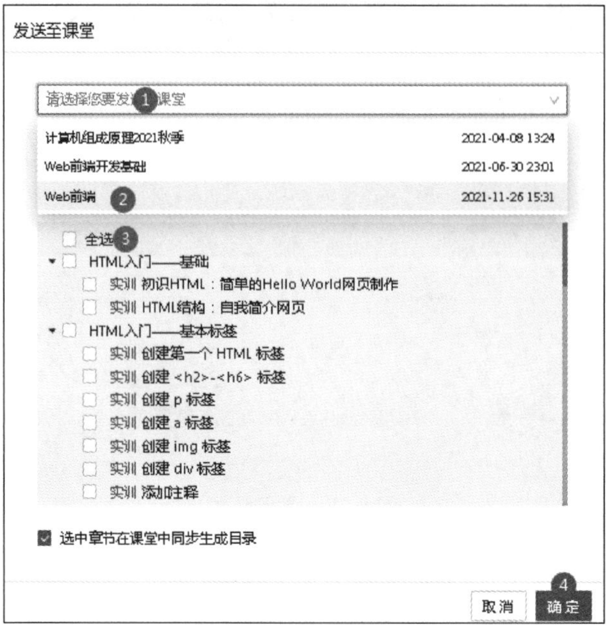

图 8-24　选择实验内容

实验内容添加成功后，课程实验内容如图 8-25 所示。单击“立即发布”，或者也可以选择“更多”→“设置”，包括截止时间、金币数量等，如图 8-26 所示。

图 8-25　课程实验资源内容

2. 学生使用说明

在浏览器中输入网址 https://www.educoder.net，执行手机号码/邮箱账号的网站注册步骤，即可完成注册。也可以通过微信/QQ 快速注册，进入网站，单击导航栏中的“注册”，单击微信/QQ 图标，使用手机微信/QQ 扫一扫二维码，并在微信中“同意”授权。单击顶部导航

图 8-26 实验内容发布和设置

栏个人头像的“账号管理”选项，进入个人的账号管理页面。在账号管理的认证信息页，单击“实名认证”下的“立即认证”，按照要求填写信息并上传照片，最后单击“确认”按钮，即可完成实名认证申请的提交操作。单击顶部导航栏中的按钮，选择“加入教学课堂”选项，操作步骤如图 8-27 所示。输入教师发布的课堂邀请码，如 E8K3A，选择学生身份进入课堂，操作步骤如图 8-28 所示。选择“实训作业”，进入学习，操作步骤如图 8-29 所示。

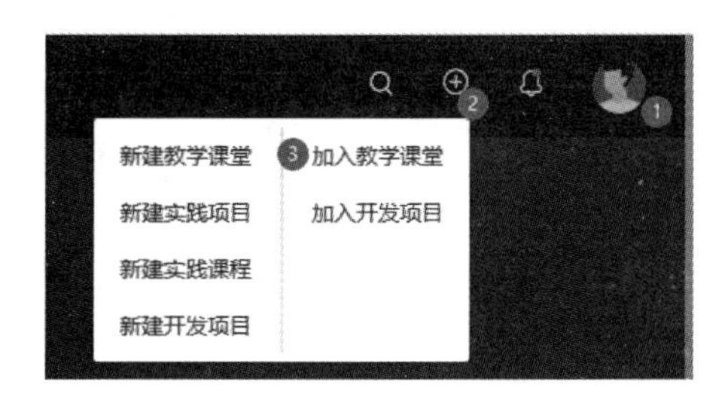

图 8-27 加入教学课堂

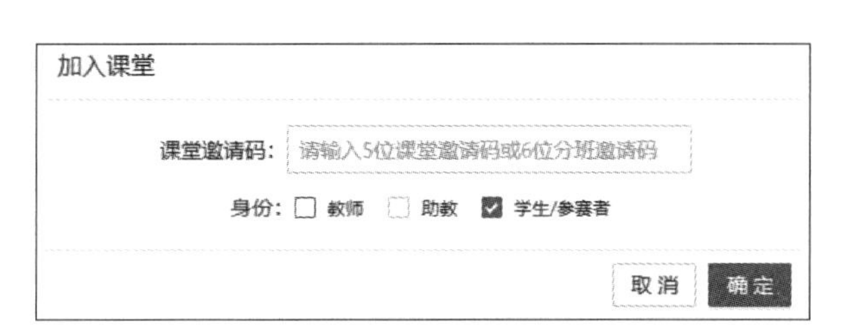

图 8-28 加入课堂

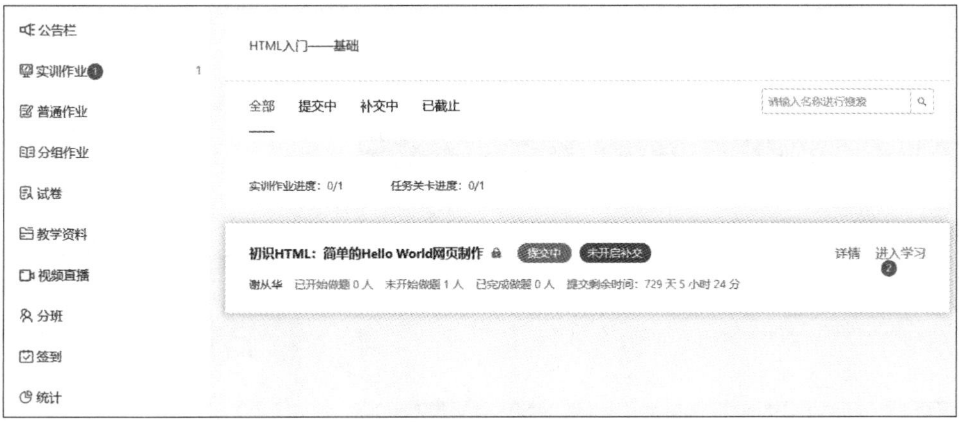

图 8-29 选择实训作业

选择关卡，然后开启挑战，操作步骤如图 8-30 所示。阅读左侧的关卡任务、相关知识和编程要求，在编码区编写代码，提交服务器测试和通关等步骤分别如图 8-31～图 8-34 所示。

陈亚云 头歌社区　学习人数 3268　访问次数 6655　发送至　开启挑战

任务　排行榜

本实训主要介绍如何使用文本框。

所属课程　Web应用开发——HTML/CSS

任务关卡

第1关　表单元素——文本框 ①

正在挑战 168人　完成挑战 3100人　可获经验 100点

图 8-30　选择关卡和挑战

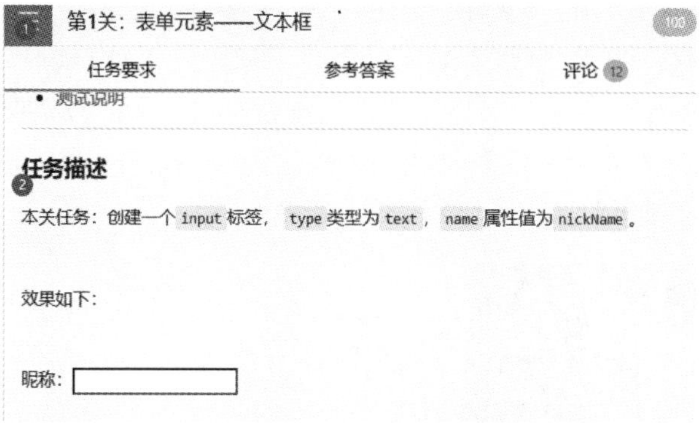

第1关：表单元素——文本框

任务要求　参考答案　评论 12

• 测试说明

任务描述

本关任务：创建一个 input 标签，type 类型为 text，name 属性值为 nickName。

效果如下：

昵称：

图 8-31　阅读任务

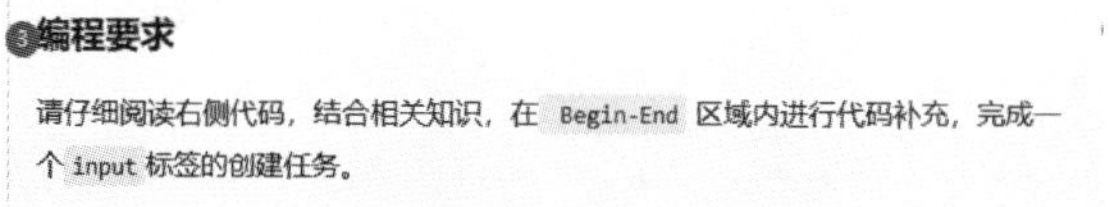

编程要求

请仔细阅读右侧代码，结合相关知识，在 Begin-End 区域内进行代码补充，完成一个 input 标签的创建任务。

图 8-32　阅读编程要求

图 8-33　编程和测试

图 8-34　通关

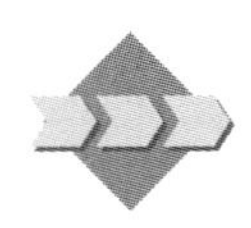

8.2 HTML网页设计实验

教师在头歌平台搜索"HTML",结果如图8-22所示,把Web应用开发资源按照上述步骤添加到班级里,并发布资源。学生在头歌平台完成通关测试。实验内容如下。

实验(1) HTML入门——基础

第1关:初识HTML:简单的Hello World网页制作

第2关:HTML结构:自我简介网页

实验(2) HTML入门——基本标签

第1关:创建第一个HTML标签

第2关:创建<h2>~<h6>标签

第3关:创建<p>标签

第4关:创建<a>标签

第5关:创建<img>标签

第6关:创建<div>标签

第7关:添加注释

实验(3) HTML链接:带超链接的网页

第1关:HTML标题与段落:网络文章网页

第2关:HTML表格:日常消费账单表格展示网页

第3关:HTML——表单类的标签

实验(4) 表单元素综合案例

第1关:表单元素——文本框

第2关:表单元素——密码框

第3关:表单元素——单选框

第4关:表单元素——多选框

第5关:表单元素——checked属性

第6关:表单元素——disabled属性

第7关:表单元素——label标签

第8关:表单元素——下拉列表

第9关:表单元素——文本域

第10关:表单元素——提交按钮

第11关:表单元素的综合案例

实验(5) HTML——表格

第1关:表格的基本构成

第2关:表格的属性——宽、高

第3关:表格的属性——cellpadding

第4关:表格的属性——cellspacing

第5关:表格的标题

第6关:表格——<td>标签的rowspan属性

第7关:表格——<td>标签的colspan属性

第 8 关：表格的综合案例

实验(6) 综合分析题

选择一个经典网站，如学习强国、人民网、新华网等，在浏览器中打开，并使用 F12 键进入浏览的开发者模式，具体操作步骤如图 8-35 所示。分析其网站的 HTML5 网页结构、文章结构标签、表单、交互控件、多媒体控件、地理信息控件等使用实例。

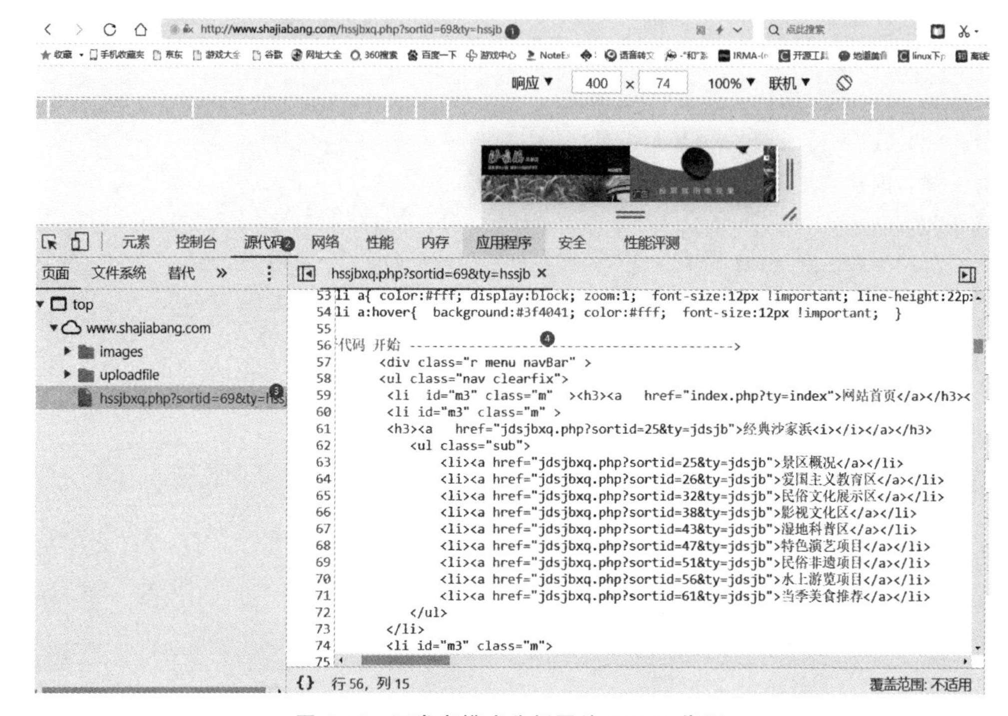

图 8-35 开发者模式分析网站 HTML 代码

8.3 CSS 样式设计实验

教师在头歌平台搜索“CSS”，把相关资源添加到班级，具体实验内容如下。

实验(1) CSS 基础知识

第 1 关：初识 CSS：丰富多彩的网页样式

第 2 关：CSS 样式引入方式

实验(2) CSS——基础选择器

第 1 关：CSS 元素选择器

第 2 关：CSS 类选择器

第 3 关：CSS id 选择器

实验(3) CSS——文本与字体样式

第 1 关：字体颜色、类型与大小

第 2 关：字体粗细与风格

第 3 关：文本装饰与文本布局

实验(4) CSS——背景样式

第 1 关：背景颜色

第 2 关：背景图片

第 3 关：背景定位与背景关联

实验(5) CSS——表格样式

第 1 关：表格边框

第 2 关：表格颜色、文字与大小

实验(6) 综合分析题

选择一个经典的中国风特色的经典网站，如中华人民共和国文化和旅游部、中国文化网、学习强国、故宫等，在浏览器中打开，并使用 F12 键进入浏览的开发者模式，具体操作步骤如图 8-36 所示。分析网站的 CSS，逐条分析其样式代码，显示效果，并体会中国风特色网站样式的特点，体现热爱中华文化和文化自信。

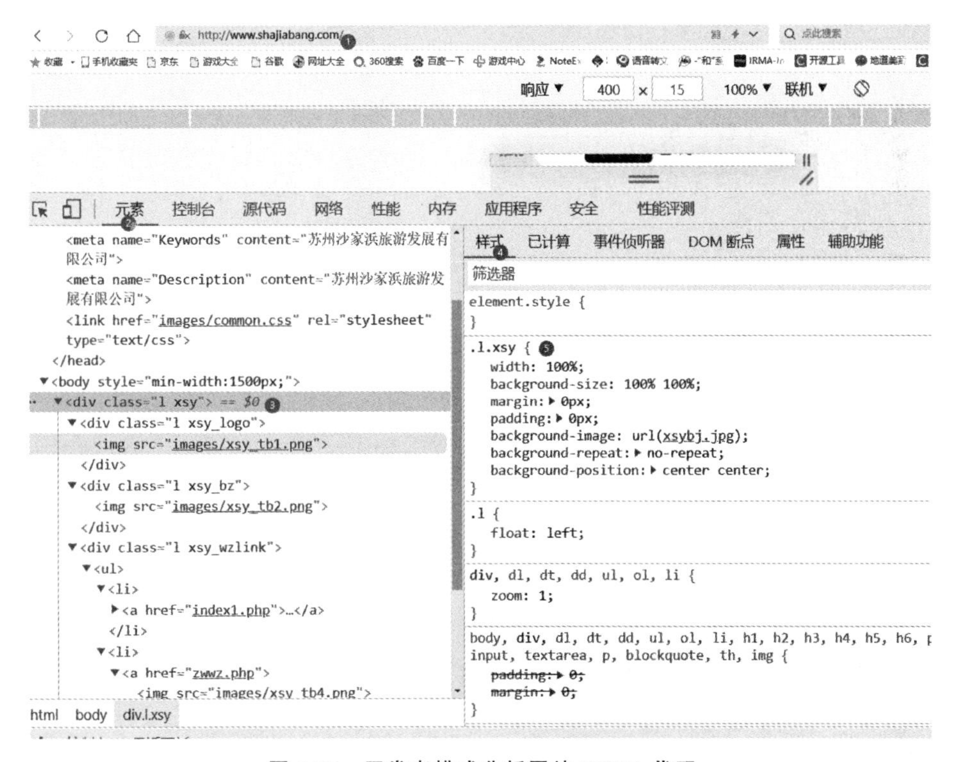

图 8-36　开发者模式分析网站 HTML 代码

8.4　JavaScript 交互设计实验

教师在头歌平台搜索“javascript”，结果如图 8-37 所示，把 Web 应用开发资源按照上述步骤添加到班级里，并发布资源。学生在头歌平台完成通关测试。

实验内容如下。

实验(1) JavaScript 简介

第 1 关：JavaScript 语言介绍、注释及基本输出方式

第 2 关：JavaScript 与 HTML

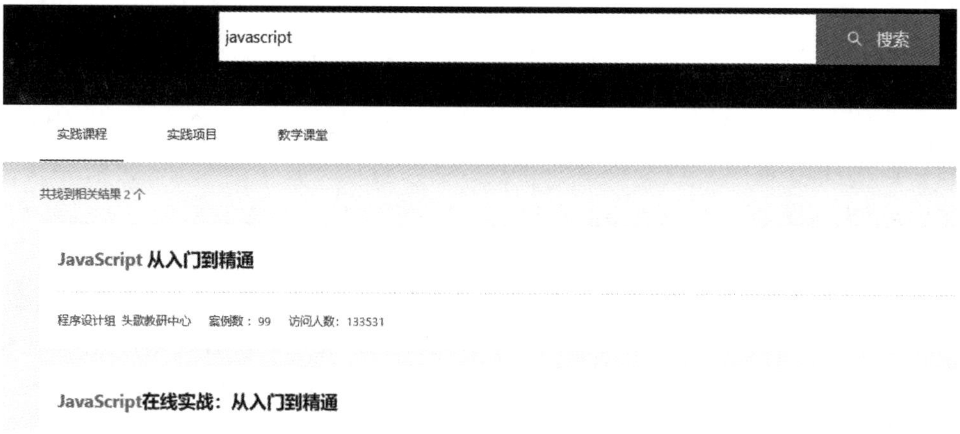

图 8-37　JavaScript 实验资源

第 3 关：JavaScript 变量
第 4 关：JavaScript 数据类型介绍
第 5 关：JavaScript 数据类型转换
第 6 关：算术运算符
第 7 关：比较和逻辑运算符
第 8 关：条件和赋值运算符
第 9 关：运算符的优先级和结合性
实验(2) JavaScript 复合数据类型——对象和数组
第 1 关：对象的创建
第 2 关：属性的增删改查
第 3 关：属性的检测和枚举
第 4 关：数组的创建、读写和长度
第 5 关：数组元素的增减
第 6 关：数组的遍历和多维数组
第 7 关：数组的常用方法
第 8 关：数组的应用——内排序
第 9 关：Math 类
第 10 关：Date 类
第 11 关：JavaScript 错误
实验(3) JavaScript 中的语句
第 1 关：if-else 类型
第 2 关：switch 类型
第 3 关：综合练习
第 4 关：while 类型
第 5 关：do-while 类型
第 6 关：for 类型

第 7 关：for in 类型
第 8 关：break 和 continue 的区别——break
第 9 关：break 和 continue 的区别——continue
实验(4) JavaScript 函数
第 1 关：用函数语句定义函数
第 2 关：用表达式定义函数
第 3 关：函数的调用
第 4 关：未定义的实参
第 5 关：实参对象
第 6 关：对象作为参数
第 7 关：函数对象
实验(5) JavaScript 与字符串
第 1 关：查找字符串的位置
第 2 关：求指定位置的字符
第 3 关：字符串的截取
第 4 关：大小写转换
第 5 关：字符串的分割
第 6 关：字符串字面量
第 7 关：字符类
第 8 关：重复
第 9 关：选择
第 10 关：分组
第 11 关：正则表达式的使用
实验(6) HTML DOM
第 1 关：通过 id 获取文档元素
第 2 关：通过类名获取文档元素
第 3 关：通过标签名获取文档元素
第 4 关：HTML5 中获取元素的方法一
第 5 关：HTML5 中获取元素的方法二
第 6 关：节点树上的操作
第 7 关：属性值的获取
第 8 关：属性值的设置
第 9 关：创建节点
第 10 关：插入节点
第 11 关：删除节点
第 12 关：替换节点
第 13 关：综合练习

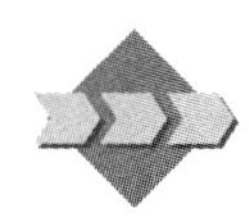

8.5 综合项目实验

网站设计：我的家乡

(1) 综合利用 HTML5 的文章结构标签、表单、交互控件、多媒体控件、地理信息控件等，以“我的家乡”为主题，搜集家乡的经济、文化、旅游和美食等素材，设计制作网页，体现出对家乡的热爱、民族自豪感和文化自信。

(2) 综合利用 CSS3 的样式，特别是具有中国风元素的样式，设计网站的文本、图像、视频等内容。

(3) 综合利用 JavaScript 的技术，为我的家乡设计多个选择题，图像和文字的连线题，基于家乡美图的拼图游戏的交互功能。

参考文献

[1] 马光明,徐嘉璐.中国互联网发展更促进内需还是进口?——基于省际面板数据的空间与动态效应分析[J].商业研究,2020,10:42-52.

[2] 卫剑钒.美国如果把根域名服务器封了,中国会从网络上消失?[EB/OL].(2020-08-16)[2022-4-1],https://www.sohu.com/a/413244042_827544.

[3] 夏军.JavaScript 在线实战:从入门到精通[EB/OL].[2022-3-10] https://www.educoder.net/paths/40.

[4] 张志安.互联网企业危机不断的症结[N/OL].环球时报,(2018-09-01)[2022-3-1].https://baijiahao.baidu.com/s?id=1610569037682045880&wfr=spider&for=pc.

[5] 杨世铭,范莹.中美互联网企业核心价值观对比研究与启示[J].河南科技大学学报(社会科学版),2021,39(2):62-68.

[6] 陈前华,胡嘉杰,江吉,等。采用长短期记忆网络的深度学习方法进行网页正文提取[J].计算机应用,2021,41(S1):20-24.

[7] 高庆宁,吴鹏,张晶晶.基于文档对象模型与行块分布算法的网页信息抽取[J].情报理论与实践,2016,v.39,No.267(04):137-141.

[8] 冯健,张莹.基于文档对象模型结构聚类的钓鱼网页检测方法[J].科学技术与工程,2018,18(23):86-94.

[9] Chen E Y,Tan C M,Kou Y,et al. Enrichr: interactive and collaborative HTML5 gene list enrichment analysis tool[J]. BMC Bioinformatics,2013,14(1):128-128.

[10] 陈硕颖,黄爱妹.基于供给侧结构性改革的"互联网+"实践辨析[J].当代经济研究,2018,(09):23-30+97.

[11] 李勇."中国风"网站引导动画的文化传播——兼谈"听涛阁"网站的 UI 设计[J].新闻爱好者,2010,3:52-53.

[12] 李勇.以学科竞赛促进《网页设计与制作》课程教改革与创新的思考——以参加中国大学生(文科)计算机设计大赛为例[J].价值工程,2010:262-263.

[13] 贾云娇.新测绘法实施个人地理定位信息受到法律保护[N/OL].天津日报(2017-07-03)[2022-3-10],http://www.cnr.cn/tj/jrtj/20170703/t20170703_523830379.shtml.

[14] 谢从华,高蕴梅,黄晓华.Web 系统与技术[M].北京:清华大学出版社,2018.

[15] 张兵,游勇.HTML 详解[EB/OL].(2020-01-16)[2022-2-1],https://blog.csdn.net/qq_43623447/article/details/104009267.

[16] 陈繁.用代码作画 CSS 样式之美[J].福建电脑,2012,(1):165-167.

[17] 设计达人.1989——2014 网页设计的演变[EB/OL],(2014-9-12)[2022-3-1],https://www.shejidaren.com/1989-2014-web-design-history.html.

[18] 张璇.谈网页设计中的视觉设计[J].传播力研究,2019,3(33):170-170.

[19] 头歌教研中心课程研发组.Web 应用开发——HTML/CSS[EB/OL].[2022-3-10],https://www.educoder.net/paths/844.

图书资源支持

感谢您一直以来对清华版图书的支持和爱护。为了配合本书的使用，本书提供配套的资源，有需求的读者请扫描下方的“书圈”微信公众号二维码，在图书专区下载，也可以拨打电话或发送电子邮件咨询。

如果您在使用本书的过程中遇到了什么问题，或者有相关图书出版计划，也请您发邮件告诉我们，以便我们更好地为您服务。

我们的联系方式：

清华大学出版社计算机与信息分社网站：https://www.shuimushuhui.com/

地　　址：北京市海淀区双清路学研大厦 A 座 714

邮　　编：100084

电　　话：010-83470236　010-83470237

客服邮箱：2301891038@qq.com

QQ：2301891038（请写明您的单位和姓名）

资源下载：关注公众号“书圈”下载配套资源。

资源下载、样书申请

书圈

图书案例

清华计算机学堂

观看课程直播